2022 年建筑门窗幕墙创新与发展

主　　　编　董红

副　主　编　刘忠伟　李福臣

执行副主编　李洋

主编单位　中国建筑金属结构协会铝门窗幕墙分会

支持单位　兴三星云科技有限公司

中国建材工业出版社

图书在版编目（CIP）数据

2022 年建筑门窗幕墙创新与发展 / 董红主编. — 北京：中国建材工业出版社，2022.3
ISBN 978-7-5160-3385-2

Ⅰ．①2… Ⅱ．①董… Ⅲ．①铝合金—门—文集②铝合金—窗—文集③幕墙—文集 Ⅳ．①TU228-53 ②TU227—53

中国版本图书馆 CIP 数据核字（2021）第 242520 号

内 容 简 介

《2022 年建筑门窗幕墙创新与发展》一书共收集论文 37 篇，分为综合篇、设计与施工篇、方法与标准篇、材料性能篇四部分，涵盖了建筑门窗幕墙行业发展现状、生产工艺、技术装备、新产品、标准规范、管理创新等内容，反映了近年来行业发展的部分成果。

本书旨在为建筑门窗幕墙行业在更广泛的范围内开展技术交流提供平台，为该行业和企业的发展提供指导。本书可供建筑门窗幕墙行业从业人员阅读和借鉴，也可供相关专业技术人员进行科研、教学和培训使用。

2022 年建筑门窗幕墙创新与发展

2022nian Jianzhu Menchuang Muqiang Chuangxin yu Fazhan

主　　　编　董　红
副　主　编　刘忠伟　李福臣
执行副主编　李　洋

出版发行：中国建材工业出版社
地　　址：北京市海淀区三里河路 1 号
邮　　编：100044
经　　销：全国各地新华书店
印　　刷：北京雁林吉兆印刷有限公司
开　　本：787mm×1092mm　1/16
印　　张：21
字　　数：500 千字
版　　次：2022 年 3 月第 1 版
印　　次：2022 年 3 月第 1 次
定　　价：106.00 元

序　　言

　　2022年全国铝门窗幕墙行业年会及第28届铝门窗幕墙新产品博览会即将开幕，全行业同仁将相聚广州，共同探讨行业发展大事。作为年会和博览会的传统重要内容，《2022年建筑门窗幕墙创新与发展》一书也将如期付印。本书分为四章，收录论文37篇，它呈现的不仅是一篇篇优秀的论文，也是我们全行业同仁辛勤汗水的结晶，更是一座座经典工程的缩影，是建筑门窗幕墙创新与发展成果的集成。

　　过去的2021年是"十四五"规划开局之年，也是乘势而上开启新征程、向第二个百年目标奋斗进军的关键之年。经历了不断的砥砺奋进，我国经济实力、科技实力、综合国力和人民生活水平跃上新的大台阶，新时代脱贫攻坚目标任务如期完成，我国已全面建成小康社会，中华民族伟大复兴向前迈出了新的一大步。改革开放40多年来，我国经济发生了令世界为之瞩目的惊人变化，中国建筑门窗幕墙行业也迎来了翻天覆地的变化，由学习者、追赶者，成为了世界门窗幕墙领域的巨头。

　　过去的一年，我们在危难中探索机遇，在发展中奋进。让我感到欣慰的是，我们行业还没有因防疫受到大的影响。我相信，只要我们坚持稳中求进的总基调，以推动高质量发展为主题，以深化供给侧结构性改革为主线，就一定会取得最终的胜利！

董

2021年12月

目　　录

一、综合篇

新目标 新方向
2021—2022 铝门窗幕墙行业发展报告

董 红

中国建筑金属结构协会铝门窗幕墙分会 北京 100037

第一部分 国内外经济形势

2021 年是"十四五"规划的开局之年，也是建党百年的重要节点，近年来我国 GDP 总量依旧呈现稳步上升的趋势，但增速逐年放缓，中国经济正由高速增长转为中高速增长，长期积累的深层次矛盾逐渐暴露。同时，新冠肺炎疫情的影响依然持续，在国际、国内经济发展中，各种风险和机遇共存。

当前，我们正处在一个大变革的时代，建筑业、房地产业进入到"确定性和不确定性"并存的新时期。首先可以确定的是，"低增长、低利润、低预期、低容错"成为新阶段的发展主基调；而不确定性，则表现在一系列高强度、大力度的政策正在连续出台，包括：教培行业的大调整、三胎政策的亮相、对暴利行业互联网巨头和娱乐明星的规范、对学位房的动真格整治，以及最新提出的"共同富裕"新导向……

在新一轮的经济发展过程中，"两新一重"即新型基础设施建设，新型城镇化建设，交通、水利等重大工程建设，是"十四五"期间重要的投资方向；而"房住不炒"的基本国策，决定了未来调控的方向和标准。随着时代的发展变化，国家、行业、企业以及个人的转型升级迫在眉睫。

1 全球经济形势及国内经济形势简述

2021 年随着全球疫情形势好转，世界经济逐步复苏，但呈现出显著的分化和不均衡态势，国际贸易、投资以及制造业等加速恢复，发达国家的货币宽松政策及转向预期对全球金融市场带来一定波动，新兴市场和发展中国家内外经济环境更加脆弱，全球供应链短缺危机也愈发突出。在外贸出口方面，各国盛行地方贸易保护主义，导致国内价格优势过于明显的低端产品出口不利，全球之间的经济贸易交流速度较疫情前有所减缓，对国际上的几大主要经济体包括中国在内造成了一定的影响，但国际间的贸易指数恢复与增长速度平稳中略有提升且保持了一定的增速。

在国内经济发展方面，第一产业、高技术产业和社会领域投资增长较快，整体经济走势平稳，从行业发展来看制造业投资恢复进度较慢，主要是受到汽车、通用设备、纺织业、金属制品等的拖累，IT 行业如计算机和通信，医药制造以及基建投资等的增长势头良好，房地产业虽然脱离了黄金时代，但依然表现出了较强的韧性和活力，是当前拉动投资增长的主要动力之一，这得益于固定资产投资仍保持了稳定态势。

2 双碳目标与双控影响下的发展

在"2030碳达峰"和"2060碳中和"的"双碳"目标下，"碳"将成为一个重要的经济变量，纵观国外发达国家的发展轨迹，可以看到高碳的情形下，经济往往保持持续高速的增长。而要想转变，发展低碳经济，将会突出五个方面的利好：第一是能源、粮食自主自立，工业制造自主自强；第二是我们的国民经济依赖世界市场的程度将会有所减少；第三是高标准的商品和要素循环的市场经济体系；第四是中国的产业链配套安全；第五是作为内循环的第一动力，中国老百姓消费能力将有较大的提升。

以部分产业为例，在双碳目标与双控的影响下，商业地产的"绿色浪潮"即将来到，绿色地产的增长给绿色资产的发展注入动力，譬如在建筑租赁市场中，拥有绿色认证的办公楼比非绿色认证的办公楼，租金更高；而绿色建筑的内部收益率（IRR），也比投资于非绿色建筑更高。

在门窗与幕墙行业方面，大力发展节能低碳建筑，持续提高新建建筑节能标准，加快推进超低能耗、近零能耗，甚至创造能源，这些都对建筑门窗幕墙产品提出了更高的要求。绿色、环保和节能材料的应用，包括铝型材、建筑玻璃、五金配件、密封胶、门窗幕墙加工设备，以及隔热条和密封胶条等都需要满足低碳建筑规模化发展的快速增长，绿色低碳建材作为市场未来建筑材料的主体，从应用到再循环成为全行业新的经济增长点。

同时，绿色门窗幕墙产品的评估与认证，以及绿色低碳建材包括辅料、配件等的评估与认证，也将有更大的市场空间与市场需求；在行业内的设计环节与施工环节中，提高环保要求，低碳的目标才能更好的达到，大力开发可再生资源以及可再生材料的应用技术，尤其是在BIPV领域中光伏幕墙、光电玻璃类新能源产品的设计与应用。

3 城市更新背景下的行业转型之路

建筑改造和城市更新是提升城市品质，促进城市长远发展的重要环节，"十四五"期间我国城市更新将全面推进发展，在"城市更新"概念提出之前，我国前期推行的"棚户改造"行动、"旧改"工程等，也均属于城市更新的范畴；但与"棚改""旧改"相比，城市更新涉及的范围更广、市场化程度更高，除了居民住宅，城市更新的对象还包括工业厂房、商业设施等。

既有建筑改造和城市更新有利于促进资本、土地等要素优化再配置，推动城市结构调整，提升城市品质，同时也是社会空间利益的再分配。当前我国城市更新进入新的发展阶段，城市更新产业生态逐渐成熟，产城融合进一步加深，建筑改造面向更加专业化、品质化、关注社会公平均衡的方向发展。在新的历史时期，需要持续探讨的是如何在改造中防止大拆大建，保留城市记忆和文化，保障社会公平与和谐，稳步推进城市更新与改造的可持续发展模式。

2021年11月住房城乡建设部印发《关于开展第一批城市更新试点工作的通知》，城市更新的发展对建筑门窗幕墙行业提出了更高的要求，尤其是在低碳、绿色的要求下，既有建筑绿色改造的作用与贡献，对建筑改造与城市更新有着巨大的作用。行业领域中的前期规划、产业策研、检测咨询、设计流程、材料研发、运营管理等各阶段，都需要配合城市更新的背景进行转型升级，进行实践、思考和发展。

第二部分　产业链上下游年度现状与发展趋势

1979 年至 2020 年以来，我国 GDP 年均增长为 9.2%，经济实现快速增长，在此期间，房产一直是我国居民的主要家庭资产，是重要的社会财富承载主体。过去的一年，我国经济总体量首次突破 100 万亿元大关，成为"疫情时代"全球唯一实现经济正增长的主要经济体，其中房地产业及建筑业的综合增加值占 GDP 比重达 14.5%，位列各行业第三位。

2021 年全年房地产业及建筑业的发展情况稳定，在"三道红线""双控多改""两集中"等政策影响下，门窗幕墙上下游产业更加注重绿色建筑、智能建造、可持续发展，同时注重资产持有及轻资产运作。

1　建筑业 2021 现状

如今，作为国民经济的重要支柱产业，建筑业已处于由高速增长阶段向高质量发展阶段转变的关键期，随着"两新一重"的"十四五"规划发展重心的提出，建筑业面临的任务是如何推动我国从"建造大国"向"建造强国"迈进。要实现这一目标，必须借助新技术，打造建筑产业互联网。

建筑业实现高质量发展重点在于新型建筑工业化、智能化、绿色化的深度融合，而新型建筑工业化的"新"，是传统建筑工业化需要与信息技术相结合，与"双碳"目标相融合，以装配式建筑等新建造方式为载体。新型建筑工业化能够更有效提升工程质量，促进节能环保，提高建造效率，降低建设成本。5G、人工智能等现代信息技术，将催生全新的建造施工方式，建筑业智能化发展势不可挡。

我国建筑业全过程的碳排放量，占全国总量 40%～50%，建筑碳减排大有可为，我国绿色建筑年度新增市场规模约 6.5 万亿元，每年还有约 1.4 万亿元规模的绿色建筑存量市场改造。国家发改委等十部门印发《"十四五"全国清洁生产推行方案》，要求到 2025 年，城镇新建建筑全面达到绿色建筑标准，持续提高新建建筑节能要求，进一步加快推进超低能耗、近零能耗、低碳建筑规模化发展。

2　房地产业 2021 现状

当前房地产的发展除了城镇化建设以外，将更多地依靠城市更新、商业地产中的绿色地产升级，2021 年的相关统计数据显示，新建房屋面积与 2020 年基本持平，未来将会是一个折旧缩减的区间。同时，在房地产项目开发方面，智能建筑的市场占比提升明显，与 2012 年相比提高率达到 65% 左右，绿色建筑的市场占比同样明显，在未来的市场空间巨大。

随着"三条红线""两集中""五档房贷""保障性租赁住房""二手房指导价"等政策的陆续落地，尤其是"房住不炒"政策导向的长期确定，都宣告着房地产行业的赛道规则，已经发生翻天覆地的变化。多家 TOP 房地产企业债台高筑，因此房企的竞赛策略也不得不做出相应的调整，以往比拼的是谁冲得快，如今面对新的赛道规则，只有跑得稳才更可能是跑到最后的赢家。

3 门窗幕墙行业 2021 现状

在"房住不炒"总基调下，房地产调控易紧难松，一些制约因素的影响在带给房地产投资走势较大不确定性的情况下，建筑门窗幕墙行业受到了一定程度的影响，尤其是年内头部地产企业的负债危机，带来了众多对上游房地产业的质疑，接连不断的"负面消息"势必会严重打击到建筑门窗幕墙企业的合作信心。

事分两头，以房地产 TOP10 为首的全国大型房地产企业，在扩展时撬动过不少杠杆，如今只是开始回归正常现金流渠道时，为以前的行为买单，房地产业的投资热度和韧度，保证了它的投资地位和增长速度维持在一个较高的区间。

新基建与新城镇建设带来的项目，需要建筑门窗幕墙行业消化很长一段时间，同时因为它具有一定的政策性，在满足节能减排、发展循环经济、加强资源综合利用的要求下，无论是门窗或是幕墙都必须更加"绿色化"，这样的要求推动了行业内的产业结构优化升级。

在门窗与幕墙的产品研发风口，必须跟着政策导向与市场导向，从早几年风行的"系统门窗""装配式幕墙""被动式门窗幕墙""耐火、防火门窗"……到今天的全行业谈及的"双碳"趋势，门窗幕墙的产品对铝型材、玻璃、五金配件、密封胶，以及隔热条和密封胶条都提出了更高的要求。

以上是门窗幕墙行业市场发展的风口与需求端，那么在门窗幕墙行业经营现状中，尽管有国家出台的"限期付款"政策支持，但由于房企遭遇土地政策与资金问题带来的资金链紧张，以及建筑业总包方 EPC 模式的大力推行，产业链上、下游之间的资金结算方式不断更新，出现了越来越多的股权合作、金融合作，甚至在三四线不断涌现"工抵房"，打破了传统的直接占款、商票支付、供应链合作等合同模式。

强基础、补短板、两新一重，建筑业新老基建共同发力，构建系统完备、高效实用、智能绿色、安全可靠的现代化基础设施体系。而房地产业在"三道红线"的影响下，将对开发商的影响加速分化，出现强者愈强的局面。

4 幕墙顾问咨询行业 2021 现状

截至 2021 年底，市场体量保守估计应在 20 亿～30 亿元之间，国内顾问公司规模 30 人左右的占比较大，行业整体从业人数仍然在上升，不少的幕墙公司从业人员进入到了顾问行业内，顾问公司的技术人员总数量，已经达到甚至超越国内的部分中型幕墙公司的技术人员配置。

多数企业已经涵盖了幕墙咨询、建筑咨询、门窗咨询、照明咨询、膜结构咨询、钢结构咨询等业务，部分企业还涉及了智能化咨询、物流咨询、绿建咨询及其他方面。在行业人才储备与培养方面，注册建造师及注册结构师，在顾问公司的技术人员中占比日渐上升，随着公司规模的扩大，薪酬及福利水平的提高，更多的尖端人才将进入到该领域。

目前顾问咨询行业依然存在一些乱象和难题，项目收款难，汇款周期长的现状，制约了行业企业的人才储备及技术升级投入，同时人才的竞争异常激烈。未来，更多的顾问公司将朝着房地产业与建筑业"全过程"服务方向发展，把顾问咨询工作渗透到工程建设与设计的每一个环节，在市场竞争与行业发展双重激励下，突显深化设计与咨询服务的更大价值。

5 原材料供应链 2021 现状

2021 年是原材料价格的"高位运行年"，这几乎是房地产、建筑业与门窗幕墙产业链从业人士的共识，虽然国家连续多年来实行防房地产过热、防通货膨胀的"双防"宏观经济政策，但此轮经济增长周期远未结束。尽管新冠肺炎疫情反复、尽管 GDP 增速放缓，在国内市场并未出现"项目减少、人力过剩"的预期，相反却出现了新一轮猛烈的价格上涨，市场库存锐减，对铝型材、建筑玻璃、五金配件、密封胶，以及隔热条和密封胶条的刚性需求依然强烈。

2021 年开年以来，铝锭、玻璃、五金、密封胶，以及包装材料等原材料价格大幅上涨，伴随着一段时间以来的多地拉闸限电，能源供应偏紧的问题非常严重，原煤价格上涨，运输费用过高等，油、气、电等均保持了较长时间的增长，原材料供应链 2021 年关键词非常明确——"涨"＋"缺"。同时，回收废铝、充油密封胶、废标隔热条甚至不锈"铁"等鱼目混珠的材料，也充斥在门窗幕墙行业市场中。

在"碳中和"趋势兴起以前，各类原材料价格已经出现过"波段上涨"，到 2021 年 1~3 季度连续上涨，倒逼着材料企业们不得不谨慎接单，或者一单一价，甚至存在每生产一件就亏一点钱的现状，2021 年度行业难逃原料成本"劫"。

在原材料上涨、房地产下行趋势下，门窗幕墙行业"增收不增利"现象短期内或很难得到改善，面对年末又突然出现的原材料价格持续下跌，揭示出建材行业内受资本炒作的痕迹。众多的生产企业在无法确定转变形势的前提下，无法准确作出预判，"不确定性因素"的增加，成为市场内的另一颗"炸弹"，使得任何企业也不敢亲身尝试。

2021 年对于门窗幕墙行业的发展是重要的"转型升级"时期，Z 世代经济造就了不同的市场需求，更多的项目中采用智能建造、绿色建筑，才能更好地应对"两新一重"的发展方向，成为行业企业带来创新动力与投资机遇的契机。

同时，应对行业市场内企业生存环境的困难点，项目结算方式必须做出改变，工程造价、质量、进度将会是工程管理的三大核心要素，在应对外部要求提高，原材料溢价严重等情况下，需要合理调整，提高工程实施期内的支付比例，切实缩短项目结算周期，缓解施工单位资金压力，优化市场环境。

6 2021 年度统计数据调查报告

历年来我国门窗幕墙行业的数据统计工作，获得了行业企业及甲方、设计院（所）、第三方服务机构、展览公司等的大力支持。收集到的数据既有来自中国建筑金属结构协会铝门窗幕墙分会会员单位的财务数据，亦有第三方平台等提供的部分参考数据。

我国建筑门窗幕墙行业 2021 年度总产值接近 7000 亿元，继续保持着 2017 年度以来的持续稳定增长，在上述总产值的增长中，规模化大中型企业以及各类品牌材料生产厂家的贡献明显，2021 年更是要叠加原材料涨价的成分。

但面对"喜人"的产值增长，行业企业的利润率进一步下滑，不良资产率激增，尤其是门窗工程企业，2021 年在面对铝型材、玻璃、密封胶等主要原材料涨价，以及主要服务对象房地产企业资金链风险频发的双重压力下，现金流十分紧张，经营现状较为糟糕。

上述情况，在 2021 年建筑幕墙各类型企业产值汇总中能够清晰看到变化，"强者愈强"

的格局在一定时期内很难被打破，尤其是在受到疫情与银行贷款严控的双重压力，幕墙项目的运作与结算机制没有发生更本性转变的前提下，拥有更多资本与资金抗压风险的大型企业，获得了更多的市场份额。同时低价中标与原材料价格上涨的因素，也导致了部分中小企业谨慎接单或不敢接单。

从统计结果来看，建筑幕墙行业 100 强企业的产值汇总数据中，有 50％的企业保持稳定，其余的 25％上升、25％下降，总产值方面相较去年有所上升。

统计结果表明中小企业的状况非常不理想，工程合作中大多数企业都签署了闭口合同，原材料的上涨导致中小企业在项目中，不仅无法获取足够的利润，连企业运营的合理资金都无法保障，这样的市场现状让很多中小企业心生疑虑，裹足不前。

相应的我们也应该看到，这是由于特定时期（疫情反复）和特殊情况（原材料与人工等成本急剧上升）带来的结果，它对市场的冲击更多的是打掉一些行业内的低端企业与高风险运作的企业，对管理合理以及提前开展转型升级与创新发展的企业，并不会造成长期性或根本性的影响。

受益于房地产业的稳定，"房住不炒"属性不变下，更多的刚需、刚改和新城镇建设市场需求正在缓步释放，建筑业紧密相关的新老基建、城市更新的业务量也在上升。在整个上游行业价值链的良性发展下，与之配套的玻璃、铝型材、五金配件、密封胶、加工设备、隔热条和密封胶条等生产企业，也抓紧了产品研发与升级，相关产业链上的企业在近几年间，有望获得稳定的市场增量、稳健的发展空间。

（注：其中部分类别的非建筑用材料产值，也被计算在了行业总产值之中。数据来源于中国建筑金属结构协会铝门窗幕墙分会第 17 次行业统计）

（1）幕墙类

2021 年，幕墙类产值约 2000 亿元，与近三年来基本持平，疫情带来的建筑项目数量下降与单个项目金额上升相互抵消，同期内建筑幕墙行业内出现过缺少施工人员的时期，也出现过大量项目暂停的时期，究其原因离不开房地产业受到政策与市场冲击带来的影响。幕墙全年产值相较 2020 年有所上升，这部分上升的产值大多来自国内新城镇化建设、基建配套项目、环保产业项目、企业总部，以及快递物流带来的仓储项目的增加，从市场内了解的信息来看：深圳、上海、北京、杭州、西安、成都、武汉等地区，成为幕墙产值贡献最大的几个地区。

（2）铝门窗类

铝门窗伴随房地产的爆发式增长，自 2017 年以来一直表现抢眼，然而 2021 年是门窗行业十分艰难的一年。总产值尽管保持在 2500 亿元上下，但一方面，房地产压缩到局部发展，国家到地方性的政策频出，门窗占有位置降低，房地产市场影响门窗市场，部分市场趋向饱和，门窗产品销量增长不明显；另一方面原材料价格不断飙升，合同限价的约束，让众多中小门窗企业的生存受到严重威胁，资金链变得异常紧张。

同时，在 2021 年内，铝门窗的家装市场增量相较前两年也有所下降，这与市场内遍地开花的家装门窗厂不无关系，超低门槛、虚假宣传、恶意杀价……导致竞争加剧、乱象频频，为本已是一片"红海"的行业蒙上了一层阴影。

（3）建筑铝型材

根据相关数据显示：2019 年我国铝型材消费量大约为 1690 万 t；2020 年产量为

5779.30 万 t，2021 年全年将突破 6000 万 t 大关，同比增长超过 10%，而建筑铝型材作为铝型材应用的消费主力，消费量继续保持增长态势。

2021 年期间，得益于铝锭价格的大幅上涨，相关企业的年产值上升明显，主要用于门窗幕墙的建筑铝型材总产值突破了 1400 亿元。同时，近年来随着光伏产业发展，铝型材在汽车轻量化、电子电力、家用电器、新能源汽车等领域应用程度的不断加深，我国铝型材行业产量及市场需求逐步扩大。

（4）建筑玻璃

2021 年是建筑玻璃行业非常"特殊"的一年，影响产业发展的新政策、新法规陆续出台。行业两极分化严重，有原片、浮法的玻璃生产能力的企业利润率爆增，在规模上也远大于深加工的体量，而"纯"玻璃深加工企业，利润率降至新低，经营面临困境。

从外部宏观环境来讲，经济增长方式的转变，严格的节能减排政策，对玻璃行业的发展产生了深刻的影响；另外还有价格波动、人民币升值、人力资源成本上升等因素的影响。建筑玻璃的产销量虽有所上升，全年产值达到 800 亿元，但面对产业链各环节竞争、出口市场逐步萎缩、产品销售市场日益复杂等问题，企业的成长度却低于预期。

（5）建筑胶

2021 年建筑胶市场产值达到 150 亿元，有望在未来的两三年内实现行业产值 200 亿元的突破。国家基础设施发展的需求推动了建筑胶市场的增长，对环保产品的日益增长的需求是最新的趋势，绿色节能建筑的监管要求正在推动对环保建筑密封胶的需求。

2021 年建筑胶原材料价格大幅攀升，使得有产业链上游原料产品的厂家，利润率爆增，而产品生产型企业，只能借助原材料渠道相对稳定的合作关系，以及品牌带来的溢价优势，利润率勉强维持在合理水平。

（6）五金配件

五金配件的市场主要依托房地产项目的发展，目前国内房地产开发投资增速降低，一方面会使建筑五金市场整体需求增速放缓，但另一方面也将加快房地产行业的整合和集中度提升，带来建筑五金市场需求结构变化。2021 年除了房地产项目外，新增的基础设施建设，以及城市更新与老旧小区改造的五金配件需求量巨大，年度总产值达到 1000 亿元，中高端产品的市场需求仍将保持较高的增长速度。

随着建筑市场的蓬勃发展，以及全球制造业的产业转移，我国五金配件行业得到快速发展，技术水平不断提升，行业整合趋势明显。目前市场内个性化需求越来越高，拥有各式功能和风格化造型的门窗五金广受欢迎，而且门窗绿色化与节能化要求逐年提高，门窗五金从外观设计、整体材质、辅助配件到安装和后续服务等方面，都需要企业不断提升。

（7）门窗幕墙加工设备

2021 年无人化、数字化的技术应用前景更加广泛，加工设备总产值保持稳定，全年产值约 30 亿元。门窗设备的市场在经过大洗牌之后，逐渐突出了行业品牌金字塔模式，顶端企业持续享受行业红利，尤其是智能化建筑与人工智能方面等的需求度在不断增长。

我国拥有上百家规模化的门窗企业，其中中小门窗企业超过 3 万家，并分散在全国各个大中小城市中。区域性决定了对加工设备的需求度各不相同，但大多数门窗企业使用的设备年限为 10～15 年就必须更新换新设备，同时日益高涨的人工成本也推动了门窗企业必须下大决心进行门窗智能化设备方面的投入。

（8）隔热条及密封胶条

建筑隔热条及密封胶条产品的独特属性，成为绿色建筑、节能减排起到关键作用的门窗幕墙的配料，作为行业细分领域，其生产企业的技术壁垒和创新能力，是这个行业内企业品牌知名度与规模化的核心支撑力，2021 年用在建筑门窗幕墙领域的相关产品，总销量达到了 40 亿元。

纵观行业细分八大类，市场不确定性加之原材料爆涨，成为最核心的关键词。一方面，房地产政策吃紧，前期红利消耗殆尽，资本运作的前期模式已经没有任何优势可言，到局部发展，国家到地方的限制政策频出，"房住不炒"属性决定了它是一个长期的阶段。

另一方面，门窗幕墙的产量变化增加，总产值有所增长，但单价并没有随着下游市场内铝型材、玻璃、五金、密封胶、隔热条及密封条等配套材料的价格变化而变化，而下游的市场红利也被原材料价格大幅消耗。房地产市场影响门窗幕墙市场，部分市场趋向饱和，绿色低碳建筑产业的发展格局，需要大量的资本来促进企业转型升级，这给众多中小企业的生存带来严重威胁。

7 年度新出政策及热点关注

2021 年度内，国家对房地产业及建筑行业配套服务企业持续关注，出台了一系列利好政策，包括保障市场营商环境、新型城镇化建设，以及其他诸如审批、绿色发展、人员管理等一系列的政策"红利"正在持续放送，这为建筑门窗幕墙行业的发展与转型升级，带来了巨大的动力与市场空间。

（1）人社部拟新增"建筑幕墙设计师"等 18 个职业

2021 年 1 月 15 日，人社部公示拟新增 18 个职业，其中包括一项建筑领域的拟新增职业——建筑幕墙设计师，加强建筑幕墙工程设计人员队伍的规范化管理。

（2）住房城乡建设部：叫停城市更新大拆大建

实施城市更新行动，要顺应城市发展规律，尊重人民群众意愿，以内涵集约、绿色低碳发展为路径，转变城市开发建设方式，坚持"留改拆"并举、以保留利用提升为主，严管大拆大建，加强修缮改造，注重提升功能，增强城市活力。既有幕墙改造并未提到。

（3）放管服——开展招投标工作改革

2021 年开展建筑企业跨地区承揽业务，要求设立分（子）公司问题治理；清理招标文件中，将投标企业中标后承诺设立分（子）公司作为评审因素等做法；严肃查处违规设置建筑市场壁垒、限制和排斥建筑企业跨省承揽业务的行为。

（4）多地发文：禁止施工作业人员"高龄化"

多地陆续发布通知，要求规范建筑施工企业用工年龄管理，禁止招录和使用 60 周岁以上男性、50 周岁以上女性从事施工作业。

（5）国务院：工程竣工决算不得超过 1 年

在建设项目竣工验收合格后，需及时办理资产交付手续，并在规定期限内办理竣工财务决算，期限最长不得超过 1 年。

（6）全国各地陆续取消审图

已有多地取消施工图审查，或利用互联网实行自审备案制，简化图审流程，并在深圳开展人工智能审图试点。

（7）多次重申，"500m" 限高

2021 年严把超高层建筑审查关，对 100m 以上建筑，应严格执行超限高层建筑工程抗震设防审批制度；严格限制新建 250m 以上建筑，需报住房城乡建设部备案；不得新建 500m 以上超高层建筑。

（8）多省市工程"质保金" 3% 降为 1.5%

各地陆续明确"在政府采购活动中，不得收取投标保证金"，以及降低工程质量保证金预留比例。同时，保证金将向多元化的方向发展，"推广使用银行保函、保险公司保单、担保公司保函等担保方式，逐步实现多元化保证"。

（9）房地产税来了，注意它不是"房产税"

2021 年财政部四次提到房地产税以及"房地产税改革试点工作"，房地产税不等于房产税，是两个不同概念，它可以在一定程度上调节房价或者平衡房价，对市场的冲击和影响还有待考证。

第三部分 年度主要工作内容回顾

1 2021 年度开展的主要工作

在国家精准施策、行业积极践行的大背景下，中国建筑金属结构协会铝门窗幕墙分会（以下简称分会）组织开展了下述各项工作：

（1）如期举办行业年会及新产品博览会

2020 年的行业年会及新产品博览会因疫情影响被推迟，2021 年在疫情得到有效防控的基础上，分会与展会承办单位全力运作，2021 年 3 月行业年会暨中国建筑经济峰会以及新产品博览会如期举行。盛大回归得到了广大行业同仁的大力支持，参展企业和参观观众在符合防疫部署要求的前提下，基本与往届持平，为行业市场基本面的发展奠定了良好的基调。

（2）继续开展行业数据调查活动

2021 年是一个重要的年份节点，行业内上下游产业链的生态在政策调控与市场调整的双作用下，迎来更加合理的发展与积蓄潜力。分会为了更好的服务行业与会员企业，继续开展了行业数据调查活动，通过将行业大数据分析方式，科学合理地应用数字化技术，结合市场变化的热点，深入剖析与研究行业市场，积极寻找客观规律，以发展报告的形式将调查活动的成果进行分享。

（3）主办并召开行业多项会议及活动

为了倡导行业绿色健康发展，关注行业从业人员身心健康，2021 年 3 月分会在广州年会同期，携手浙江时间，主办开启了新一年度的"健康时间"主题活动。并协助高登开展了 3·12"以铝代木"森林保护日、"坚朗杯"高尔夫球邀请赛、"白云"安全应用高峰论坛，以及"年度喜爱幕墙工程""首选品牌"推荐等活动。

2021 年 5 月在北玻、硅宝等企业的支持下，分会组织开展 2021 年度幕墙顾问行业观摩活动，来自全国的建筑幕墙顾问、设计咨询行业精英齐聚北京，带领大家寻访与观摩以北京长城饭店、城奥大厦以及亚投行总部大厦等为代表的地标幕墙项目，并指导开展了"顾问20 强"颁奖活动。

9 月分会配合协会主办的"新开局、新征程！C21 峰会暨转型发展高峰论坛"。紧接着，分会在 2021 北京城市建筑双年展期间，在坚朗、和平、北玻协助下，主办了"衍生建筑未来"沙龙活动。

10 月由分会主办杭州之江承办的"2021 年全国建筑幕墙顾问行业第二届专家研讨会"，对顾问咨询行业的热点问题进行了研讨。

2021 年度，分会还组织行业相关专家，及上下游产业链企业代表，在佛山及成都分别成功主办两场"铝门窗幕墙行业技术培训班"，在国家职业培养机制的基础上，加大行业内的人才培养与技术提高。

（4）配合多地省市协会开展会议及活动

2021 年分会积极开展与多地省市行业协会及相关协会之间的合作，年度内分别配合北京、上海、广东、四川等省市，举办了行业会议及活动，其中包括"7.18 上海幕墙共享设计节"等。

（5）开展行业内企业走访活动

2021 年是分会领导深入行业企业，开展走访调查活动的重要年份，先后走访了广东省的几家门窗、型材和结构胶知名企业；走访了西北几家型材、幕墙龙头企业；走访了浙江几家五金配件和新材料骨干企业；走访了西南几家门窗、幕墙和结构胶代表企业；以及针对房地产企业如华润、恒大、金地、万科等进行调研工作。

协会及分会领导深入调研门窗幕墙的产品研发、应用推广及市场运营情况，与调研企业管理层会晤，开展深入交流。

2021 年分会共走访、座谈、接待来访行业企业 60 余家，得到了行业的一致好评。

（6）组织开展密封胶年检与相关推荐工作

2021 年为了进一步加强建筑结构胶生产企业及产品工程使用的管理，分会对已获推荐的建筑结构胶产品进行了年度抽样检测，加强了对结构胶生产企业的监督、检查；同时对已获推荐企业，分会优先向房地产、门窗幕墙企业推荐。

（7）组织开展建筑隔热条推荐工作

2021 年为了进一步加强及提高铝合金门窗、幕墙用"建筑用硬质塑料隔热条"产品质量管理，对生产企业的规范管理，以及产品工程使用的管理，确保工程质量，保障人民生命财产的安全，分会对隔热条生产企业实施行业推荐工作，加强了对隔热条的监督、检查，同时对已获推荐的企业，分会将优先进行推荐。

（8）组织编制建筑门窗幕墙行业新规范

2021 年，分会为更好地服务建筑门窗幕墙行业及会员单位，抓住团体标准发展契机，充分发挥分会专家组、行业龙头、规模化企业平台的优势，全面针对新产品、新工艺、新技术，积极开展相关标准的编制和修订工作，分会组织开展以下多项团体标准编制。

《智能幕墙应用技术要求》《幕墙运行维护 BIM 应用规程》《铝合金门窗生产技术规程》《铝合金门窗工程技术规范》《铝合金门窗安装技术规程》《装配式建筑用密封胶》《门窗幕墙用聚氨酯泡沫填缝剂技术应用》《既有金属幕墙检测与评价标准》《建筑幕墙抗震性能试验方法》的编制工作，并进行《铝合金门窗》国标图集的编制工作。

相关工作主要集中在：铝门窗与幕墙相关管理，以及服务发展的新要求方面，每年相关标准规范的更新与编制，既是市场反馈与需求，也是新工艺、新产品的规范化要求，通过行业新标准规范的制定，真正做到为行业服务、为企业服务。

（9）与多协会共同开展绿色环保新材料、新产品认证与推荐

随着国内绿色建材产品认证工作的不断推进，全社会对绿色建材产品认证认知度不断提升，尤其是三部委出台关于绿色建材产品认证的通知后，市场内的需求与产品应用与日俱增，分会与多协会、多地机构共同推进实施了建筑门窗幕墙行业的各类型产品具体认证工作，同时在全行业内开展学习、宣传和推广。

（10）组织专家编制行业技术期刊

2021年10月，由分会主办，山东永安胶业有限公司独家承办的第七届《2021—2022年度中国门窗幕墙行业技术及市场分析报告》编委研讨会如期召开，新一届的编委专家会议，在疫情的背景下，由线下搬到了线上。

分会组织开展的研讨活动，得到了编委专家们的大力支持，同时，值得关注的2020—2021年度，由兴三星云科技有限公司协办的《2022年建筑门窗幕墙创新与发展》论文集，以及上述提到的《2021—2022年度中国门窗幕墙行业技术及市场分析报告》，均已经正式出版发行，作为2022年3月广州年会的配套资料，发送给参会的会员单位代表。

据不完全统计，铝门窗幕墙分会专家组专家在2021年活跃在全国各地，参编、参评标准150余次；大型建筑门窗、幕墙工程及主持设计、施工、检测、咨询、材料应用等140余次；发表文章100余篇；专利55余项；获省部级奖项23余项。推进标准指导、技术引领、专业服务，为门窗幕墙产业链发展带来了积极的正能量。

（11）指导开展顾问"设计奖"及"喜爱幕墙工程、市场表现及用户选择奖"活动。

2021年度在分会指导下，组织开展了顾问行业"设计奖"评选活动，通过甲方、建筑师和幕墙专家，大力推广优秀设计项目中新产品、新材料、新技术的应用。同时，年度内还指导开展了第十七届幕墙行业的"喜爱幕墙工程""市场表现奖"及"用户选择奖"推荐工作，用心推选出行业内的优秀工程及品牌企业。

2020—2021年分会主办的各类大型活动及会议得到了来自全行业及上下游产业链的大力支持，各类活动及会议人气满满。组织开展的各类走访调研活动也得到了来自诸如幕墙、门窗、玻璃、型材、五金、密封胶、隔热条和密封胶条等会员单位及非会员企业的大力支持，共同交流、沟通，合作打通市场内上下游产业链互通瓶颈，引领行业高质量发展，发挥分会行业风向标与市场推广者的作用。

2 2022年度的工作计划

2022年，是"十四五规划"深化之年，分会将紧紧把握行业及市场变化的动态发展，提前做好工作计划并根据行业及会员单位的需求，与行业市场工作的变化做出具体的工作应对，在全面考虑分会工作的重心与行业发展现状前提下，将分会工作计划做了如下几项安排：

（1）计划举办年度行业年会及博览会；

（2）年度内举办多场高端行业活动（包括高峰论坛、技术论坛、行业交流活动等）；

（3）开展行业人才培养计划；

（4）开展行业内职业资格培训工作；

（5）继续引导建筑幕墙设计、施工规范化；

(6) 深化行业技术发展，开展新技术、新工艺观摩活动；

(7) 重点加强对中小企业发展的服务；

(8) 组织编写并出版年度刊物；

(9) 关注行业年青力量培养，关注企业传承；

(10) 继续开展行业数据调查统计工作；

(11) 筹备设计及顾问咨询平台的相关工作。

分会坚信伴随着我国城镇化建设的步伐，内、外双循环的新发展格局，我国的铝门窗幕墙行业总体发展曲线处于健康、可持续的水平状态，分会将继续为行业的持续、稳定、良性发展作出贡献。

3 当前行业存在的主要问题

门窗幕墙行业发展了三十多年，一路走来门窗产品从钢窗、塑窗，再到铝窗、断桥铝，以及后来的系统门窗、防火窗、被动窗等；在幕墙方面从最初的玻璃幕墙、金属幕墙，到后来更加广泛应用的石材幕墙、铝单板、冲孔铝板、GRC、UHPC 等，看上去似乎行业的发展及产品变化非常丰富，但其实不是，产品的发展与市场空间、利润空间及行业发展是否充分，创新是否能够满足高质量发展要求有很大关系，从以上这几点来看恰恰是我们行业发展的短板。

单从装配式建筑、被动式建筑、智能建筑、绿色建筑，以及第三方顾问行业的建立与发展，从建筑面积到发展时间，我们还远远落后于国际发达水平，缺乏合理的利润空间，以及不够合理的资金结算方式均制约着建筑门窗幕墙行业的高质量发展。

同时，各类原材料价格大幅波动，对行业发展造成巨大影响，2021 年的原材料市场行情不是忙，而是乱，漫天报价影响了行业长远健康发展，同时国内外持续的疫情也引发了各种基础原料周转速度变慢，进而加剧了这种"乱"。

我国经济已经从高速发展转变为中高速发展，房地产、建筑业从供不应求到"黄金时代"、"白银时代"，再到去库存、保生存，到"保平、保稳"，无效率的加班、过度追求高学历、产品缺乏创新、落后的营销方式，及化简为繁的会议，这些成为门窗幕墙行业的普遍存在问题。

无论是公司还是个人，在这样的形势下，很容易进入"内卷化"状态，根本原因就在于精神状态和思想观念。信心决定命运、观念决定出路，如果一个团队自怨自艾，不思进取，不谋开拓，企业会变得惰性十足，毫无发展动力，个人会变得没有信心，遇事拖延，而且会进入一种周而复始的轮回状态。

第四部分 未来发展展望

建筑门窗幕墙行业的发展与上下游产业链的发展密不可分，在工业化 4.0 的发展模式基础上，未来的无人化工厂、数字化、机器人应用等，加上大数据技术的加成，在市场分类与成品生产供应等方面，能够提供更多的个性化、差异性与高价值量项目产品的供应。

新的规范的编制与起草，为行业未来的绿色化、低碳化发展奠定了基础，可再生资源的应用也能得到更加广泛的使用。职业化人才培养，科学性人才储备，高质量、高学历的管理与生产队伍建立成为行业内发展人才战略的依托，使得门窗幕墙行业的整体人才使用情况和行业从业人员基本素质得到进一步提升。

远程化办公与交流，是长期以来积极推广与高效发展的新型办公方式，在疫情期间得到了快速发展，门窗幕墙行业作为新型办公方式发展较为落后的行业，在短时期内经过大力推广，已经成为市场内新的风潮。

大力发展建筑工业化为载体，以数字化、智能化升级为动力，创新突破相关核心技术，加大智能建造在工程建设各环节的应用，形成涵盖科研、设计、生产加工、施工装配、运营等全产业链融合一体的智能建造产业体系，提升工程质量安全、效益和品质，有效拉动内需，培育国民经济新的增长点。

1 行业发展的主流技术展望

模拟化、数字化、人工智能、网络大数据应用、工程全可视化技术……未来行业的发展必然是与前卫科技的结合分不开的，当前应大力发展建筑工业化为载体，以数字化、智能化升级为动力，创新突破相关核心技术，加大智能制造在工程建设各环节的应用。比如将工业4.0、VR、MR等引入建筑领域，随着3D扫描、二维码、物联网、云计算、区块链、元宇宙等科技的融合，最终出现了以BIM技术为核心的门窗幕墙数字化应用。

另外，随着人口红利消失、原材料等各种成本上涨，中国制造业必须转型升级提质增效，加快推进智能制造，行业内提升自动化生产水平，大力推动智能化升级，开展"机器换人"试点，建设示范生产线、示范车间、示范工厂。无人化是未来发展大的趋势，黑灯车间、数字流水线、智能机械手……无人化就像一场蝴蝶风暴，引发了从生活方式到工作就业，再到经济转型的巨大变化。在建筑门窗幕墙行业领域内，无人化工厂的建设即自动化工厂，是全部生产活动由电子计算机进行控制，生产第一线配备机器人而无需工人的工厂，从劳动密集型脱胎换骨走向智能制造、"无人化"制造，已经不可逆转。

当前"机器人"已经成为一种趋势，在生产工艺过程中大量的人工智能将取代已有劳动力，当然同时也会出现大量新增人才需求。中国TOP房企碧桂园，2022年旗下的智博机器人已经在工地应用；而在施工领域，中建系统自主研发的智能建造机器人，施工的精度较传统人工有所提高，每项工序还带来时间的节约。

同时，智能建造与建筑工业化时代已经到来了，涵盖科研、设计、生产加工、施工装配、运营等全产业链融合一体的智能建造产业体系，不仅能提升工程质量安全，加快行业企业转型升级，提高建筑门窗幕墙行业内产品的品质，也能产生更大效益。

2 技术型、专家级、工匠型人才培养方向

稳就业、保就业关系民生大计，是当前置于"六稳""六保"首位的工作任务，制造业历来是我国就业的主要领域，提供了足够的就业机会，但随着行业内数字化、智能化等科技的应用，产业发展导致产业工人必须不断提升技术含量，更加需要接受过相应职业教育培训的技能型人才。

2021年，原材料价格上涨，地产局势紧张，国内物价上涨，行业内人才需求转型，带来了史无前例的人才"大流动"。无论是房地产、设计院、施工单位，还是材料企业，留住骨干就是留住了竞争力，当然必要的淘汰机制是企业自身造血功能净化的前提。

在建筑工业化、智能化、科技化的推动下，人才培养的方向已经逐渐向技术型工人转移，建立培训机制，提升管理机制和效能，以适应新时代发展。当下国家重视培育高技能人才，大力弘扬工匠精神，发展并支持职业教育，培养技术型工人、专家级工人以及专业工匠，这是未来企业内人才培养的主线。

3 打造行业企业品牌与诚信体系建设

近年来，在建筑行业内刮起了一股改革之风，首先针对的就是行业内的项目结算支付与工程进度管理方面，这与行业内长期缺失的诚信体系建立，和一些行业内的低价中标、围标，利益输送等造成的恶劣竞争环境形成了鲜明对比。

建筑门窗幕墙行业内急需建立完善的品牌建设发展体系，以新型建筑工业化带动建筑业全面转型升级，加强技术创新，提升信息化水平，培育产业体系，积极推进绿色建造和智能建造，打造具备国际竞争力的"中国建造"品牌。品牌对企业的加成，不仅是宣传作用与知名度等，同时也是行业合作、市场需求中的诚信度建立，很多企业在打造品牌建设时，往往只重视广告效应与视觉效果，而忽略了诚信体系建设是市场经济发展的内在要求。

市场经济的发展，把企业完全推向了市场，成为"自主经营、自负盈亏、自我发展、自我约束"的市场主体，诚信已不仅关系企业的信誉，还连接着企业赖以生存的市场。在激烈的市场竞争中，诚信已成为一种战略资源和无形资产，成为企业市场经营的通行证，成为关系企业生存发展的品牌，它既是企业实力的体现，更是社会公众对企业诚信的评价。

4 建立全新的企业管理模式迫在眉睫

虽然我们行业经过了几十年的高速发展，从当初的技术引进、模仿、学习，到如今的超越、引领，但产品的类型及企业产品、细分行业的企业数量，行业内的结构合理性已经不足，很多老一辈或第一代企业家是实干家，却不是创造者。产业结构发展程度不高，创新能力不强，他们所熟悉的一套工作模式和企业生存模式还停留在低成本、高人力集中、简单资本运作等方式，对人才与品牌、企业管理模式的重视程度不够，直接导致企业的发展水平和企业内部创新能力缺失。

今后15年，中国GDP增长靠城市化拉动、靠房地产拉动、靠城市基础设施拉动的动力，会从50％降到10％左右，经济发展更多靠产业结构调整，要靠内涵，而大量的发展是靠技术引进、消化吸收，把关键技术立足在国际市场的配置上。

行业发展的机遇与危机分不开，建筑门窗幕墙行业在进行产业结构升级转型的过程中，加大人才引入和企业管理水平提升有足够的资本支撑。同时，新城镇建设、新基建的大力发展，行业内的项目发展存在着稳定的市场基础，"双碳"目标、绿色产业化、建筑工业化等的稳步推进，在全行业内掀起了改革创新的旋风，这是一股暖遍建筑门窗幕墙行业的春风。

5 加快信息化、工业化升级

新型建筑工业化是通过新一代信息技术驱动，以工程全寿命期系统化集成设计、精益化生产施工为主要手段，整合工程全产业链、价值链和创新链，实现工程建设高效益、高质量、低消耗、低排放的建筑工业化。建筑新型工业化体系是建筑产业转型升级的核心，门窗幕墙行业的高质量发展离不开产业转型升级，更加需要加快工业化体系升级。

　　要实现行业内的工业化升级，需要大力发展装配式建筑，推动建立以标准部品为基础的专业化、规模化、信息化生产体系；同时，全面提升各类施工机具的性能和效率，提高机械化施工程度，而且需要加快打造建筑产业互联网平台，推广应用智能制造生产线和安装线。

　　未来，分会将携手广大会员单位，与房地产、建筑业精英一道，推进"平台化发展、产业链共赢"模式，构建产业发展生态圈，创造全产业的智慧服务。

　　天下将兴，其积必有源！坚持党的领导，传承"红色基因"，凝聚"蓝色力量"，推动"绿色发展"，中国门窗幕墙行业的高质量发展愿景，必将逐步显现。

建筑表皮的新技术应用及发展趋势

金绍凯

同济大学建筑设计研究院（集团）有限公司　上海　200092

摘　要　建筑师的奇思妙想，推动着建筑幕墙技术不断创新，也带动了相关材料的进步。而新材料的不断涌现，也促进了幕墙技术的创新和发展，彼此相辅相成。智慧型城市建设作为当前城市的发展方向，必然推动建筑的智能化，也同时推动了生态智能建筑幕墙的发展。

关键词　建筑幕墙；新材料；新技术；发展趋势

1　引言

建筑自诞生之日起，就以某种特定的形式呈现在人类的面前。在构成建筑的诸多要素中，建筑表皮给人的印象最为直接和深刻。建筑表皮是包裹着建筑内部使用空间的物质元素，是分隔室内外的介质，也是塑造建筑表情和风格的关键。建筑表皮的具体做法和最终形式反映了不同时期、不同地域、不同国家、不同文化下的建筑水平和审美倾向。在当代建筑设计中，建筑表皮材料种类繁多，组合方式多种多样，尤其是现代科学技术的发展，导致建筑材料的使用方法越来越巧妙，一些传统的建筑表皮材料也获得了新生，从而创造出前所未有的建筑形式。

建筑幕墙是建筑外围护表皮的形式之一。建筑幕墙从 20 世纪 70 年代末期进入我国，迄今为止已经有 30 多年的历史。在这短暂的 30 多年里，中国发展成了世界第一幕墙生产大国和使用大国，幕墙的年产量和总拥有量均为世界之最，在幕墙产品的质量和档次上也有了很大的提升，幕墙技术也有了极大的提高，建筑幕墙近些年来在我国的发展形势有目共睹。

建筑幕墙按照其面板材料可分为：玻璃幕墙、金属板幕墙、石材幕墙和人造板幕墙等。

用金属板材作为建筑外表皮是当代建筑的一个重要特点。利用金属材料平滑、冷峻的质地，建筑师们打造出一个个具有未来派风格的建筑。金属板材的种类比较多，如铝板、不锈钢板、铜片、钛锌板等。另外，不同的加工方法也会让同样的材料呈现出不同的效果，如整片的铝板和穿孔铝板的效果就截然不同。美国著名建筑师弗兰克·盖里在西班牙的古根海姆艺术博物馆的表皮上覆盖了银光闪闪的钛合金板；纽约洛杉矶的迪士尼音乐厅的表皮则是银色的不锈钢板。

石材是建筑最早使用的材料之一，具有相对良好的耐久性能。世界上许多古老的建筑都是以石材作为主要的建筑材料，石材在当今的建筑环境中依然被普遍使用。天然石材结构均匀，质地坚硬，耐磨损，颜色美观，外观色泽可保持百年以上。正因其具有得天独厚的物理特性加上它美丽的花纹，使得它成为建筑的上好材料，是众多建筑师和开发商比较喜欢使用的装饰材料。除通常采用的花岗岩、大理石、洞石、砂岩、火山石等天然石材外，越来越多的人造板材也被应用在建筑外墙上，譬如陶板、瓷板、微晶石板等。

建筑设计的需求促进幕墙技术的进步，也带动了幕墙面板材料的研制和开发，新型材料的出现也进而推动了建筑幕墙的发展和创新。位于广州天河区珠江新城 CBD 中心地段的广州东塔——周大福金融中心正是由于建筑师的大胆设想，使得我国传统冰纹工艺的釉面陶板有了技术上的突破，并首次被应用在 530m 高的建筑外墙上，成为目前全球最高的陶板项目。

不同种类的幕墙，因使用场合的不同有着不同的功能。建筑玻璃幕墙作为建筑的外围护结构之一，起到遮风挡雨、保温隔热、隔声降噪的功能。它不仅体现建筑学、美学、结构设计的最佳结合，而且把玻璃的多种功能完美体现出来。随着科学技术的发展，高层、超高层建筑不断涌现，为了减轻主体结构的荷载，建筑幕墙成为建筑外围护结构的首选。

2 玻璃幕墙材料的应用现状

由于建筑效果和采光的要求，玻璃幕墙无疑是在建筑外表皮中应用最多的形式。而通常对玻璃的运用，是发挥其澄净、透明的特点，将室外的景物一览无遗，创造室内外的交流的外围护体系。随着工业技术的发展，现在的玻璃可以是透明的，也可以是半透明或不透明的。而且，新技术、优良的绝缘性能和荷载潜力已经改变了我们对玻璃的认知。借助于科学技术的发展和设计师的巧妙构思，玻璃由传统的窗户和幕墙转变为风姿绰约、千变万化的建筑外表皮，在发挥其建筑外围护功能的同时表现其瑰丽的装饰效果。

建筑幕墙同传统的墙体相比较，质量减轻了很多，但是能耗非常大，因此建筑的窗户和幕墙仍是建筑围护结构节能最薄弱的环节。在我国的能耗结构中，建筑能耗占到总能耗的 40% 以上，而通过门窗流失的能耗占到了建筑能耗的 50% 以上，我国目前已将节能门窗纳入节能减排战略，制定节能门窗的标准，中空玻璃间隔条的作用也至关重要。随着节能要求的提高，越来越多的节能材料和技术将被应用在建筑外表皮上。

2.1 中空玻璃的应用

在中空玻璃出现之前，房屋多使用双层窗，后来又采用双层玻璃，直到 1865 年美国人发明了中空玻璃。随着技术的进步而不断改进，目前的中空玻璃是用两片（或三片）玻璃，使用高强度高气密性复合粘结剂，将玻璃片与内含干燥剂的铝合金框架粘结，制成的高效能隔声隔热玻璃。中空玻璃因两层玻璃之间有一个空腔，减少了热的传导，起到了保温作用，因此也叫保温玻璃，是一种良好的隔热、隔声、美观适用，并可降低建筑物自重的建筑材料。中空玻璃多种性能优于普通双层玻璃而一直被采用。中空玻璃要减少气体传热，还可用大分子量的气体（如惰性气体：氩、氪、氙）来代替空气，以提高保温隔热性能。

2.2 Low-E 玻璃的应用

Low-E 是英文 Low Emissivity 的简称，为低辐射镀膜玻璃，是相对热反射玻璃而言的一种节能玻璃。

随着对建筑物性能要求的不断提高，人们在选择建筑物的玻璃门窗时，除了考虑其美学和外观特征外，更注重其热量控制、制冷成本和内部阳光投射舒适平衡等问题。这就使得镀膜玻璃家族中的新贵——Low-E 玻璃脱颖而出，成为人们关注的焦点。

Low-E 玻璃具有优异的热性能。门窗玻璃的热损失是建筑物能耗的主要部分，占建筑物能耗的 50% 以上。有关研究资料表明，玻璃内表面的传热以辐射为主，占 58%，这意味着要从改变玻璃的性能来减少热能的损失，最有效的方法是抑制其内表面的辐射。普通浮法玻璃的辐射率高达 0.84，离线单银 Low-E 玻璃的 E 值可以达到 0.06，这种低辐射膜系对远红外热辐射的反射率很高，能将 80% 以上的远红外热辐射反射回去，从而避免了由于自身温度提高产生的二次热传递，所以 Low-E 玻璃具有很低的传热系数，具有良好的阻隔热辐射透过的作用。用 Low-E 玻璃制造建筑物门窗，夏季可大大降低因辐射而造成的室外热能向室内的传递，冬季也可以减少室内热量向室外传递而增加制暖能耗，达到理想的节能效果。

Low-E 玻璃目前分两种：在线 Low-E 玻璃和离线 Low-E 玻璃。在线 Low-E 玻璃品种单一，离线 Low-E 玻璃品种多样，根据不同气候特点可以制作高、中、低多种透过率产品，并且颜色上有银灰、浅灰、浅蓝和无色透明等，用着色玻璃还可制作绿色等其他多种颜色。

Low-E 玻璃又分为单银 Low-E 玻璃、双银 Low-E 玻璃和三银 Low-E 玻璃。任何镀膜玻璃在限制太阳热辐射透过的同时都会不同程度地限制可见光的透过。双银 Low-E 玻璃比单银 Low-E 玻璃能够阻挡更多的太阳热辐射热能。换句话说，在透光率相同情况下，双银 Low-E 具有更低的遮阳系数 S_c，能更大限度地将太阳光过滤成冷光源（图1）。

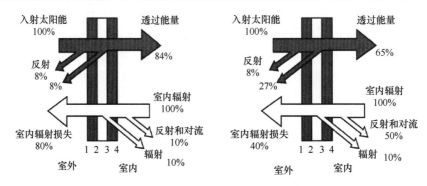

图 1　中空玻璃太阳能透过量分配

双银 Low-E 玻璃传热系数较单银 Low-E 更低，能进一步提高外窗的保温性能，真正达到冬暖夏凉。简单来说，由于双银 Low-E 玻璃大大减少了室内外环境透过玻璃进行的热量交换，因此当空调进行制暖或者制冷时，在室内温度达到了设定温度后，空调就能够更长时间地处于待机状态，从而节省耗电量。

目前在建筑幕墙上普遍采用的均是 Low-E 中空玻璃。虽然铝间隔条的应用使中空玻璃的现代生产成为可能，但其也具有一个不可回避的缺点，那就是隔热性能不好，间隔条隔热性能差是中空玻璃失效和内表面结露或者霉变的一个重要原因。因为铝间隔条的导热性能强，使中空玻璃内表面温度低于中空玻璃中央部分的温度，这样不仅造成了屋内夏天的冷负荷增大，冬天的热损失增大，而且会在窗前形成小范围的空气对流，降低室内的舒适度，在严重的时候会形成玻璃内表面结露，而长时间的结露会造成中空玻璃失效。

3　新技术在玻璃幕墙上的应用

3.1　呼吸式幕墙

呼吸式幕墙由内外两层玻璃幕墙组成，与传统幕墙相比，它的最大特点是在内外两层幕墙之间形成一个通风换气层，由于此换气层中空气的流通或循环作用，内层幕墙的温度接近室内温度，减小温差，因而它比传统的幕墙采暖时节约能源 42%～52%；制冷时节约能源 38%～60%。另外，由于双层幕墙的使用，整个幕墙的隔声效果得到了很大提高。呼吸式幕墙分为外循环式和内循环式两种，目前国内应用较多的是外循环式幕墙。

我国第一座超低能耗示范楼于 2005 年在清华大学落成并对社会开放。该楼位于清华校园东区，其南立面即采用了双层呼吸式幕墙，而且内层幕墙采用了真空玻璃复合中空结构的高性能玻璃幕墙。冬季晚上的耗热比单片白玻璃减少了 83%，比普通中空玻璃减少了 70%，比离线 Low-E 中空玻璃减少了 37%。由此可见高性能真空玻璃热工性能之优异，节能效果之明显。

3.2 中空玻璃暖边技术

从 2015 年开始部分地区全面执行居住建筑节能 75%、公共建筑节能 65% 的设计标准。从节能角度来讲，整个建筑的能量损失中约 50% 是从门窗上损失，对于整幢建筑来说，门窗面积占建筑面积的比率超过 20%，玻璃在门窗中约占 70% 以上，因此，增强门窗的保温隔热性能，减少门窗的能耗，是改善室内热环境和提高建筑节能的重要环节，而其中通过玻璃减少的能量损失越来越被重视。因此要减少建筑门窗的能耗，开发新型的中空玻璃边部间隔密封材料是关键，间隔系统的性能直接决定中空玻璃的节能和使用寿命。

为了解决中空玻璃边部的热损失问题，暖边间隔条应运而生。所谓暖边，简而言之就是暖边间隔条使中空玻璃里面形成了断桥。暖边中空玻璃是相对于传统铝间隔条中空玻璃而言的。在 ISO10077 中有明确的定义叫热改进间隔条，标准中规定导热因子 $\sum(d \times \lambda) <$ 0.007W/K。通常来说，采用非金属材料或非金属与薄的金属复合而成的间隔条，基本能够满足标准的规定，因此可以称为暖边中空玻璃间隔条；而铝合金间隔系统的计算结果是 0.1120W/K，远大于 0.007W/K，所以定义为冷边系统。

暖边技术看得见的优势就是防结露，相对于传统的铝合金间隔条的中空玻璃，采用暖边间隔条的中空玻璃有更好的防结露和保温隔热功能。目前普遍应用的中空玻璃暖边系统基本有两种：一种为低导热系数的金属框与密封胶组成的刚性间隔，如泰诺风的 GTI 不锈钢暖边间隔条系统；另一类是以高分子材料为主制成的非刚性间隔条，如热塑性隔条密封系统（TPS）。

结露不仅发生在严寒地区。结露的原理是：湿度、饱和、露点。满足了这三点要素，在南方地区同样会出现结露的现象。譬如 2017 年冬季江浙沪地区出现的极端低温，很多住宅的窗户都出现了结露现象（图 2）。

防止玻璃边缘结露的有效手段就是提高玻璃内表面温度。在建筑节能设计中，最初采用的是普通中空玻璃，其后是 Low-E 中空玻璃，现在则是暖边技术。较高档的建筑玻璃构件都采用了 Low-E 中空玻璃内充惰性气体并配上暖

图 2 普通窗结露现象

边技术的方法提高热工性能，这在发达国家很普遍，但是在国内推广难度比较大，主要原因是造价问题。

对中空玻璃而言，暖边技术已成为一个工业词汇。在经历了几十年的发展之后，中空玻璃的结构都基本相似，但随着材料科学的发展，玻璃的物理化学性能得到很大的改进，镀膜玻璃以及各种高分子材料的组合应用，使得中空玻璃的隔热性能有了很大的提高，能满足各

种不同场合的需要。发达国家根据具体的使用要求设计出各种类型的中空玻璃，并不断开发出暖边间隔物的新品种。我国住房城乡建设部也已把中空玻璃列为推广应用的建材节能产品之一，这使我国中空玻璃的研制和生产面临着良好的发展机遇。

中空玻璃的隔热能力主要来自密封着的空气层，在温度为20℃时，空气的导热系数为 $0.026W/(m \cdot K)$，而普通透明玻璃板的导热系数为 $0.76W/(m \cdot K)$。在中空玻璃的边部，由于密封系统与玻璃板紧密接触，所以是多层平壁之间的传导传热。间隔条材质的导热系数对热阻的影响极大，最初使用的铝质隔条导热系数大，热阻小。纯铝的导热系数为 $202W/(m \cdot K)$，铝合金的导热系数一般也在 $130\sim150W/(m \cdot K)$。所以，边部的热阻远小于中间部分。

采用导热系数较低的材料替代传统的铝质间隔条，能使内层玻璃周边温度比过去高，避免内层玻璃边缘处的结露。由于不锈钢的导热系数大大低于铝，用不锈钢材料替代铝质间隔条，它们的导热系数之比为 1:11，所以，可改善中空玻璃边部热阻过小的状况。泰诺风公司的 TGI 暖边间隔条就是铝间隔条的替代产品，由高强度聚丙烯（PP）与不锈钢薄层（SS）采用热塑挤压工艺共挤而成。

铝间隔条和不锈钢间隔条均属于以低导热系数的金属框与密封胶组成的刚性间隔，还有一种是以高分子材料为主制成的非刚性间隔条。由于高分子材料导热系数小，所以采用热固性材料做间隔条得到很大发展。

热塑性间隔条 TPS 是一种新型的中空玻璃暖边系统，它是以特殊丁基胶为辅料，填入分子筛的热塑性隔条，可以完美取代传统中空铝条。TPS 是一项非常成熟的产品，也是目前全世界节能效果最好的中空玻璃暖边系统了。热塑性暖边间隔条热传导值只有 $0.168W/(m \cdot K)$，是铝间隔条的 1/950，是不锈钢间隔条的 1/85。用热塑性暖边间隔条制作的中空玻璃与槽铝式中空玻璃相比，其边缘温度较高，大大提高了中空玻璃的抗冷凝性，是目前最先进的绿色节能中空玻璃系统之一。

3.3 真空玻璃的应用

真空玻璃是将两片平板玻璃四周密闭起来，将其间隙抽成真空并将排气孔密封，两片玻璃之间的缝隙为 $0.1\sim0.2mm$，真空玻璃的两片玻璃一般至少有一片是低辐射玻璃，这样就将通过真空玻璃的传导、对流和辐射方式散失的热降到最低。真空玻璃还有一个更好的功能就是隔声，由于真空层无法传导噪声，所以真空玻璃可以隔绝 90% 的噪声。

标准真空玻璃（4+0.3V+4mm）的 K 值为 $0.48W/(m^2 \cdot K)$，比中空玻璃低得多，而且还兼有下列优点：

1）由于热阻高，防结露、防结霜性能更好。

2）由于间隔是真空，因而隔声性能好，不存在中空玻璃结雾结露问题，不存在中空玻璃运到高原低气压地区的胀裂问题。

3）由于两片玻璃形成刚性连结，抗风压强度高于同等厚度玻璃构成的中空玻璃。比如，4mm 玻璃构成的真空玻璃，抗风压强度高于8mm 厚玻璃，是两片 4mm 玻璃构成的中空玻璃的 1.5 倍以上。

《公共建筑节能设计标准》（GB 50189—2015）的颁布实施引起了业内的普遍关注，建筑节能新标准对节能玻璃的应用提出了明确要求。人们希望公共建筑更加通透明亮，建筑立面更加美观、形态更为丰富，窗墙面积比越来越大。如果整幢建筑都采用透明幕墙的话，就需要采用高性能的节能幕墙。真空玻璃幕墙或者双层真空玻璃幕墙就是既能够达到节能标准，又能满足通透明亮的高性能节能玻璃幕墙。

坐落于北京市东城区东直门立交桥东北角的天恒大厦是世界首座整栋真空玻璃高节能甲级写字楼，总建筑面积 57238 万 m^2，地下 4 层，地上 22 层，大楼采用半隐框真空玻璃幕墙 7000m^2，采用真空玻璃铝合金断热窗 2500 多平方米。

该楼真空玻璃采用真空组合中空的结构，经国家建筑工程质量检验中心检测，其传热系数 $K=1.2W/(m^2 \cdot K)$，达到和超过国标保温窗最高级 10 级标准；该真空玻璃的计权隔声量 $R_w=36dB$，达到国标隔声 4 级的标准。大厦整体运用真空玻璃，单项成本仅提高 10%～15%。

4 多功能幕墙

除了节能产品的应用以外，各种新型材料也以幕墙为载体，应用在建筑上，为建筑增添了新的功能。

4.1 光伏幕墙

光伏建筑一体化（BIPV）技术即将太阳能发电（光伏）产品集成到建筑上的技术。BI-PV 即 Building Integrated Photovoltaic，其不但具有外围护结构的功能，同时又能产生电能供建筑使用。将光伏电池元器件（如单晶硅或多晶硅）嵌入两块玻璃和透明度高的树脂中制作成幕墙玻璃板块，实际上就是太阳能光伏幕墙玻璃。光伏幕墙充分体现了建筑的节能化与人性化特点。

目前，中国最大的太阳能光电系统安装在无锡尚能研发楼及康乐中心光伏玻璃幕墙上（图 3）。总面积 23235m^2，它是集发电、隔声、

图 3 无锡尚能研发楼及康乐中心光伏幕墙

隔热、安全、装饰功能于一体的新型建筑幕墙，代表着国际上建筑光伏一体化的最新发展方向。

4.2 LED 媒体幕墙

现代化都市社会中，LED 媒体幕墙已经成为城市艺术的重要展现窗口，它们每天都在展示着城市的各种艺术与广告信息，并为现代城市创建了科学与艺术结合的新型城市景观。

LED 媒体幕墙是一种基于 LED 材料显示技术、多媒体技术和外墙形象的艺术设计创意视角，加上声音和图像等设计元素，构成一个新的幕墙艺术形式。它们的大多数表现形式是通过玻璃幕墙 LED 显示屏等动态屏幕，显示动态的视频及图片内容，带给人们与以往不同的体验。近年来，随着世界经济的提高，城市的发展，现代城市中媒体幕墙艺术形式越来越受到市民欢迎。越来越多的先进多媒体设备和先进技术出现，通过 LED 媒体建筑幕墙转化为美化城市环境、提高城市艺术氛围、塑造城市空间艺术的工具，给人们带来了一种新颖的视觉形式。比如上海浦东震旦大厦、花旗银行的矩形 LED 屏幕不仅给人们带来视觉享受，同时也产生了巨大的经济收益。

由澳大利亚 COX 建筑设计事务所作为外方设计公司，并由 Philip Cox 本人担当主设计师的长春国际金融中心项目，创造性地提出了文化建筑的概念（图4）；在主楼立面幕墙上，利用 LED 将书法家舒同的书法作品展示在建筑立面上，实现了文化与建筑的有机结合。

该项目由于窗墙比较大，玻璃幕墙的传热系数限值为 1.8W/(m²·K)。玻璃幕墙构造设计中采用高度 22mm 的 PA66GF25 隔热条、夹胶中空玻璃，并采用暖边中空玻璃间隔条，玻璃幕墙整体传热系数达到 1.78W/(m²·K)，满足了规范要求。

5 金属与石材幕墙的新技术应用

5.1 传统制造工艺的应用

图4 长春国际金融中心

相对玻璃幕墙，金属幕墙和石材幕墙属于偏装饰性的幕墙。幕墙的设计与应用也主要侧重于装饰效果，主要是面板材料颜色、花纹、肌理的评判。在金属板幕墙的应用上，主要有铝单板、铝复合板、铝蜂窝板、不锈钢板、搪瓷板等。除此之外，还有各种仿天然石材饰面的铝板，如仿石材铝板、三维板、幻彩铝板以及锌合金板的应用；石材幕墙除天然石材板的应用外，出现了很多人造板材，如陶板、瓷板、微晶石、千思板、超薄石材蜂窝板、混凝土薄板等。而一些传统的陶瓷工艺经过创新研发，也被应用在建筑幕墙上。

广州东塔——周大福金融中心，位于广州珠江新城的高度 530m，全球第五高楼，其幕墙竖向装饰框采用波浪纹白色开片釉陶板，应用传统的哥窑陶瓷开片工艺——将俗称"金丝铁线"的哥釉瓷细致、精美的冰裂纹的独特效果完美地展示在建筑上，是迄今为止全球最高的陶板幕墙项目，也是中国陶瓷工艺与建筑艺术完美结合的典范（图5）。

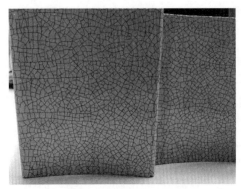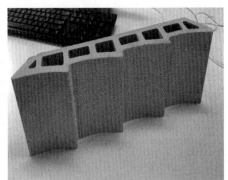

图5 广州周大福金融中心釉面陶板

随着材料技术的不断发展，会有更多的新材料出现，并被应用在建筑幕墙上。外形相似的建筑幕墙装饰构件，若采用不同的材料制作，则会呈现出不同的装饰效果。上海招商银行总部和南京招商银行总部分别如图6、图7所示。

图 6　上海招商银行总部　　　　　　　图 7　南京招商银行总部

5.2　铝蜂窝板复合技术的应用

　　在既有建筑的翻修改造中，常常会有对外立面效果整新如旧的要求，即要保持原有建筑石材的饰面效果，这就需要将原来建筑上的石材拆下后依然用在建筑上。由于原有石材的数量有限，拆除后石材可能也无法满足改造所需的石材用量，新开采的石材又与原有石材的颜色、品质无法匹配。

　　利用铝蜂窝板复合技术，将旧楼的石材拆下后切割成 6mm 的薄片，与铝蜂窝板复合加工成超薄石材蜂窝板后，再采用干挂石材幕墙方式安装在建筑上。这样，可以有效利用原有石材作为装饰面板，使建筑外观依然保持原有建筑的石材效果和年代感，同时，由于石材蜂窝板较薄较轻，而且强度较高，既减轻了建筑荷载又保证了石材改造复装后的安全性，利用成熟的铝蜂窝板技术，让老建筑旧貌换新颜。

5.3　绿色建筑石材的应用

　　随着人们对装修健康环保等要求的提高，绿色建筑石材也得到了发展的契机。绿色建筑石材的出现给国内的建筑提供了一种新的材料。

　　人造石板易维护，表面不吸污，易清洁，避免了天然石材的表面容易被氧化、容易吸污、变色、难清洁、色泽不均等问题，其克服了户外石材使用中造成的种种局限与缺陷，又不失使用石材带来的装饰效果与审美价值，品质卓越（图 8）。

图 8　人造石（透光石）

2010 年世博会意大利馆采用了透光混凝土技术，引起了国内对透光混凝土的关注。

透光混凝土是将传统混凝土和光导纤维结合制备出的具有一定透光性能的混凝土。可以利用各种成分的比例变化达到不同透光度的渐变。白天自然光可透过透光混凝土和玻璃外墙射入室内，从而减少对灯光的需求，达到节能的目的，而到晚上，建筑内部的灯光半透到室外，墙面上能够映出人的活动状态，看上去很像皮影戏，形成梦幻般的效果。

目前国内已经有企业实现了透光混凝土板的量产。透光混凝土板可以像石材面板一样采用干挂的形式安装——混凝土板幕墙。

6 建筑幕墙的发展趋势——智慧幕墙

随着我国经济的快速发展和人们审美理念、生活需求的不断变化，超高层建筑的大量增加，建筑幕墙行业必然会在兴旺发展的同时有新的变化和发展。节能环保理念作为当前的重点，也是政府和社会广泛宣传和推广的热点之一，智慧型城市建设作为当前城市发展方向，必然推动建筑的智能化。因此绿色低碳、节能环保型将成为未来建筑幕墙的发展趋势。其实在建筑幕墙行业，很早就有了关于节能的构想和实施。目前阶段，建筑幕墙已经成功实现对太阳能的利用，将太阳光转向照明技术和光电幕墙技术。

6.1 垂直景观——生态绿植幕墙

智慧型建筑的另一重要特征是垂直景观。垂直景观就是高层建筑的绿化，把植物或其他有生命元素引入高层建筑中，或在地面层引入景观，如此处理可以在高层建筑中改善微气候。绿色植物可以吸收二氧化碳和一氧化碳，通过光合作用产生氧气，为使用者提供舒适的环境与新鲜的空气。垂直景观主要是通过对空中庭园的绿化，伴随着风的作用，共同改善室内环境。

图 9 悉尼 One Central Park 大厦

由 Ateliers Jean Nouvel 和 PTW Architects 共同合作完成的 One Central Park 中央花园堪称悉尼新的"世界之最"，并夺得世界高层都市建筑学会的"全球最佳高层建筑"头衔（图 9）。

悉尼中央花园由两栋住宅塔楼及一座商业中心构成，整栋建筑由 Patrick Blanc 设计的绿墙及绿色幕墙包围。作为全澳洲最大的绿色幕墙项目，植物设计经过反复多次不同程序的技术性测试来确保设计的成功，对幕墙进行风速及日照分析来确保植物的可持续性。中央花园提供了一个与自然世界和谐并存的生活新途径。250多种澳洲植物和花卉种植和攀爬在大楼上，从底层到最顶层，让整栋大楼变成为一个空中花园。

事实上，这样的具备"智慧"的生态建筑已经在中国出现。深圳智慧广场就实现了"地下—地面—空中屋顶"这样的四重立体绿化，尤其是每一层楼宇都有 800m² 以上的空中花园，从而第一次将景观与建筑、人并列成商务空间的主角，"生态办公"理念首次在深圳得以实现，在中国商务楼宇设计中也是凤毛麟角。

在建筑外立面上，深圳智慧广场采用绿化结合 Low-E 中空玻璃的幕墙，通透采光、隔热隔声，兼具环保功能。其阳光屋顶采用纳米中空材料制作成透明罩，具有采光隔温、过滤紫外线的效果。

上海世博园主题馆东西立面设置垂直生态绿化墙面，被称为"金枝玉叶"：金属结构、金属种植面板、种植土、绿化植物和滴灌系统，共同组成的垂直绿化近 6000m²，是国内最大面积的单体垂直生态墙之一，年吸收二氧化碳 4t。金属质感的墙体与碧如翠玉的绿草相互映衬，渐变的图案呈现出焰火般绚丽的视觉效果（图 10）。

图 10　上海世博园主题馆绿植幕墙

东西立面设置的垂直生态绿化墙面达 5000m²，为目前世界最大的待建生态墙（日本爱知世博会生态墙面积约 2500m²）。利用绿化隔热外墙在夏季阻隔辐射，并使外墙表面附近的空气温度降低，降低传导；在冬季既不影响墙面得到太阳辐射热，同时形成保温层，使风速降低，延长外墙的使用寿命。

6.2　智能幕墙

智能幕墙主要指的是幕墙以一种动态的形式根据外界气候的变化而随之变化，进而自动调节遮阳、室内温度、通风情况等。

当前国际上流行的新世纪建筑三大原则为"开放与交流、舒适与自然、环保与节能"。以"高贵的理想主义"的思维，冲破传统观念的羁绊，从而使建筑幕墙不仅满足建筑美学和建筑功能的要求，更应体现出"舒适与自然、环保与节能"的设计精髓，使建筑幕墙成为高技术含量的智能型产品。

6.2.1　智能遮阳百叶

不同于传统的老式遮阳系统，智能遮阳系统通常是由遮阳百叶（帘）、电机及控制系统组成。控制系统软件是智能遮阳控制系统的一个组成部分，与控制系统硬件配套使用，根据周围自然条件的变化，通过系统控制，自动调整百叶角度或作整体升降，完成对遮阳百叶的智能控制功能，既阻断辐射热、减少阳光直射、避免产生眩光，又充分利用自然光，节约能源（图 11）。

智能遮阳系统，根据其自身特点，可分为人工电动控制及感应智能控制。人工电动控制可以根据一天内太阳光的照射角度及强弱对遮阳系统人为地进行角度的调节。而感应智能控制则是通过探头对太阳照射高度位置、方向及太阳光强弱的感应来自动调节遮阳板的方向、角度、位置、面积大小等，以达到遮阳的目的。这种遮阳系统对用于屋面采光系统的遮阳具有特别好的效果。

与遮阳卷帘相比，智能遮阳百叶有其独到的特点：

（1）根据人们对室内光线的需求量，遮阳百叶可以光控、风控、通过变换角度来调整进光量；

（2）可置于双层幕墙或两层玻璃之间，形成"可呼吸外表皮"，冬暖夏凉；

（3）遮阳百叶还可以解决私密性和防盗问题。

结合卷帘的做法，使百叶自由收放。需要时散开百叶，不需要时折叠收起，做成可动的遮阳百叶，使冬日阳光通畅地进入室内，夏日阳光绝大部分被遮挡在外。这种自由呼吸式的外墙提升了人们在建筑中的舒适度。其优点表现在：房间空气始终舒适宜人；隔声性能好；光能利用率高；与普通玻璃幕墙的安装在外观上无异；轻盈美观。目前对智能遮阳系统的推广还存在不少现实困难，主要原因是造价较高。但是，随着社会经济的迅速发展，人们对室内绿色环境的追求，这种"智能遮阳系统"将会得到普遍应用。

6.2.2 电致变色智能玻璃

电致变色智能玻璃是一种新型的功能玻璃，这种由基础玻璃和电致变色系统组成的装置，利用电致变色材料在电场作用下而引起的透光（或吸收）性能的可调性，可实现由人的意愿调节光照度的目的。

电致变色智能玻璃的能耗比较小、驱动电压低，最适合光伏驱动。由安装在幕墙上的光伏组件作为电致变色玻璃的驱动电源，可以在 3.5%～62% 的范围内调节入射光强度。电致变色智能玻璃具有光吸收透

图 11　广州发展中心

过的可调节性，可选择性地吸收或反射外界的热辐射和内部的热的扩散，减少办公大楼在夏季保持凉爽和冬季保持温暖而必须消耗的大量能源。同时改善自然光照程度，为办公室工作人员提供一个舒适的办公环境。从建筑幕墙一体化设计的意义上说，智能玻璃幕墙（窗）＝智能玻璃＋电子窗帘＋外遮阳。（图12、图13）

图 12　Low-E＋百叶窗帘

图 13　EC玻璃＋电子窗帘

自从智慧城市的理念被提出，便在全球各国掀起一股热潮。上至国家政府，下至平民百姓，对智慧城市都充满想象和期待。而要实现这一目标，少不了建筑智能化工程的推进。智能玻璃幕墙的诞生也正顺应了智慧城市发展的要求。

6.2.3 智能玻璃幕墙媒体系统

MEDIA SKIN 的智能玻璃幕墙媒体系统采用以媒体嵌入玻璃幕墙为核心的革新技术，在美化城市建筑外观的同时，可实现高效率数字信息的发布，屏幕不运行时即为普通幕墙，运行时则成为一个强大、时尚的高端数字媒体。MEDIA SKIN 实质上是一款透明的高清智能玻璃幕墙，在向外部播放影像，展示任意精美数字内容的同时还能保证玻璃的通透，不影响楼内正常采光，并且具有随周边环境光线变化调整亮度的功能，达到了将城市建筑玻璃幕

墙与 LED 显示产品的完美融合。智屏科技将 MEDIA SKIN 称为突破建筑与媒体界限的"颠覆性技术革新高清城市媒体"。

MEDIA SKIN 以高维度视角,创新性地将城市建筑自身转变为内容的载体,摆脱场景束缚。通过独有的专利设计,使 MEDIA SKIN 的应用场景拓展城镇市民生活,从而极大程度地实现了多元化特点。

MEDIA SKIN 不仅具有高达 $60\% \sim 90\%$ 的高透明度,可完美地与建筑融为一体,并可以通过手机预定已经创意的文字和图案,在 MEDIA SKIN 上展示你的心声。通过手机 APP 定制预想的内容,然后在城市闹市区的媒体幕墙上展示出来(图 14)。MEDIA SKIN 使建筑外表皮从冷冰冰的装饰构造,变成了融入民众生活的有温度的载体。不仅对城市景观具有美化作用,更实现了高效率的内容传播,进一步推动城市与人之间的沟通协作。

MEDIA SKIN 所扮演的不仅是智能媒体的角色,它背后所承载的实际是一个更为高级的数字媒体生态体系。MEDIA SKIN 可安装应用于幕墙、观光电梯、透明护栏、信息屏、商业橱窗等多种场景,在未来的城市建设中,承担灾害预警、娱乐生活以及人机互动等功能。MEDIS AKIN 瞄准的市场正是一片蓝海。通过 MEDIA SKIN,数字媒体千亿量级的巨大潜力将在城市中得到有效释放,平日单调的建筑与空间将迎来全新商机。

图 14 智能多媒体幕墙

7 结语

通过智能楼宇控制可以实现通风、遮阳、LED、多媒体屏等很多功能;建筑的生态化、智慧化是国际建筑设计的大趋势,智慧建筑让城市不再冰冷,智慧型生态建筑幕墙让处在高层、超高层建筑内生活和工作的人们每时每刻都有置身于大自然中的感觉,垂直绿化使建筑充满了生机。节能技术的应用为建筑幕墙节能技术的发展翻开了崭新的一页。机械工艺、材料技术和建筑技术的进步必将推动智慧型生态建筑幕墙的发展,智慧型幕墙将随着智慧城市的建设步伐为高层建筑的发展带来了勃勃生机。

建筑幕墙门窗全生命周期碳排放计算研究

万成龙 李 滇 蔡宏阳 苏 恒

建研科技股份有限公司 北京 100013

摘 要 "2030年碳达峰，2060年碳中和"已成为国家战略目标，建筑幕墙门窗全生命周期评价是建筑领域贯彻落实该目标的重要支撑，然而目前国内相关研究十分缺乏。论文系统整理了近期领导人重要讲话和国家相关政策，梳理了国内外建筑全生命周期评价的相关标准，在此基础上对建筑幕墙门窗生命周期 CO_2 评价方法、阶段分析、计算方法进行了探讨，并讨论了目前存在的问题。研究对于建筑幕墙门窗领域贯彻落实双碳目标具有一定参考意义。

关键词 建筑幕墙门窗；碳排放；全生命周期；计算方法

Abstract "Carbon peak in 2030 and carbon neutralization in 2060" has become a national strategic goal. The life cycle assessment of building curtain walls and doors and windows is an important support for the implementation of this goal in the construction field. However, at present, there is a lack of relevant research in China. This paper systematically collates the recent important speeches of leaders and relevant national policies, combs the relevant standards of building life cycle assessment at home and abroad. On this basis, this paper discusses the life cycle CO_2 assessment method, stage analysis and calculation method of building curtain walls and doors and windows, and the existing problems are discussed. The research has certain reference significance for the implementation of double carbon goal in the field of building curtain walls and windows and doors.

Keywords building curtain walls and windows and doors; carbon emissions; life cycle; calculation method

1 引言

碳中和是应对气候变暖对人类生存环境造成重大威胁的重要途径。2015年，《巴黎协定》明确了全球共同追求的"硬指标"，即把全球平均气温较工业化前水平升高控制在2℃之内，并为把升温控制在1.5℃之内努力。

2019年，全球碳排放总量为364.41亿t，中国碳排放为101.75亿t，占比为27.9%。根据清华大学建筑节能研究中心测算：2019年中国建筑建造和运行相关 CO_2 排放占中国全社会总 CO_2 排放量的占比为38%，其中建筑建造占比为16%，建筑运行占比为22%。

2020年9月，习近平主席在第七十五届联合国大会一般性辩论上郑重承诺，中国二氧化碳排放力争于2030年前达峰，努力争取2060年前实现碳中和。2021年10月，国家主席习近平在出席《生物多样性公约》领导人峰会时指出，中国将构建起碳达峰、碳中和"1＋N"政策体系。

2021年9月22日，中共中央国务院印发《关于完整准确全面贯彻新发展理念 做好碳达峰、碳中和工作的意见》，明确指出要大力发展节能低碳建筑，持续提高新建建筑节能标准，加快推进超低能耗、近零能耗、低碳建筑规模化发展，全面推广绿色低碳建材。该文件作为"1"总管长远，在"1＋N"政策体系中发挥统领作用，将与《2030年前碳达峰行动方案》共同构成顶层设计。

2021年10月10日，中共中央国务院印发《国家标准化发展纲要》，明确提出要建立健全碳达峰、碳中和标准，加快完善地区、行业、企业、产品等碳排放核查核算标准，完善低碳产品标准标识制度，实施碳达峰、碳中和标准化提升工程。

2021年10月21日，中共中央办公厅、国务院办公厅印发《关于推动城乡建设绿色发展的意见》，再次强调实施建筑领域碳达峰、碳中和行动；大力推广超低能耗、近零能耗建筑，发展零碳建筑；实施绿色建筑统一标识制度；完善绿色建材产品认证制度，开展绿色建材应用示范工程建设。

2021年10月24日，国务院印发了《2030年前碳达峰行动方案》，提出推进城乡建设绿色低碳转型，推广绿色低碳建材和绿色建造方式；加强适用于不同气候区、不同建筑类型的节能低碳技术研发和推广，推动超低能耗建筑、低碳建筑规模化发展。

从领导人讲话和相关政策来看，双碳目标已成为国家战略并提出了明确的时间节点，时间紧迫，任务重大；在建筑领域，大力发展节能低碳建筑、全面推广绿色低碳建材将成为建筑领域落实双碳目标的重要途径；标准体系、节能低碳技术将成为主要的推进手段。

2 国内外相关标准及研究概况

2.1 国际标准及研究概况

国际建筑全生命周期碳足迹评价标准体系包括28个相关标准，根据标准间的逻辑关系可分为环境标志、生命周期评估、温室气体核算和建筑生命周期碳足迹评价等四个层级。

（1）"环境标志"国际标准

"环境标志"标准（即ISO 14020系列：ISO 14020、ISO 14021、ISO 14024、ISO 14025和ISO 14027）通过标准化的流程、颁发环境标志来提供产品生命周期环境负荷信息，购买方基于环境考虑选择持有"环境标志"的产品和服务，促使供方改进产品环境因素，减少环境压力。

以ISO 14020提出的环境管理和声明的9项通用原则为纲领，ISO 14024、ISO 14021和ISO 14025分别规定了制定和使用Ⅰ型、Ⅱ型、Ⅲ型环境标志的原则和要求。随着ISO 14025、ISO 14046、ISO 14067的发布，第三类环境标志被广泛应用于碳足迹的信息交流中。

（2）"生命周期评估"国际标准

在环境标志标准的指导下，产品的环境负荷信息由宣告者或第三方进行验证，为了实现环境管理的标准化，生命周期评估的程序和方法应运而生。"生命周期评价"标准即ISO 14040系列：ISO 14040、ISO 14044、ISO 14048、ISO 14071、ISO 14047、ISO 14049、ISO 14045、ISO 14072、ISO 14073。

ISO 14040 和 ISO 14044 提出了生命周期评价的原则、阶段、主要特征，介绍了方法学框架、生命周期清单分析、生命周期解释、报告、坚定性评审的原则、方法、程序和要求。ISO 14048、ISO 14071 分别介绍了生命周期评价文件编制格式和评审程序。ISO 14047 和 ISO 14049 是生命周期评估方法的应用范例，进行影响评估、目的和范围界定及清单分析。生命周期理论指导下的实践包括 ISO 14045 对产品体系生态效率的评估、ISO 14072 对组织生命周期的评估及 ISO 14046 和 ISO 14073 对水足迹的评估和应用范例。

这里需要强调下 PAS 2050，是全球第一部产品碳足迹标准，以 ISO 14040 系列的 LCA 法为基础，根据 ISO 14025 的产品种类规则确定产品或服务的生命周期阶段和系统边界。随着英国、日本等国纷纷出台产品碳足迹评价标准和规范，标准国际化的需求越来越强烈。ISO 14067 应运而生，它以 PAS 2050 为参考标准，在目的和范围、抵消制度、产品类别规则以及数据质量评定等方面与其一致；在原则、系统边界和排放源等方面则有所差异，但基本都是可协调的。

（3）"温室气体核算"国际标准

全生命周期理论是对研究对象环境影响的全方位评价，其中环境负荷比重最大的是温室气体（GHG）。ISO 14064 系列标准为组织量化、报告 GHG 排放提供了程序方法，其中 ISO 14064—1 从组织层次上对 GHG 排放和清除进行量化和报告的原则和要求。ISO 14064—2 讨论旨在减少 GHG 排放量或加快 GHG 清除速度的 GHG 项目。ISO 14064—3 提出了实施和管理 GHG 声明审定与核查的原则和要求。ISO 14065 和 ISO 14066 分别规定了从事温室气体确认和验证机构的认可规范及能力要求。ISO 14069 是 ISO 14064—1 组织温室气体的量化和报告原则的应用示例。

ISO 14067 以 LCA 标准和 ISO 14020 系列为纲领，旨在为产品全生命周期碳排放的量化、报告和交流制定更确切的要求，提供清晰和具有一致性的表述方式，成为全生命周期温室气体的计算和报告的国际通用标准。

（4）"建筑全生命周期碳足迹评价"国际标准

前述标准分别为建筑全生命周期评价标准的制定提供了宏观理论指导、方法步骤和应用范例，但主要是产品与组织的碳排放国际标准。建筑物并非标准化、批量生产的产品，因此建筑全生命周期评价必须基于特定的标准来进行。

ISO 房屋建筑可持续委员会编撰了一系列建筑可持续发展标准，其中纲领性标准是 ISO 15392，提出了建筑工程可持续性的总则及其在经济、社会和环境方面的应用。ISO 12720 介绍了 ISO 15392 原则的应用。ISO 21932 是建筑和土木工程可持续性的术语规范。在方法论方面，ISO 21929 建立了一系列核心指标用于评估建筑在生命周期内的可持续性，这一组核心指标反映了建筑对经济、环境和社会可持续发展的贡献。ISO 21931—1 提出了建筑工程环境性能评价框架。

建筑碳排放作为建筑环境负荷的主要构成，也引起了 ISO 的关注。ISO 16745—1 建筑环境性能—建筑碳指标构建，包括使用阶段的系统边界、能源使用的碳排放、能源载体的能耗及输出能量，以及碳指标报告和交流的模式。ISO 16745—2 针对既有建筑使用阶段碳指标验证的要求。该套标准构建了基于既有建筑使用阶段的能耗及建筑信息的环境参数，可用于碳排放核算。

以 ISO 14025 第三类环境标识的产品类别规则为基础，ISO 21930《建筑和土木工程的可持续性——建筑产品或服务环境宣言的核心规则》提出建筑产品第三类环境宣告的原则与要求，以及更详细的建筑产品类别规则，即制定建筑全生命周期碳排放产品类别规则与第三类环境宣告 EPD 的程序。

2.2 国内标准及研究概况

国内标准主要参考 ISO 标准，也可分为环境基础类标准、企业碳排放核算标准、建材碳排放核算标准、建筑物全生命周期碳排放核算相关标准，见表 1。

表 1 国内相关标准列表

编号	类型	标准编号及名称
1	环境基础类标准	GB/T 24020—2000 环境管理 环境标志和声明 通用原则 （ISO 14020：1998）
2		GB/T 24024—2001 环境管理 环境标志和声明 Ⅰ型环境标志 原则和程序（ISO 14020：1998）
3		GB/T 24025—2009 环境标志和声明 Ⅲ型环境声明 原则和程序（ISO 14025：2006）
4		GB/T 24040—2008 环境管理 生命周期评价 原则与框架（ISO 14040：2006）
5		GB/T 24044—2008 环境管理 生命周期评价 要求与指南（ISO 14044：2006）
6	与建筑门窗幕墙及配套件相关的企业碳排放核算标准（部分）	GB/T 32150—2015 工业企业温室气体排放核算和报告通则
7		GB/T 32151.4—2015 温室气体排放核算与报告要求 第 4 部分：铝冶炼企业
8		GB/T 32151.5—2015 温室气体排放核算与报告要求 第 5 部分：钢铁生产企业
9		GB/T 32151.7—2015 温室气体排放核算与报告要求 第 7 部分：平板玻璃生产企业
10	建材产品碳排放核算标准（部分）	PAS 2050—2008 商品和服务在生命周期内的温室气体排放评价规范
11		GB/T 29157—2012 浮法玻璃生产生命周期评价技术规范（产品种类规则）
12	建筑物全生命周期碳排放核算相关标准	JGJ/T 22—2011 建筑工程可持续性评价标准
13		GB/T 51366—2019 建筑碳排放计算标准
14		CECS 374：2014 建筑碳排放计量标准

总体来看，我国建筑领域碳排放相关标准主要参考 ISO 标准，自行制定标准相对缺乏，尤其欠缺建材碳排放因子计算相关标准。

3 建筑幕墙门窗生命周期 CO_2 评价方法研究

生命周期评价方法按《环境管理 生命周期评价 原则与框架》（GB/T 24040—2008）（即 ISO 14040：2006），分为 4 个步骤：目的和范围确定、生命周期清单分析（LCI）、生命周期影响评价（LCIA）和生命周期解释。

生命周期评价研究的第一步是目的和范围确定。应根据应用意图、开展该项研究的理由、沟通对象和结果是否被用在对比论断中并向公众发布来确定目的；生命周期评价（LCA）的范围包括确定所研究的产品系统，系统的功能或在比较研究情况下系统的功能，功能单位和基准流，并应确定系统边界、数据质量要求。LCA 研究是一个反复的技术，随着对数据和信息的收集，可能需要对研究范围的各个方面加以修改，以满足原定的研究目的。

生命周期清单分析（LCI）包括数据的收集和计算，以此来量化产品系统中相关输入和输出，主要包括数据收集、数据计算，物质流、能量流和排放物的分配。清单分析是一个反复的过程，当取得一批数据并对系统有进一步认识后，可能会出现新的数据要求或发现原有数据的局限性，因而需要对数据收集程序做出修改，以适应研究目的，有时也会要求对研究目的和范围加以修改。

生命周期影响评价（LCIA）的目的是根据 LCI 的结果对潜在环境影响的程度进行评价，包括与清单数据相关联的具体的环境影响类型和类型参数。LCIA 也为生命周期解释阶段提供必要的信息。影响评价是一个反复评审 LCA 研究目的和范围的过程，通过这个过程来确定是否已经达到研究目的，如果研究目的无法实现，则需要对目的和范围进行修改。这个阶段，影响类型的选择、模拟，以及评估等都受到主管因素的影响，因此为确保清楚说明和报告研究中的假设，透明性十分重要。

生命周期解释是综合考虑清单分析和影响评价发现的一个阶段，结果应与所规定的目的和范围保持一致，并得出相应的结论、对局限性做出解释，以及提出建议。解释宜反映出 LCIA 结果是基于一个相对的方法得出的事实。该结果表明的是潜在的环境影响，并不对类型重点、超出阈值、安全极限或风险等实际影响进行预测。

从全生命周期角度，建筑幕墙门窗与建筑材料在建筑生命阶段轨迹相同，包括了生产、施工、使用、拆除、处置等阶段。

（1）生产阶段，包括玻璃、型材、五金、密封材料的原料和加工制造，以及幕墙门窗的加工制造；这个阶段伴随着物质迁移和能量输入，但在建筑物生命周期中时间较短。

（2）施工阶段，包括运输和安装等过程，如幕墙门窗运输至施工场地、工地准备、安装等；这个阶段历时也较短，伴随着物质输入和能量输入。

（3）使用阶段，幕墙门窗几乎不造成直接的能耗和排放，但其节能性能对建筑物供暖、空调和照明能耗影响较大，间接影响着建筑物的碳排放。

（4）拆除阶段，可认为是与安装工程相反，过程历时极短，但能量输入强度较大。

（5）处置阶段，包括幕墙门窗拆除后废弃材料的后续过程，主要是废弃材料运输、分拣，部分材料可经过处理后再循环利用，另一部分材料则在废弃物处理厂降解处理。过程历时极长，但能量输入很少。

幕墙门窗生命周期各阶段的 CO_2 排放来源情况见表 2。

表 2　幕墙门窗生命周期各阶段的 CO_2 排放来源情况

生命周期阶段	CO_2 排放来源
生产阶段	原材料获取，中间材料生产，玻璃、窗框加工，整窗制造
施工阶段	由厂家运输至施工场地，工地现场安装过程
使用阶段	建筑使用过程中幕墙门窗光学热工性能引起的采暖和空调能耗
拆除阶段	拆除过程
处置阶段	分拣处理、再利用和无用废弃材料在最终处置场所处置的过程

从建筑物的全生命周期看，生产阶段是建筑物生命周期的上游，即幕墙门窗本身固有的环境影响；在建筑的施工阶段，幕墙门窗的环境影响主要体现为成品或部品到施工现场的运输和施工中材料的损耗；在建筑物运行阶段，幕墙门窗因使用寿命需要对其维护或更换，直接环境影响具体表现在替换建材的生产、运输及废弃材料的运输产生的环境影响，此外，幕墙门窗的间接环境影响表现在产品节能性能对建筑物节能量的贡献（建筑能耗软件模拟）；

建筑物在拆除和清理阶段，幕墙门窗的环境影响体现在废弃材料从建筑点到处置点的运输、不可循环废弃建材最终处置、可循环利用废弃建材回收利用再加工造成的环境影响。

从建筑物碳排放核算角度，幕墙门窗生产阶段的碳排放表现为产品本身固有的碳排放指标，施工、维护、拆除和处置阶段幕墙门窗碳排放可通过具体工程相应工程量清单核算，而建筑运行阶段因幕墙门窗性能导致的建筑物碳排放属于间接碳排放，需要根据幕墙门窗等节能性能指标通过建筑能耗模拟计算得到。因此，建筑幕墙门窗本身固有的碳排放指标和节能性能指标是对建筑物全生命周期碳排放核算具有重要意义，是建筑幕墙门窗碳排放核算需要关注的重点。

4 建筑幕墙门窗全生命周期法碳排放计算探讨

幕墙门窗碳排放计算的重点是固有碳排放和节能性能，其在建筑生命周期内 CO_2 排放量包括 5 个阶段的叠加。

$$W_t = W_1 + W_2 + W_3 + W_4 + W_5$$

式中：W_t——生命周期 CO_2 排放量；

$\qquad$ W_1——生产阶段 CO_2 排放量；

$\qquad$ W_2——施工阶段 CO_2 排放量，包括运输至施工场地及安装过程；

$\qquad$ W_3——使用阶段 CO_2 排放量，由节能性能引起供暖空调能耗的 CO_2 排放量；

$\qquad$ W_4——拆除阶段 CO_2 排放量；

$\qquad$ W_5——处置阶段 CO_2 排放量。

（1）生产阶段。生产阶段包括幕墙门窗原材料及运输、加工组装过程碳排放，玻璃、型材、五金和密封材料均为原材料生产及其深加工（指经过简单加工后可装配的产品）过程、以及运输过程的碳排放：

$$W_1 = W_{1\text{-}1} + W_{1\text{-}2} + W_{1\text{-}3}$$

式中：W_1——生产阶段 CO_2 排放量；

$\qquad$ $W_{1\text{-}1}$——原材料生产及其深加工过程 CO_2 排放量；

$\qquad$ $W_{1\text{-}2}$——原材料生产及其深加工产品运输 CO_2 排放量；

$\qquad$ $W_{1\text{-}3}$——加工组装过程 CO_2 排放量。

（2）施工阶段。幕墙门窗不同运输途径和施工方法所产生的碳排量不同，此阶段碳排放量由两大部分组成，计算如下：

$$W_2 = W_{2\text{-}1} + W_{2\text{-}2}$$

式中：W_2——施工阶段 CO_2 排放量；

$\qquad$ $W_{2\text{-}1}$——施工阶段运输过程 CO_2 排放量；

$\qquad$ $W_{2\text{-}2}$——施工阶段安装过程 CO_2 排放量。

（3）使用阶段。幕墙门窗使用阶段的碳排放属于建筑物间接碳排放，可通过产品的节能性能指标供给建筑物能耗和碳排放计算使用。幕墙门窗的节能性能指标主要包括传热系数 K 值、太阳得热系数 $SHGC$ 值、可见光透射比 T_v 值及气密性能。

也有通过将具有不同类型外窗的设计建筑全年能耗与按照节能设计标准设定的参照建筑的全年能耗的差值作为建筑运行阶段外窗的间接能耗，再折合至相应的使用年限（外窗使用年限按 25 年计）的 CO_2 排放量作为外窗使用阶段 CO_2 的排放量。

（4）拆除阶段。幕墙门窗拆除相当于安装过程的逆过程，主要包括拆除作业、材料运输出建筑产生的 CO_2 排放量，此阶段产生的 CO_2 排放可按照安装工艺产生 CO_2 排放的 90% 进行估算。

$$W_4 = 90\% W_{2-2}$$

（5）处置阶段。目前国内对废旧建筑材料的处置分为可回收与不可回收共 2 大类。建筑材料中的钢材、铝材、铜材及玻璃等一般被认为是可回收材料，多在现场进行回收，或是运输至专门工厂加工处理后利用；其余的大部分则进入建筑垃圾渣土消纳场所进行填埋处置或被运往郊区露天堆放。

外窗中可回收利用的材料主要为铝合金、钢材、玻璃等，废旧建材处置阶段的 CO_2 排放可用公式表示：

$$W_5 = W_{5-1} + W_{5-2}$$

式中：W_5——处置阶段 CO_2 排放量；

W_{5-1}——处置阶段废旧材料运输至处置场所产生的 CO_2 排放量；

W_{5-2}——处置阶段回收利用材料由处置场所运输至生产厂家所产生的 CO_2 排放量。

将上述 5 个阶段产生的 CO_2 排放量相加，便可得到建筑幕墙门窗全生命周期 CO_2 的排放量。实际使用过程中，W_1 称为建筑幕墙门窗的固有碳排放量，和使用阶段的幕墙门窗节能性能指标，可以通过前期核算和测评得到，再提供给建筑物做全生命周期碳排放核算使用。

5 问题讨论

建筑幕墙门窗固有碳排放量计算过程中，玻璃、型材、五金和密封材料的原材料生产及其深加工（指经过简单加工后可装配的产品）过程中的碳排放数据是严重缺失的。平板玻璃深加工过程中碳排放数据有一定的依据，但平板玻璃裁切、钢化、镀膜、夹胶、合片等深加工过程中碳排放数据缺失。同样，型材、隔热条、密封材料、五金件等材料和配件的碳排放数据也是缺失的。因此，尽快实现各类配套件材料碳排放因子的具体化，并建立动态可查询的数据库是一项重要任务。

如前所述，从建筑物碳排放核算角度，建筑幕墙门窗本身的碳排放量和节能性能指标对于建筑物碳排放核算具有重要价值。而建筑幕墙门窗施工阶段、拆除阶段和处置阶段碳排放则可根据具体工程进行核算。因此，建立建筑幕墙门窗节能性能和固有碳排放指标动态数据库，为建筑物碳排放核算提供依据就十分重要。

6 结语

综上所述，可的结论如下：

（1）"2030 年碳达峰，2060 年碳中和"已成为国家战略并有了明确的时间节点，在建筑领域大力发展节能低碳建筑、全面推广绿色低碳建材将成为落实该目标的重要途径，标准体系、低碳技术将成为主要的推进手段。

（2）国际建筑全生命周期碳足迹评价标准体系可分为环境标志、生命周期评估、温室气体核算和建筑生命周期碳足迹评价等四个层级。国内相关标准主要参考 ISO 标准，也可分为环境基础类标准、企业碳排放核算标准、建材碳排放核算标准、建筑碳排放核算标准，自主制定标准相对缺乏，尤其是建材碳排放因子计算相关标准。

（3）从建筑物碳排放核算角度，建筑幕墙门窗本身固有的碳排放指标和节能性能指标具有重要意义，是建筑幕墙门窗碳排放核算需要关注的重点；国内幕墙门窗原材料碳排放因子、幕墙门窗固有碳排放动态数据缺失，建立幕墙门窗节能性能和固有碳排放指标动态数据库具有重要意义。

参考文献

［1］ 张楠，杨柳，罗智星．建筑全生命周期碳足迹评价标准发展历程及趋势研究［J］．西安建筑科技大学学报（自然科学版），2019，51(8)：569-577.

［2］ 全国环境管理标准化技术委员会．环境管理 生命周期评价 原则与框架：GB/T 24040—2008［S］．北京：中国标准出版社，2008.

［3］ 李文龙，张在喜，高云翔．建筑窗生命周期 CO_2 排放通用模型研究［J］．节能，2019(7)：16-19.

作者简介

万成龙（Wan Chenglong），男，1983 年 12 月生，高级工程师。研究方向：建筑幕墙门窗低碳节能技术；工作单位：建研科技工程咨询设计院建筑幕墙门窗低碳研究中心；地址：北京市北三环东路 30 号；邮编：100013；联系电话：13811447633；E-mail：13811447633@163.com。

国内幕墙核心技术演变史

孟根宝力高

华东建筑设计研究院总院　上海　200002

摘　要　国内幕墙技术经过近 40 年的蓬勃发展，由初期的仅凭经验设计阶段升级为今天的理论化、系统化和规范化的发展阶段。幕墙为现代建筑重要的组成部分，将逐渐成为建筑的多功能"皮肤"。本文通过长时程对比分析开放式与封闭式幕墙体系、全隐光滑与设有装饰线条幕墙、粗壮与纤细通透幕墙、平面与自由曲面异形幕墙、大批量标准化与小批量参数化异形肌理幕墙特点，介绍了相应的核心技术进步演化过程，挖掘神经建筑学背后的追求坚固、舒适和新颖不变的本质。

关键词　幕墙风格；幕墙核心技术；绿色幕墙

Abstract　After nearly 40 years of vigorous development，domestic curtain wall technology has been upgraded from the initial stage of experiential design to today's stage of theoretical，systematic and standardized development. Curtain wall，like multifunctional skin attached to the building surface，becomes an important part of modern architecture. By comparing and analyzing the characteristics of open joint curtain wall and closed system，hidden framed and with decorative fins，thick and thin transparent curtain wall，flat and free-form special-shaped curtain wall，standardized and small-batch parametric special-shaped texture curtain wall，this paper introduces the evolution process of corresponding core technology progress. Explore the unchanging nature of the pursuit of solidity，comfort and novelty by neuroarchitecture.

Keywords　curtain wall style；the CW key technology；green curtain wall

1　引言

我国建筑幕墙工业规模逾 2500 亿元，已为实现建筑个性化外形及其功能创造了不可替代的价值。国内建筑幕墙从 1983 年兴建的长城饭店以来有近 40 年的发展历程，步入了新技术、新材料、新工艺的智能信息化、绿色环保化、工厂装配化等全方位发展阶段。

数字化、智能化和节能技术为新的多样化创新提供了强有力的工具，造型及其功能的多样性越来越符合现代人的需求。例如，非线性和个性化肌理元素为建筑设计创造新感受，为建筑提供更多复合而弹性使用机会。随着互联网基础设施的完善以及 5G 技术的应用普及、智能控制产品成本的下降、建筑人性化需求和环保要求的升级，幕墙必然向智能信息化控制、绿色低碳环保化、装配化方向发展。而且幕墙作为建筑子系统，在满足建筑量身定制设计的过程中"个性化"既是必然，也是审美和商业价值的共同需求，业主强调自我个性与商业利益追求，建筑师表达自我独创艺术造诣和城市管理要求等多重动力互动，建筑与表皮协同共创使得建筑设计在个性化道路上进一步分化发展。

在行业发展进程中，幕墙的"风格"不断演化，围绕安全性、舒适性、美观性和经济性而持续改进，这恰恰表明建筑幕墙与人性及人的社会性紧密联系在一起。世界上诸多重要事情均发生在界面处，地球表面孕育生命，大脑皮层产生意识，而建筑表皮同样也是建筑与外界交换物质、能量和信息的重要界面（表1）。将生物皮肤与建筑表皮对比，相对皮肤通过生物机体内稳态化进行调节，建筑则通过人与表皮互动，反馈调节建筑内环境。可以预见，建筑外皮的发展趋势将以皮肤功能作为参考，并且能彰显建筑个性化的方向，终将成为"灵敏性皮肤"。

表 1   生物皮肤与建筑表皮气候适应性机制对比

	生物皮肤	建筑表皮
图解		
系统构成	皮肤组织，包括表皮、毛发、汗孔和皮腺	门窗、墙体、幕墙、遮阳装置
功能	能量代谢、调节皮肤温度、感知光热湿风，并保持内稳态	采光、看景、保温、隔热、隔声、避雨、挡风
实现功能途径	皮肤组织形态变化、代谢改变、应急反应等	静态：表皮形式选择、窗墙比调整、建筑材料 调节：活动部件运动、材料性能变化
实现功能机制	内稳态化调节	人为改变、自动改变和智能反馈调节

2   幕墙核心技术演变过程

从建筑发展视角来看，一种幕墙风格盛行一段时间后产生内在的转向需求。所以，往往一种风格无论是造型、结构体系、材料还是工艺，通过改变风格来满足人们喜新厌旧的审美定位，唯独不变的是对安全、舒适和美观的需求。这一点符合神经建筑学基本原理，同时也与维特鲁威的经典解析："建筑应基于坚固、实用和美观的三原则进行设计"的观点一致。国内幕墙技术风格经历了以下略为互相交错重叠的阶段，每个阶段都将涉及一些核心技术，如今处于大综合的阶段（图1）。

（1）全隐框幕墙：适应了人们追求无框镜子隐喻的审美需求。但很快转向带多样化装饰条幕墙。

（2）干挂装配幕墙系统：着重体现工业化产品味道，而单元式幕墙技术为其提供了便于实现的途径；集成石材、金属板、玻璃和装饰条在内的多种构件，满足了兼容装配、节能设计需求。

（3）点式玻璃幕墙：展现新颖结构美学。随即又转向表皮简洁大气与结构美学结合方向。

（4）双层幕墙：提供节能、舒适和多样性演绎可能性，特别是采用准外遮阳成为可能。

（5）单层索网幕墙：带来柔性简洁结构美学体验，满足了视觉通透和探索好奇心的内在需求。

（6）综合集成幕墙：幕墙功能配套与幕墙集成，如 LED 屏幕、光伏和 BMU 与幕墙深度一体化。

（7）自由曲面幕墙：能获得动感体验和亲切感，满足了人们不断转向的审美内在需要。

（8）肌理幕墙：满足个性化体验和韵律之美。成为表征自己独特性的一种设计手法。

图 1　技术风格各阶段的代表性幕墙工程

（a）北京中纺大厦 1997 年；（b）上海浦东发展银行 1999 年；（c）东方艺术中心 2004 年；
（d）北京旺座中心 2002 年；（e）北京新保利 2006 年；（f）震旦大厦 2003 年；
（g）银河 SOHO 大厦 2009 年；（h）太平金融大厦 2011 年

为了把握幕墙核心技术风格转变脉络，下面选择一些具有全局性的开放式、纤细通透化、自由曲面和个性化肌理等幕墙技术，进行针对性剖析。

3　开放式与封闭式幕墙体系之争

开放式幕墙能体现工业化产品味道，而材料集成单元幕墙结构，为其提供了便于实现的工艺。集成材料包括石材、金属板、玻璃和人造板在内的所有面板，从而满足了兼容设计需求。例如，陆家嘴浦东发展银行，高度 150m，外面采用了仿古型阶梯式开放式石材与玻璃幕墙有机结合的手法，来表现其庄重典雅的建筑风格（开放式石材幕墙，1999 年）。中银大厦采用开放式石材、铝板和玻璃组成的单元式幕墙体系。与若干座封闭系统相比，多年后既干净又保持了品质感。（图 2～图 4）。

上海中银大厦经历 20 年，开放式石材依然如新、精致。那么，开放式体系是否为经受时间考验，并获得验证的系统呢？下面我们考察一下被时间洗礼的开放系统。

图 2 上海中银大厦

图 3 开放式幕墙对建筑结构的保护效果

图 4 封闭打胶石材幕墙

图 5 为上海南京路旁的某开放式石材幕墙体系，15 年后拆开发现钢结构依然防锈完整。

图 5 开放式幕墙对建筑结构的保护效果

开放式体系，不管框架式石材或金属板幕墙，还是混合面板单元式幕墙，应关注：1）以等压原理为基础进行可靠的防水设计。因为开放系统虽先进，如果做不到"室内一侧气密性要达标"，即气密性连续完整，形成不了等压条件（$P_0 = P_1$），不断流动的气流带雨水进入结构内部，不仅会导致漏水，还加速墙体内幕墙构件锈蚀；2）腔体要有良好的通风条件，通风使得腔体保持干燥的同时改善节能效果；3）要与环境适应的完备保温层，否则因保温层薄弱，按"保温层暖的一边结露"规律，防水板上产生结露水，进而加速腐蚀腔体内构件；沧州铁狮子，由于为它而建的凉亭里表面结露水，无法及时晒干而加速老化道理相同。图 6 显示因室内侧气密性达不到标准，无法形成等压，从而发生雨水渗漏的实际案例。

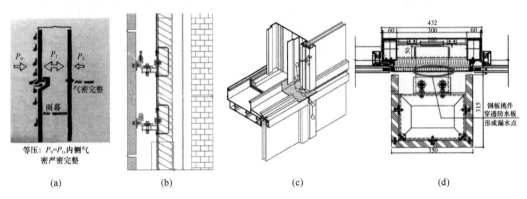

等压：$P_0 = P_1$ 内侧气密严密完整

(a)　　　　　(b)　　　　　(c)　　　　　(d)

图 6　等压原理、开放式幕墙及典型结构及原理
(a) 等压原理；(b) 开放式石材幕墙；(c) 等压原理单元幕墙；(d) 气密性不足导致漏水

沧州铁狮子的传奇经历也从另一角度验证了"表皮呼吸"的重要性。公元 953 年铸造的沧州铁狮子，在裸露条件下经历千年不倒，而专家建议为它建凉亭，欲想从雨水方面保护狮子，不料 20 年内加速生锈腐蚀，不得不重新在太阳底下进行"晒干保护"。说明，表皮通过有效呼吸保持干燥，对钢材防腐具有积极作用（图 7～图 9）。

图 7　沧州铁狮子千年不倒　　　图 8　建凉亭进行保护　　　图 9　20 年加速腐蚀，重新晒太阳

近 30 年的幕墙构造要"开放"还是"封闭"之争，以无可辩驳的开放系统优越性得到了回应。不过对先进的开放式系统来说，室内侧气密性达标、保温连续和良好的腔体通风是其成功的前提，应值得重视。

4　实现通透纤细幕墙策略

幕墙界追求制造通透幕墙的努力从未停止过。通透幕墙一般通过增加幕墙单块玻璃面积、提高玻璃可见光透过率、使用更加纤细的构件等措施实现。根据系统性调研发现，深圳和上海等地的玻璃幕墙单块玻璃面积 30 年来普遍增加了 4 倍以上。以深圳、上海幕墙玻璃为例，单块玻璃板块面积从最初的 1.8m² 到现在的 8m²，增长约 4.5 倍。目前单块玻璃宽度 2.4m 很普遍。裙房所用玻璃更是由 6m 高增加到 20m 左右（北京泰康保险：3.1m×17.1m）。可见光的透过率从早期镀膜玻璃普遍 30％左右提高到现在的 60％左右，甚至通过采用高透 Low-E 玻璃，光透过率可以提高到近 80％，从而能获得明亮的凉爽室内光环境。纤细构件使用方面，创新做法更是层出不穷。幕墙龙骨从采用铝合金构件到钢构件，如精致钢；从支撑钢桁架到索桁架结构，再到单层索网结构；构件纤细化策略：替换铝构件为精致钢、单层索网、加辅助支撑等（图 10）。

图 10　超大幕墙玻璃

随着索网幕墙体系的成熟和普及，开始以索网体系为基础进行创新，创造出更具科技感和纤细感的幕墙体系。如果说传统框式幕墙利用刚性构件刚度传力，传统楼板上固定索网幕墙利用分楼层单索的纤细感弱化支撑体系的同时，借索预紧力提供平面外刚度，索在任何工况条件下确保不松弛。早期一些项目和最近实施的上海博物馆浦东新馆等一批新项目采用索-装饰框结合方式。

图 11 为通过索-装饰框体系获得纤细感的策略例子。可以单层索外包异形铝型材，通过单或双索受力，以型材进行简化装饰，给人丰富的想象空间。相信将来更多的项目采用基于该原理完成的幕墙或其某种变化形态。

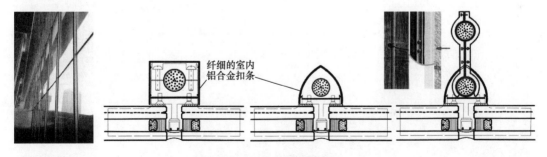

图 11　索-装饰框体系

玻璃肋支撑大玻璃是入口大堂和裙房上经常使用的通透幕墙之又一例子。早期吊挂全玻璃幕墙一般采用胶粘夹板工艺，吊装工艺如图 12 所示。这种工艺对施工要求比较高，离散性也较大。而最新发展的打孔吊挂工艺离散性小得多，这种全玻璃吊挂系统在保证安全性和寿命的同时，满足了施工方便性要求。其所用填充胶性能见表 2。不过，建筑设计一味地追求超大规格玻璃，并非理性之举，即便玻璃吊挂孔中填充高抗压胶，能均化边缘应力而避免应力集中，若不能严格按工艺施工，同样会失效。

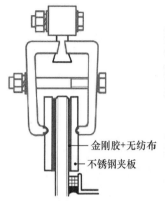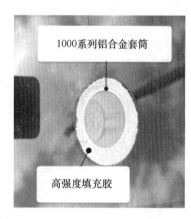

图 12　传统吊挂玻璃工艺和玻璃吊挂孔应用示例

索-装饰框幕墙设计要点：（1）一般系统边界为刚性与弹性之间，应进行包络模拟计算；（2）预紧力任何工况都不能松弛；（3）玻璃要适应结构变形，要考虑恢复初始位置的构造措施；（4）刚度突变处，设置玻璃接缝；（5）要充分模拟施工中间工况，确保施工过程中安全。

表 2　吊挂玻璃填充胶性能

有效温度范围	$-40\sim120℃$	固化抗力	UK-Light：OK
适用温度范围	$-5\sim40℃$		温度：最高至 120℃
固化时间	$45\sim20℃$		水分：对抗压强度无影响
抗压强度	最大 65N/mm²，设计值 31N/mm²		抗含张力的清洁剂
弹性模量	1750N/mm²	兼容性	对 PVD、EPDM 或硅胶材料无影响
热膨胀系数	0.0034%/℃		

建筑设计师为了表达设计思想，常出现挑战纤细极限的情况。正在上海后滩建设的上海大歌剧院就是例子：为了获得纤细感，甚至竖向钢龙骨上下均采用双支点，以降低钢龙骨在风压和地震作用下的挠度变形，避免玻璃被龙骨挤压（图 13）。

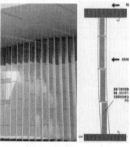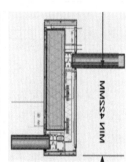

图 13　上海大歌剧院

5 自由曲面幕墙及冷弯工艺

从神经美学观点来看，曲面建筑给人动感体验和亲近感。所以不管经典建筑中的弧线元素还是最近"数字化"为风格的流线型异形建筑幕墙，给人带来独特的建筑审美体验。随着数字化设计手段和材料工艺的进步，如参数化正向设计和低成本的冷弯金属板或玻璃技术，为这一类项目成功落地创造了良好的条件。一般曲率大于 1500 倍玻璃厚度时，就适合采用冷弯工艺。但对一批已完成的此类项目考察中发现，由于对冷弯工艺的研究把握不足、对建筑幕墙运行工况的评估不到位，常出现表面不流畅、玻璃自爆率偏高等现象。追究其原因，多数为多点施压过程中导致局部附加应力过大造成的。为此我们可以提出以下几种策略加以改善：一种策略是采用高弹性的压板替代偏刚性压板，避免玻璃变形时应力过度集中；再者，通过优先角部施压变形，允许玻璃边缘形成微弧形态，降低总冷弯附加应力水平。例如，俄罗斯联邦大厦（图14），外立面为双曲面形态。该项目中把玻璃组装为单元幕墙板块，现场通过拉单元挂件实现双曲面玻璃，使边框形成微弧线，保持较低的玻璃板块内永久附加应力。

针对冷弯玻璃幕墙，玻璃附加集中应力较小的方式为"单元化框与玻璃组装为整体，再进行整体冷弯"工艺。实际案例应用和理论计算表明，当翘起量小于短边长的1/60时，单元板按平板尺寸进行组装，现场通过单元连接件拉接安装即可。翘起量大于玻璃短边 1/60 时，应该按扭曲后的理论形状建单元板块 3D 模型，并按构件实际尺寸和形状进行加工和组装完成，从而获得扭曲的单元板块的框单元。此时，安装平板玻璃并压紧时，由于玻璃平面外刚度，存在一定的回弹量。现场通过单元连接件再拉接就可以完成所要的最终玻璃和单元板形状。这是冷弯玻璃的技术核心。（图15～图17）

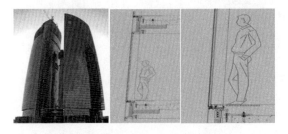

图14 俄罗斯联邦大厦，采用单元板
块整体冷弯工艺

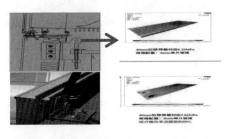

图15 多点和角部压冷成型对应应力值

图16 重庆太阳座曲面异形
玻璃幕墙

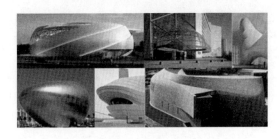

图17 冷成形工艺（金属板、GRC板、
石材、蜂窝板等）

6 肌理幕墙：满足个性化体验和韵律美

随着人们追求建筑新颖个性化表皮、数字化幕墙设计和建造技术的进步，越来越多的建筑采用既具备抽象化肌理美感，又承载文化元素和光伏一体化等功能集成的幕墙形式——肌理幕墙（图 18）。这种幕墙相对于具有矩形平滑表面幕墙，引入更多折褶、斜线、弧线和不规则线条等几何变化要素，形成立体感和韵律强烈的光影肌理表皮幕墙。肌理幕墙可以通过多层集成或单层褶皱实现某个性化图案。一般来说，如果采用多层如双层幕墙，通过外层构件表达图案。由于该策略采用多层幕墙体系，其材料和施工成本高，但技术难度不大。相比之下，单层肌理幕墙的设计和制造难度较大，实现精致面临更多挑战。其核心技术是：1）如何形成褶皱；2）断折框位置刚度连续和防水密封；3）实现室内美观度；4）实现通风、遮阳、防水和照明，甚至发电集成。国内建筑幕墙经历 30 多年的发展，已建立起了国家行业标准体系，并完成了巨量幕墙工程，同时与建筑设计一体化程度大幅提升，但其性能和品质提高空间依然很大。

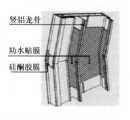
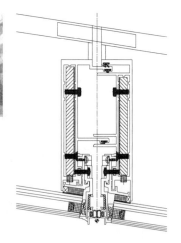

竖铝龙骨
防水贴膜
硅酮胶膜

图 18　单层肌理幕墙

7　结语

国内幕墙发展早期产品没有形成体系，构造设计显得极为重要，但现在幕墙系统集成设计和其高效实施显得极为重要。当下"设计参数化、管理实物-虚拟同步化、现场施工机械化"是提高幕墙品质的有效手段，不过每种幕墙体系核心技术依然是项目实施短板之一，还不能系统性降低设计风险，需要认真对待每个项目核心材料、技术和工艺，主要有以下几个方面。

（1）面对核心技术演化，只有通过夯实基础，补齐技术短板，才能做到设计既可靠又先进。降低玻璃等脆性材料破碎风险，依然是幕墙设计和实施过程中的短板，如大批量破碎的玻璃所承受的台风荷载和风速并没有超越规范规定的风压值。所以，通过玻璃孔内受力均化、降低应力集中、变形适应和冷弯过程中消除过大的附加应力，是提高安全储备的核心措施。

（2）应该多研究幕墙相关规范的精神，掌握规范条文逻辑和原理，才能活用规范条文本身，完成好高品质幕墙产品。规范是成熟经验的总结，一般来说滞后于行业的发展和实践，所以应该多研究规范相关条款的制定背景、提出原因和逻辑，掌握其应用原理，避免落入教条。

（3）创新是时代主题，但要认识到安全、节能、舒适、美观和经济性作为终极评判标准的重要性，扎实推动数字智能化在内的创新。

（4）绿色低碳应进行务实评估。不要使绿色低碳成为转瞬即逝的风格，应实现其灵魂，进行务实评估。如，评估幕墙全生命周期里的绿色，而非"断时取节能"。

（5）杰出的幕墙是设计、加工、安装等系统性技术实施的产物，不过识别核心技术并把握它依然是提高幕墙完成度的关键所在。

参考文献

[1] 邵唯晏. 当代建筑的逆袭[M]. 南京：江苏凤凰科学技术出版社，2017.

[2] 罗忆，黄圻，刘忠伟. 建筑幕墙设计与施工[M]. 北京：化学工业出版社，2019.

[3] 李百战. 室内热环境与人体热舒适[M]. 重庆：重庆大学出版社，2012.

[4] 孟根宝力高. 现代建筑外皮——走向智慧皮肤[M]. 沈阳：辽宁科学技术出版社，2015.

[5] 黄鹤鸣，周新欣. 玻璃幕墙在高层建筑中的演变与应用——以深圳地区为例[J]. 建筑技艺，2020.

[6] 黄亮. 某既有建筑幕墙及屋面安全检测评估及修复建议[A]. 《工业建筑》2018 年全国学术年会论文集 [C]. 2018.

二、设计与施工篇

玻璃幕墙光影畸变原因剖析

李春超[1]　　刘忠伟[2]

1　天津北玻玻璃工业技术有限公司　　天津　301899
2　北京中新方建筑科技研究中心　　北京　100024

摘　要　本文详细分析了玻璃幕墙光影畸变的原因，并给出了降低玻璃幕墙光影畸变的方法。

关键词　玻璃幕墙　光影畸变　玻璃变形

1　引言

　　玻璃幕墙光洁、明亮、色彩艳丽，反射影像清晰、逼真，因此一直被广泛地应用。近年来，由于幕墙玻璃面积越来越大，加之镀膜的原因，幕墙玻璃经常出现反射影像失真现象，行业俗称玻璃幕墙光影畸变。图1显示玻璃幕墙光影逼真，图2出现明显的光影畸变。

图1　玻璃幕墙光影逼真

图2　玻璃幕墙光影畸变

　　玻璃幕墙光影畸变的原因只有一个，即幕墙玻璃变形了，幕墙玻璃表面不再是理想平面，因此才出现其反射影像失真。实际工程中，有诸多因素会造成幕墙玻璃变形，本文对这些因素做出分析，并提出改善玻璃幕墙光影畸变的解决方法。

2　平板玻璃变形

　　我国目前平板玻璃只有一种生产方式，即浮法工艺。浮法玻璃生产工艺先进，生产的平板玻璃非常平整。尽管浮法玻璃也会有变形，但是变形非常小，一般情况下，不会出现反射光影畸变。

3 热处理变形

幕墙玻璃几乎都需要进行热处理，即钢化或半钢化。无论是钢化还是半钢化，都会造成玻璃有明显的变形，特别是钢化玻璃，变形较大。钢化玻璃和半钢化玻璃的变形分为弓形变形和波形变形两种。标准规定，平面钢化玻璃的弯曲度，弓形时应不超过 0.3%，波形时应不超过 0.2%。对于长 2m，宽 1m 的玻璃，其弓形变形值可达 6mm，变形数值较大，是玻璃幕墙光影畸变的主要原因之一。

4 中空玻璃变形

中空玻璃有两种变形，其一是中空玻璃生产地与使用地之间存在较大海拔高度差时，造成中空玻璃空气腔内的压力与外部环境空气压力不相等，其结果是中空玻璃出现外凸或者内凹的变形。这种变形可以通过毛细管或其他方法消除。实际工程中，由于没有采取相应措施，这种变形也时常出现，是玻璃幕墙工艺畸变的偶发原因之一。中空玻璃的第二种是其使用环境温度变化造成的造成中空玻璃空气腔内的压力与外部环境空气压力不相等，其结果是中空玻璃出现外凸或者内凹的变形。中空玻璃冬季会出现内凹，夏季会出现外凸，这种变形无法避免且变形较大，是玻璃幕墙光影畸变的主要原因之一。

5 安装方式

除全玻幕墙外，其他幕墙玻璃基本上都是采取坐地安装的。坐地安装无法保证幕墙玻璃完全垂直于地面，确切地讲，幕墙玻璃都是倾斜安装的，只是与地面的倾斜角不同。幕墙玻璃只要有倾斜角，其重力在水平方向上就会有分力，幕墙玻璃在此分力作用下就会有变形。幕墙玻璃竖向尺寸越大，这种效应会越明显，幕墙玻璃变形越大。幕墙玻璃的这种变形可以通过提高其安装时的垂直度改善，却无法消除，是玻璃幕墙光影畸变的主要原因之一。

6 安装工艺

幕墙玻璃与框架之间通常采用压板固定，压板要求是通长的，但在实际工程中，采用分段式压板也很普遍。即便是采用通长式压板，螺钉彼此之间压力如果不同，也会造成幕墙玻璃局部所受压力不同，因此产生幕墙玻璃局部变形。这种变形，对于分段式压板或幕墙玻璃安装时没有调整螺钉压力的均匀性，其作用尤其明显，是玻璃幕墙光影畸变的主要原因之一。

7 玻璃面积大

幕墙玻璃面积越用越大，其竖向尺寸通常都在 2m 以上，甚至达到 4m、5m，幕墙玻璃面积越大，上述变形就会越大，玻璃幕墙的光影畸变就会越明显，这也是为什么近年来玻璃幕墙光影畸变越来越严重。

8 玻璃厚度小

尽管幕墙玻璃面积不断变大，其厚度却没有相应增加，许多情况下，玻璃厚度都没有达标或刚满足标准，其面积却不断增加。玻璃厚度越小，上述变形都会增大，玻璃厚度越大，上述变形都会变小。

9 玻璃配置不合理

近年来，由于钢化玻璃自爆现象比较普遍，许多工程在幕墙中空玻璃配置上采用外片夹层玻璃、内片钢化玻璃，该种做法是对的，但是在玻璃厚度配置上却不合理。如许多案例采用的玻璃配置为：6＋1.52PVB＋6＋12A＋8 夹层钢化中空玻璃或 6＋1.52PVB＋6＋12A＋10 夹层钢化中空玻璃。6＋1.52PVB＋6 夹层玻璃的有效厚度为 7.5mm，玻璃板的刚度与夹层玻璃的有效厚度成正比，即 6＋1.52PVB＋6 夹层玻璃的刚度比 8mm 钢化玻璃和 10mm 钢化玻璃的刚度小，也就是 6＋1.52PVB＋6 夹层玻璃比 8mm 钢化玻璃和 10mm 钢化玻璃都"软"。这种中空玻璃的环境温差变形主要由 6＋1.52PVB＋6 夹层玻璃承担。而 6＋1.52PVB＋6 夹层玻璃位于幕墙玻璃外片，其变形大，玻璃幕墙的光影畸变就严重。

10 镀膜效应

玻璃镀膜不会增加其变形，但是会增加可见光反射率，使得玻璃的光影畸变"看起来"更加明显。目前玻璃幕墙通常采用 Low-E 镀膜玻璃，因此采用 low-E 镀膜玻璃更应关注玻璃幕墙光影畸变问题，通过采取其他措施降低玻璃变形，使得 Low-E 中空玻璃的光影逼真，成为玻璃幕墙的优点和特色，也为城市街景增加一道风景线。

11 观测距离效应

玻璃幕墙光影畸变与观测距离有关，站在玻璃幕墙近前，玻璃幕墙光影往往不失真，或光影畸变很小，但如果站在几十米之外看，则光影畸变变得严重，这是因为随着观测距离的增加，玻璃光影畸变有被放大的效应。

12 改善光影畸变的方法

针对上述产生幕墙玻璃变形的原因，采取效应的对策，可以降低幕墙玻璃的变形，从而改善玻璃幕墙的光影效果。具体方法如下：

（1）提高钢化玻璃的平面度要求，减小其变形。

（2）提高幕墙玻璃安装时玻璃周边压板压力的均匀性，减小其局部变形。

（3）提高幕墙玻璃安装的垂直度。

（4）减小幕墙玻璃面积，增加其厚度。

（5）对于中空玻璃生产地与使用地之间存在较大的海拔高度差时，采取毛细管或其他方法，消除中空玻璃空气腔内部压力与环境空气压力差。

（6）提高中空玻璃外片的有效厚度。

13 结语

玻璃幕墙光影是其装饰效果的显著特征，其光影逼真就好看，失真、畸变就难看。它既可以给玻璃幕墙添彩，也可以添堵，只要玻璃配置合理，采取措施得当，是可以将玻璃幕墙光影做到令人们满意的程度。

大板块装配式幕墙的安装固定方法
——北京城市副中心 B3、B4 幕墙工程

靳云雁 王有青 马冬雷 李立军

北京和平幕墙工程有限公司 北京 100024

摘 要 北京城市副中心机关办公区 B3、B4 工程项目，建筑幕墙设计为大板块装配式构造系统，需在工厂里利用专业设备和生产工艺加工，实现幕墙的结构、防水保温、外装饰材料一体化大板块组装，大板块幕墙出厂品质得以确保，板块在项目现场与主体结构经过简单的连接，快速完成建筑幕墙的施工。

关键词 建筑幕墙；大板块；装配式；构件单元；安装固定

Abstract For the B3 and B4 projects in the office area of Beijing Urbansub center，the building curtain wall is designed as a large plate assemblystructural system，which needs to be proces sed in the factory with professional equipment and production technology to realize the integrated large plate assembly of curtain wall structure，waterproof and thermal insulation and external decoration materials，so as to ensure the ex factory quality of large plate curtain wall，The plate is simply connected with the main structure at the project site to quickly complete the construction of building curtain wall.

Keywords building curtain wall；large plate；fabricated；component unit；installation and fixation

1 引言

2012 年，中央人民政府决定把北京市政府东迁通州，以分散首都交通压力，使北京形成不同的功能区；同时，通过政府搬迁，带动通州地区的经济社会发展。

国务院总理李克强 2016 年 9 月 14 日主持召开国务院常务会议，决定大力发展装配式建筑，推动产业结构调整升级。同时鼓励各相关单位要适应市场需求，完善装配式建筑标准规范，推进集成化设计、工业化生产、装配化施工、一体化装修，支持部品部件生产企业完善品种和规格，引导企业研发适用技术、设备和机具，提高装配式建筑应用比例，促进建造方式现代化。北京政府对城市副中心建设提升到了前所未有的新高度，要求坚持世界眼光、国际标准、中国特色、高点定位，以创造历史、追求艺术的精神进行规划设计建设副中心。市委要求把城市副中心建成标杆工程、历史典范。要发扬"工匠"精神，创造更多精品，留下更多经典，努力让副中心建设"不留历史遗憾"。

北京城市副中心行政办公区是一个集约、高效、本土、人文、朴素、典雅的建筑群。

B3、B4 项目各为一组四合院式的办公区建筑群，它们形态各异，功能不同。外墙系统以大面积的预制混凝土挂板、反打石材幕墙为主，玻璃可定位为幕墙窗单元板块，有不少的金属板幕墙、陶板幕墙、金属格栅等，华丽庄重，现代大气。B3、B4 办公楼总体规划设计效果如图 1 所示。

图 1　B3、B4 办公楼总体规划设计效果

　　该项目线条明晰，分格和构造有规律，板块模数比较统一，相同尺寸材料多，特别适合以预制板块装配式施工。各种预制板块采取工厂化生产、现场装配的方式，不仅可省时、省工、省钱，且无污染、少噪声、无粉尘，与绿色、低碳、节能、环保的可持续发展的精神相符。该项目打造具有北京古城墙、四合院特色，京味儿十足的现代建筑风格，旁边由绿林、水系围绕，正好符合中国传统"山水园林"的格局，行政办公区的建筑传承传统建筑的神韵，体现了器宇轩昂的中国气象。

　　北京市弘都建筑设计院是该项目的建筑设计单位，幕墙设计由中国建筑设计院建筑帷幕设计咨询中心完成。项目具有分格构造有规律、板块模数较统一、相同尺寸材料多等特点，具备由工厂生产大板块，现场完成快速吊装施工的优势，特别适合于装配式建筑的开展实施。设计单位经过两个多月的努力，于 2016 年 11 月底前完成了北京副中心北区 B3、B4 建筑群的大板块装配式幕墙系统设计方案研究、方案实施论证、施工图设计、加工工艺和施工工艺细则等工作，并于 11 月 30 日通过了专家评审，该项目外幕墙深化设计、生产、集成及施工组织由北京和平幕墙工程有限公司完成。

　　本文主要介绍 B3、B4 项目中的重要幕墙板块设计、加工和安装工艺。涉及的大板块构件中包含了清水混凝土表面预制幕墙单元板块、预制夹芯清水混凝土反打石材单元板块、铝合金玻璃幕墙单元板块、保温防水隔声单元等，这些部件均在工厂加工组装完成，运输到工地吊装后作单元间密封处理，完成后进行竣工验收。

2 B3、B4 项目中的重要幕墙板块涉及金属板石材幕墙窗单元、金属板石材混凝土幕墙窗单元，其结构及功能各有不同，深化设计的思路及实现方法亦有所不同。

2.1 系统 1：金属板石材幕墙单元板块如图 2 所示

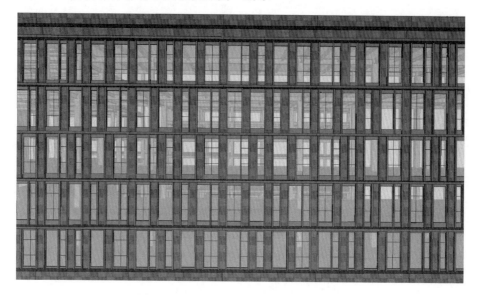

图 2 系统 1：金属板石材幕墙单元板块

幕墙分析：横向变化，分布跨度高，悬挑远（900mm），单片薄（100mm），需承受巨大风荷载；金属层间横板单边固定，悬挑远（1000mm），单片薄（200mm），固定端需承受巨大扭矩；石材反打混凝土单元自重大，分布不均，与轻质幕墙系统难兼容；部分石材干挂单元自重相对轻，与轻质幕墙系统兼容，设计需考虑拼接处的安装方案和防水处理。板块经过顺序排列后形成的新单元组合如图 3 所示。

设计思路：在变化的立面之中寻找不变的韵律，用有限的单元展现建筑无限的外观可能；将纵横两向的建筑线条化为一体，缔造牢固可靠的简单轻便结构；以大小合理板块为原则，以价值、造价、功能、工期的性价综合最佳值为标准设计单元板块。

通过优化排列组合，得到以下五种大单元板块构造，如图 4 所示。

分解每组单元板块，进行进一步深化设计和构造拆解，见表 1。

表 1 五种大单元深化设计和构造拆解表

单元编号	A	B	C	D	E
金属遮阳板	4	2	3	3	2
单体窗	1	2	2	2	2
石材单元	2	1	1	1	1
金属横板	2	2	2	2	2
投影面积 m²	11.83	11.34	11.70	11.70	11.34
展开面积 m²	42.36	29.94	36.50	36.50	29.94

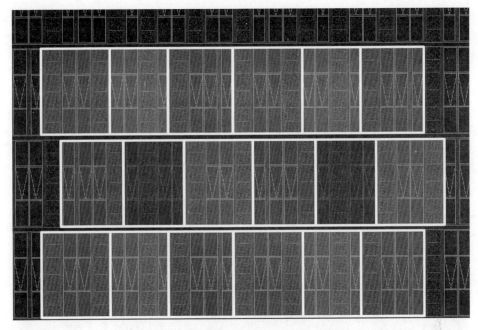

图 3　板块经过顺序排列后形成的新单元组合

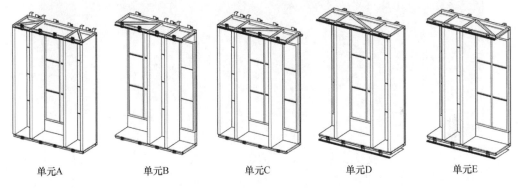

| 单元A | 单元B | 单元C | 单元D | 单元E |

图 4　五种大单元板块构造

需要特别说明的是外电动金属遮阳帘系统。金属遮阳竖板的深度（900mm）是经绿建要求计算所得，若在目前的幕墙系统中设置外遮阳系统，则可大大提高建筑绿建性能，或降低遮阳竖板悬挑距离。并且，外置的遮阳帘可有效地遮挡室外直接太阳光对室内的照射，为室内使用者提供更舒适的空间环境。单元组合中的金属遮阳帘系统如图 5 所示。

对于石材幕墙，通过干挂石材单元与石材反打混凝土单元结合使用，将两种效果有机融合。其中，干挂石材系统构造包括：石材、钢架、防水保温复合板，600mm×4200mm 单元质量约为 300kg；石材反打混凝土系统构造包括：石材、混凝土、保温棉，600mm×4200mm 单元质量约为 980kg（混凝土）。

2.2　系统 2：金属板石材混凝土幕墙窗单元如图 6 所示

系统 2 幕墙分析：金属遮阳竖板横向变化，分布跨度高，悬挑远（800mm），单片薄（100mm），需承受巨大风荷载；属层间横板单边固定，悬挑一定距离（600mm），单片薄

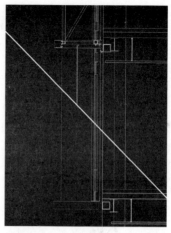

图 5　单元组合中的金属遮阳帘系统

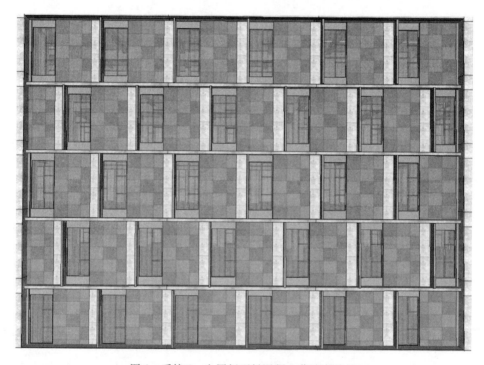

图 6　系统 2：金属板石材混凝土幕墙窗单元

（200mm），固定端需承受巨大扭矩。

石材反打混凝土单元：混凝土可视面积小，整体自重大，分布不均，与轻质幕墙系统难兼容，安装和防水处理是难点之一。

预制夹芯清水混凝土挂板表面反打石材，与外挂装配式金属格栅单元混合板块：预制夹芯清水混凝土挂板表面反打石材室内面板设计为清水混凝土板，为室内装修墙面预留基面条件；预制夹芯清水混凝土挂板表面反打石材通过三维可调节钢挂件连接系统与主体结构（钢结构梁）连接，钢挑板连接件焊接工作由钢结构加工车间完成，避免现场焊接作业。外挂装配式金属遮阳板单元通过预埋在清水混凝土板中钢挂件系统连接。现场安装考虑采用吊机系统起吊和安装单元板块，石材单元最大质量为1250kg，外挂装配式金属遮阳板单元最大质量为100kg。可考虑选用常用荷载卷扬机起吊，在屋顶设置临时路轨及电动行车进行现场安装作业。

3 副中心大板块装配式幕墙，除与混凝土、铝合金、铸钢件、尼龙、塑料等整体成型的浇铸件外，大部分都可拆分成各种各样的小零件进行加工，然后组合成大组件板块。

B3项目幕墙部分大样节点如图7所示。

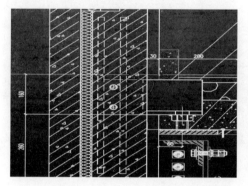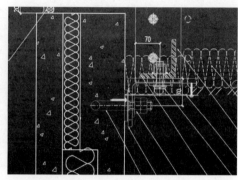

图7　B3项目幕墙部分大样节点

3.1 由专业厂家将混凝土挂板造型按照洞口尺寸做成一个整体，内部加筋、加挂件、加连接螺杆等，做固定支承点，加工完成后清理备用。混凝土挂板制作现场如图8所示。

图8　混凝土挂板制作现场

3.2 整体幕墙窗按照成熟工艺整体加工，安装时板块的质量会通过连接构造传达至结构吊点上，需注意吊点及其连接机构的受力状况；关注幕墙窗与混凝土构件的公差配合、有效机械连接、密封防水、断冷桥等关系，以保证质量。

3.3 保温防水单元组件由保温岩棉、防水板、硅酸钙板组合，通过内部的钢支架组合成一体，由预先准备好的固定支承点固定在清水混凝土构件上。

3.4 预制混凝土按实际设计计算结果设计厚度，表面颜色按建筑师要求，清水混凝土构件表面涂抹保护层，背面刷渗透型环氧防水涂料，起到良好的防水效果。

3.5 隐蔽的钢构件采用热浸镀锌处理。大板块幕墙构件采用挂件、转接件、槽式埋件与主体结构连接。泛光照明的构造切入幕墙系统中，预埋管线孔、道，留足接口位置。为满足绿色节能需要，幕墙窗体设计了遥控电动外遮阳机构。开启扇设置使用了不锈钢纱窗。装配式幕墙板块的支承节点，与灯光、遮阳系统的组合装配如图 9 所示。

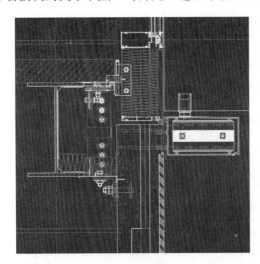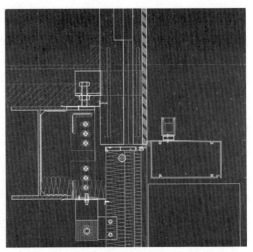

图 9 装配式幕墙板块的支承节点，与灯光、遮阳系统的组合装配

与一般的幕墙施工做好预埋件后进行现场拼装不同的是，北京城市副中心装配式建筑幕墙采用了工业化生产的建造方式，是一个集结构系统、外围护系统、泛光照明设备与管线系统、遮阳设备及控制系统、硅酸钙板简易内装系统的全专业设计，系统集成的生产过程全工艺设计，施工安装工艺全过程设计，实现帷幕相关系统的策划、设计、生产与施工一体化的过程。项目施工现场如图 10 所示。

图 10 项目施工现场

本项目中，我们的技术集成创新体现在首先明确了装配式建筑的概念，从副中心领导的顶层设计至建筑设计院的大胆设计，都提出了必须实现装配式建筑的时代的建筑理念，构建装配式建筑的设计思想体系，进一步鼓励我们大胆进行装配式建筑的系统集成生产和施工，

把项目当作完整的工艺作品进行统筹生产及施工，强调了装配式建筑全生命期可持续的品质技术，并对项目提出了全过程管理建造方式和实现要求。

4　装配式建筑幕墙与一般的建筑幕墙相比，无论设计上还是施工中都是有很大区别的，其中最关键的是施工图设计和加工施工工艺设计和管理。

4.1　施工图

副中心 B3、B4 有高设计完成度的施工图成果，设计单位优质的施工图纸是我们进行装配式建筑幕墙成功的重要基石。采用的技术具备成熟、先进、可靠、安全、节能及方便维护等特性，并且保证其设计深度能严格控制住中标单位的工程成本。我们将图纸深化到零部件图，车间按图加工、组装便可达到效果，建筑外立面幕墙的材质、节点、构造型式，是表现建筑的关键。B3 项目幕墙的平面大样节点如图 11 所示。

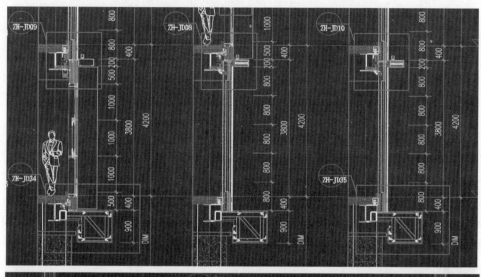

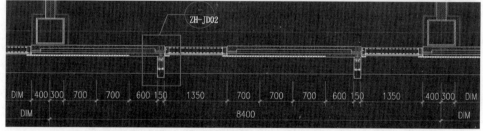

图 11　B3 项目幕墙的平面大样节点

4.2　工厂生产组装

装配式建筑幕墙应有合理的生产工艺设计，注重加工厂生产工艺质量管理，使得装配式建筑幕墙板块能够在工厂的环境下实现一体化生产，减少工地安装环节。特别值得一提的是，依托和平自产铝型材的便捷，在开模、工艺精度控制、型材配套供应等方面为本项目单元板块的生产和工期提供了有力保障。混合幕墙大板块工厂生产及组装如图 12 所示。

装配式幕墙的板块在受质量管理监控的车间里组装，所有的玻璃、石材、混凝土、金属板通过支承框架组装成单元板块。所有预留接口的切割在工厂进行并能够在现场直接安装，

图 12　混合幕墙大板块工厂生产及组装

要求工厂组装的部件拆卸之前在工厂调整和做记号，确保在现场能正确组装。保证所有连接点牢固可靠，并进行精确切割、装配和接口密封，避免削弱部件的耐候性和防水性能。在其他金属构件与铝框接触时，提供足够的隔离措施。采用统一的组件加工技术，以保证所有构件外观上的一致性。承重挤压铝型材应能完全承受组件的重量、设备荷载和风荷载，并考虑可能出现的其他要求。B3 大板块装配式幕墙吊装现场如图 13 所示。

图 13　B3 大板块装配式幕墙吊装现场

4.3 施工工艺

所有大板块装配式幕墙的实施关键取决于施工的可行性，由于装配式建筑幕墙板块大、质量重，需要有较高的运输和施工吊装要求，更需要严格的紧固装置。一般来说，装配式建筑幕墙板块是一个楼层的高度，单榀质量会在 1t 以上。施工现场使用塔吊机时必须留有足够的荷载余量，使用起重吊机车我们利用了消防通道。B4 大板块装配式幕墙吊装现场如图 14 所示。

图 14　B4 大板块装配式幕墙吊装现场

对于装配式建筑幕墙大板块与结构的承重和紧固连接，必须是可靠的，余量足够；位移节点应能够容纳所有预期位移，能够顺利运动而不出现障碍，不产生噪声和振动；金属的焊接应符合相关标准，操作方法应能防止变形，焊接面应在可靠长度内充分连接，没有孔洞、杂质、裂纹或毛孔，以确保长期性能，并确保焊接受力足够承受设计要求；所有作业，转角、对接、角度连接的生产和施工都应有足够强度和刚度以承担板块上所有预制配件上的临时荷载。

4.4 全过程施工管理

装配式建筑幕墙在建造过程中必须有更强质量控制手段，宜进行专业的全过程管理，包括设计修正、设备配套、工位配置、加工工艺流程、加工施工顺序等服务。若工程监理方的幕墙工程专项管理技术力量不足，应聘请专业幕墙顾问协助业主和监理共同进行工程管理，把控施工质量，避免业主或监理在不知情的情况下与施工单位产生不必要的纠纷。专业的装配式建筑幕墙顾问工程师具有运用科学、专业的管理原则处理工程问题的经验，精通幕墙设计和施工各个流程，有能力把控装配式建筑幕墙设计、生产、施工各环节，派专人负责现场施工配合工作，定期参与现场例会，按现场需要随时解决技术问题及完成各项审查工作，直至配合业主完成装配式建筑幕墙工程的相关验收工作。工程完成后的 B3 建筑群如图 15 所示。

图 15 工程完成后的 B3 建筑群

参考文献

［1］ 李克强主持召开国务院常务会议，部署加快推进"互联网＋政务服务"，以深化政府自身改革更大程度利企便民决定大力发展装配式建筑推动产业结构调整升级［EB/OL］（2016-9-14）. http：//www. gov. cn/xinwen/2016-09/14/content _ 5108441. htm.

［2］ 王刚，等. 多元装配式幕墙——北京城市副中心 B2 项目幕墙工程设计[J]. 建筑幕墙，2017(6)：

［3］ 《北京市人民政府办公厅关于加快发展装配式建筑的实施意见》(京政办发〔2017〕8 号)［EB/OL］（2017-02-22）. http：//www. beijing. gov. cn/zhengce/zhengcefagui/201905/t20190522_60082. html.

联合国地理信息管理论坛项目
工程幕墙与屋面设计

梁曙光　陈敏鸿　周飞龙　冯宇飞

浙江中南建设集团有限公司　浙江杭州　310052

摘　要　本文针对德清科技新城联合国信息管理论坛项目工程，从幕墙的设计理念，技术方案等多个方面重点进行阐述，着重介绍本项目的亮点及重难点——金属屋面及曲面异形玻璃采光顶。希望本文可以为大家提供一些借鉴参考。

关键词　技术方案；玻璃幕墙；金属幕墙；曲面异形玻璃采光顶；幕墙系统

Abstract　This paper aims at the United Nations Information Management Forum Project of Deqing Science and Technology New Town，focuses on the design concept and technical scheme of curtain wall，highlights the difficulties of the project -metal roof and curved special-shaped glass daylighting roof. I hope this paper can provide some reference for you.

Keywords　technical scheme；glass curtain wall；metal curtain wall；curved special-shaped glass daylighting roof；curtain wall system

1　幕墙工程概况

联合国全球地理信息管理德清论坛会址项目幕墙工程（大剧院功能区块）项目所在地位于浙北杭嘉湖平原，在未来德清科技新城规划中心湖的湖心岛上。作为省重点项目，本工程地面分成三部分：东楼、西楼及艺术飘顶。西楼主要为科技、文化培训、娱乐、餐饮、健身等相关社会配套功能，东楼主要是科技展览、会议等功能。（图 1）

本工程属于大型异形曲面公建项目。幕墙深化设计内容主要涵盖金属屋面、曲面异形玻璃采光顶、铝合金门窗、铝合金百叶、石材幕墙、金属幕墙、玻璃幕墙、栏板、地弹簧门、出入口雨篷及除土建主体钢结构外支撑幕墙的次钢结构等。

联合国全球地理信息管理德清论坛会址项目幕墙工程（大剧院功能区块）项目整体鸟瞰效果图一览如图 1 所示。

2　幕墙设计介绍

2.1　幕墙设计构思及原则

幕墙设计构思及原则如下：

（1）通过幕墙技术，采用不同的幕墙系统组合，通过简单的手段实现复杂的建筑空间效果；

图 1　整体鸟瞰效果图

（2）采用专业、合理的构造措施使幕墙的功能性和经济性有效结合；

（3）合理选用幕墙的所有材料，确保幕墙的结构安全及品质；

（4）周密安排幕墙的工艺体系；

（5）充分展现幕墙技术的实用性与艺术性的完美结合。

　　本项目幕墙设计是在建筑设计的基础上深化与完善。作为专业的幕墙设计团队，本着对业主和工程负责任的态度，我司尊重建筑师的原创，深入研究建筑设计的总体构思、理解建筑师的设计意图，并结合我司多年的设计施工经验对本项目幕墙体系进行了认真的分析。在确保对建筑结构构造不会造成大的改动的前提下，利用了崭新的设计思路、现代的空间结构和新型的材料技术，从经济性、装饰性、功能性、可行性等多方面对图纸主要系统进行了优化设计，使得幕墙性能更加可靠，外形更加美观；且更具有良好的经济性，降低工程造价，满足业主多方面的需求。

　　在深化设计时，不仅应满足各项基本性能，还应最大限度满足建筑的使用功能，体现人文建筑、绿色建筑的设计原则。风压变形性能、空气渗透性能、雨水渗漏性能、保温性能、隔声性能、平面内变形性能、耐冲击性能、防火性能、防腐性能、防雷性能、节能保温性能、经济合理性能、减少光污染、降低材料辐射、工艺优化、细部美观、可维护等都是幕墙设计过程中的重中之重。设计方案要从每一个功能要求出发，制定合理完善的幕墙系统，采用最先进的技术、最新颖的材料，来满足以上功能性需求。同时，充分考虑风荷载、地震作用、温度应力等对结构的影响，幕墙龙骨与主体结构连接我们设计为三维可调节，使得幕墙构件整体具有良好的吸收应变能力，不仅在安装过程中可以很好地满足结构精度方面的误差，更确保幕墙系统在冲击荷载及地震作用下能吸收大部分能量，保证了幕墙结构的安全可靠。

2.2　技术方案简述（主要幕墙系统介绍）

2.2.1　金属屋面及曲面异形玻璃采光顶

　　本系统位于东楼和西楼屋面，椭圆形造型，以金属屋面为主，局部点缀玻璃的形式，板块为三角形分格，长边宽度约 3100mm，短边约 2375mm，顶部屋面存在电动开启玻璃窗，整体造型采用单层壳体的结构形式，可以说是现代建筑发展到今天最为先进的技术之一，是借助于有限元分析及协同受力技术的进步而产生的可能性，在国内也就类似于世博轴等不多的项目采用。作为本项目的幕墙体系覆盖面最广、同时也是属于双曲面的幕墙板块系统，使之当之无愧地成为本项目中的最大设计难点与亮点。设计中采用幕墙与主体钢结构螺栓抱箍的形式，通过成熟合理的三角形区块划分，利用球铰的设计来实现整个玻璃采光顶屋面的特殊构造要求，同时在每块板块之间添加相应的排水沟来做二道防水，有效满足透光、气密、水密等各项性能指标。

部位：东楼和西楼整个屋面；

面材：1.10(Low-E)＋12A＋10＋1.52SGP＋10mm 超白钢化中空夹胶玻璃；

2. 4mm 厚不锈钢复合板；

3. 室内吊顶面 9.6m 以上采用 3mm 穿孔铝板，9.6m 以下采用 3mm 铝单板。

骨架：114×5 圆钢方管、60×4 圆钢方管，材质 Q235B，表面氟碳喷涂处理；铝合金型材。本系统的开启窗采用电动平推式，五金件采用优质不锈钢铰链。

其他说明：采用 135mm 厚 A 级保温岩棉，表面衬 1mm 厚防水透气膜。金属屋面胶缝颜色同金属板，表面采用光催化自洁喷涂剂。电动开启玻璃扇下方设置电动铝格栅遮阳措施，根据防火分区设置消防联动。屋面应做抗风掀试验。

西楼屋面施工时实景照片如图 2～图 5 所示。

图 2　西楼屋面施工实景照片图

系统说明：

（1）三维调节及易于加工安装

本工程双曲屋顶是最大的设计难点，因为双曲屋顶的曲率并不固定，因此，节点的包容性显得异常重要，如何能用最简单统一的节点，设计出满足曲率变化要求的屋面的做法是我司本次设计重点考虑的内容。

通过对项目外形的分析，在板块划分上通过方案选型对比，我司选用了在异形项目中运用较为成熟的三角形板块划分，以促使在确保项目整体外立面效果的基础上节省异形曲面板的高额造价。但一旦选定三角形划分这一方案，那么对板块之间的维度调整的构造连接就显得至关重要。

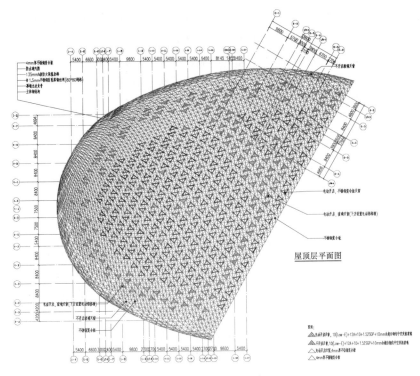

图3 西屋面平面设计图

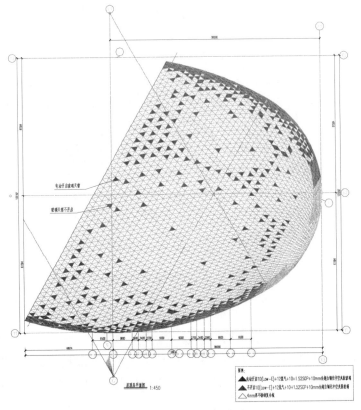

图4 东屋面平面设计图

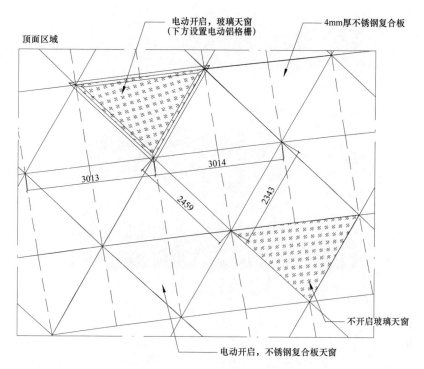

图 5　屋面平面设计大样图

　　我司在具体设计过程中，同时考虑了高度、水平以及转动方向的多维调节，具体如图 6 和图 7 所示。

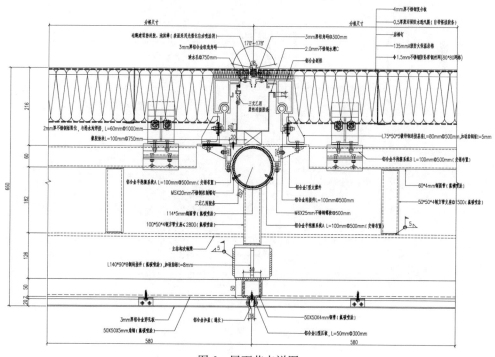

图 6　屋面节点详图

图 7　屋面节点实物图

　　其中，高度方向和水平方向的调节主要用来吸收主体钢结构误差，而转动调节是为了适应屋面的双曲变化。另外，值得一提的是，我司通过精巧的构造设计，转动调节的转动中心始终沿着铝板的边沿，这样可以确保在调节过程中，两块铝板之间的缝隙不会发生宽度以及高低方向的变化，更易于调节的同时也达到外立面美观效果。另注：屋顶部分玻璃位置的调节与金属板相似，如图 8 所示。

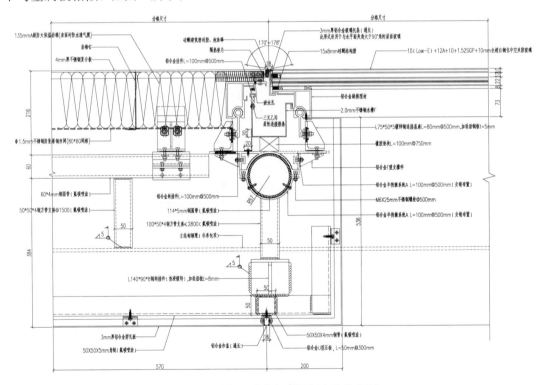

图 8　金属屋面玻璃与金属板交接节点图

（2）优异的防水性和节能性

防水性能作为最重要的功能性要求，我司将其作为重中之重来进行考虑。过往工程中，有很多场馆、车站等，在投入使用后都曾因为漏水而广受诟病，项目的其他优点在公众眼里因漏水而荡然无存。

在金属屋面部分的具体设计过程中，我司总共设置了两道防水线。第一道采用硅酮建筑密封胶 & 泡沫棒（表面采用光催化自洁喷涂剂），这道防水可以将 98% 以上的雨水挡在金属屋面之外。第二道防水采用 2.0 不锈钢导水槽做法，同时导水槽与金属屋面一侧采用可伸缩三元乙丙柔性连接胶条连接，另一侧采用钩接，从而使得导水槽可自我调节以适应金属屋面的曲面变形。导水槽的做法使得金属屋面即使发生少部分渗水现象也能将屋面渗水有序排出而不影响室内使用功能。屋面防水节点图如图 9 所示。

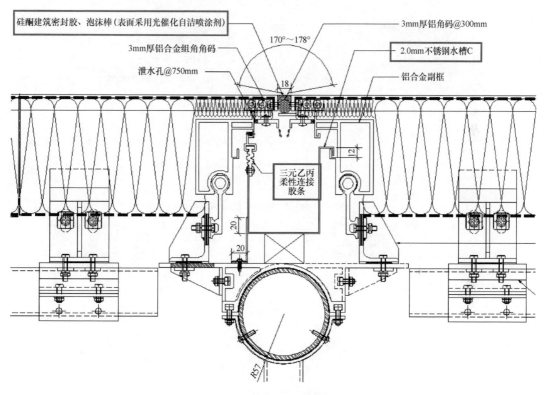

图 9　屋面防水节点图

另外，第一道防水采用密封胶做法的最大优点是非常成熟可靠，价格低廉，适应变形等性能都非常优异。表面采用光催化自洁喷涂剂可以有效地防止板面污染，减少雨水冲击打胶位置而导致金属板面泪痕等情况出现。金属屋面细节照片如图 10 所示。

对于开启位置（包括铝板和玻璃位置）我司采用开启扇略高于固定面板的做法，以避免开启扇位置因开启而导致的胶缝下陷而会形成积水问题。同时，采用外平推的开启方式，增大排烟面积，如图 11 所示。

至于节能性，金属板部分上下板之间满填保温棉，厚度共计 150mm，相应的 K 值可达到 $0.4W/(m^2 \cdot K)$，远低于浙江省规范要求的 $0.7W/(m^2 \cdot K)$。型材位置也进行了有效的断热处理，可以防止热量的传导。

图 10 施工过程中金属屋面细节实景图

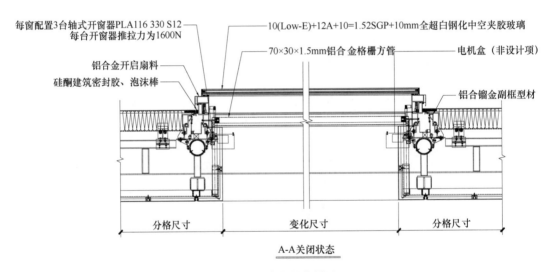

图 11 开启窗节点详图

（3）便于加工

我司在设计过程中充分考虑了节点的包容性，对钢结构的高度误差、左右误差都能完美适应，同时，双曲屋面的角度变化也无需特殊加工，我们所需保证的就是最外层金属板尺寸的精准。因此，在施工过程中，模块化的设计减少了加工参数，大大提高了施工的效率。

因三角形板块的角度变化是杂乱无章的，我司创意性地采用了幕墙与主体钢结构螺栓抱箍的形式，通过合理的三角形区块划分，利用多角度适应的球绞设计，避免了需要大量开型材模具的浪费，有非常好的经济性和适用性（此系统仅适用于三角形板块）。三角形玻璃板块如图 12 所示。

施工过程照片如图 13 所示。

图 12 三角玻璃板块实物图

图 13 施工过程实景图

2.2.2 玻璃幕墙系统

部位：曲园路两侧及各个面主入口的玻璃幕墙；

弧形曲面的造型，体形复杂多变，造型新颖，使得整个建筑能给人带来强烈的视觉冲击感。

面材：10＋1.52PVB＋10＋12A＋10mm 超白钢化中空（Low-E）玻璃

　　　8＋1.52PVB＋8＋12A＋8mm 超白钢化中空（Low-E）玻璃

　　　8＋1.52SGP＋8＋12A＋8mm 超白钢化中空（Low-E）玻璃

骨架：竖明横隐玻璃幕墙，氟碳喷涂钢龙骨。

骨架支撑形式：单跨。

层间玻璃：8＋1.52PVB＋8＋12A＋8mm 超白钢化中空（Low-E）玻璃＋2mm 铝单板。

鉴于此部分幕墙跨度比较大，另外，顶部采用钢结构外露的方式，故幕墙立柱采用钢通立柱和横梁，用来确保室内的观感一致。同时，采用钢通立柱还有一个比较大的优势就是，部分弧面的玻璃幕墙可以很好加工（钢材比较容易热弯）。

节点细部很好地考虑了防水、节能、适应性调节等功能。

玻璃幕墙系统节点做法示意图如图 14～图 15 所示。

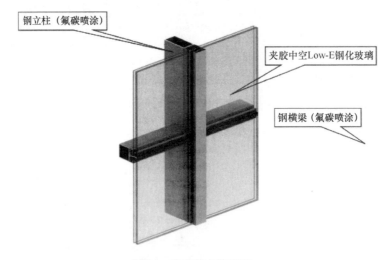

图 14　玻璃节点效果图一

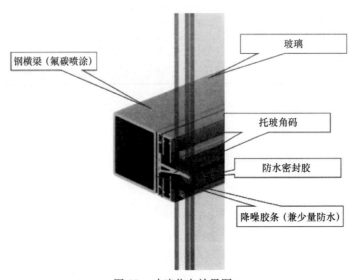

图 15　玻璃节点效果图二

曲园路两侧及各个面主入口的玻璃幕墙效果图如图 16 所示。

图 16　项目局部效果图

曲园路两侧及各个面主入口的玻璃幕墙施工实景如图 17 所示。

图 17　项目实景图

2.2.3　金属飘带幕墙

部位：曲园路上方幕墙。

面材：3mm 氟碳喷涂铝单板。

骨架：钢材与主体钢架连接。

我司采用内部钢龙骨外包铝单板来实现金属飘带，整体飘带的支撑体系采用热浸镀锌钢通骨架外包 3mm 氟碳喷涂铝单板。在具体设计实施过程中我司充分考虑了飘带在高度方向上曲线变化所带来的对钢材和铝板加工的难度，通过合理的标高点位控制和连接节点的分割划分，实现飘带的整体统一。

金属飘带平面布置如图 18 所示。

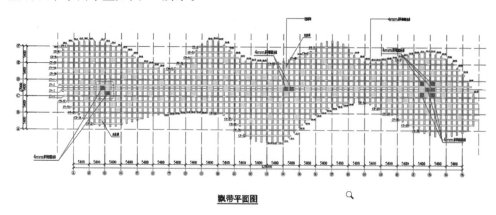

图 18　金属飘带平面图

部分金属飘带纵向标高点位控制图一览如图 19 所示。

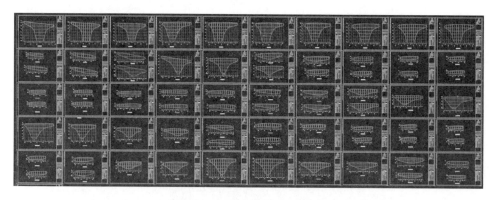

图 19　金属飘带标高控制图

金属飘带夜景俯视图如图 20 所示。

图 20　金属飘带夜景俯视图

金属飘带夜景及曲园路两侧玻璃幕墙日景实图如图 21 所示。

图 21　金属飘带夜景及曲园路两侧玻璃幕墙日景实图

2.3　本项目玻璃选用介绍及分析

本项目透光部分所有玻璃均采用超白钢化制品，中空层均为 Low-E 镀膜。规格包含 6 (Low-E) ＋12A＋6mm 全超白钢化中空玻璃，10＋1.52PVB＋10＋12A＋10mm 超白钢化中空（Low-E）玻璃（备注：玻璃厚度尺寸根据玻璃板块大小不局限于上述介绍），选用上述规格玻璃综合设计考虑因素有节能、隔声、安全性、防结露。

2.3.1　节能

幕墙节能已是我国国策，也成了普通百姓的生活话题，全国建筑能耗（包括建造能耗和使用能耗）约占总能源消耗的 1/4；建筑使用能耗又占建筑面积的 20% 以上，其中玻璃约占门窗的 70% 以上。从能源的流失比例看，整个建筑监护的能量损失中的 70% 是从门窗流失的。

从能量流失示意图中我们可以直观看到，大量的能源通过铝合金窗白白流失，造成极大的浪费。因此，铝合金窗使用中空玻璃是一种有效的环保节能途径。我们都知道，单层玻璃的门窗及幕墙是建筑物冷（热）量最大的耗损点，而中空玻璃的传热系数仅为 1.63～3.1W/(m²·K)，是单层玻璃的 29%～56%，因而热损失可减少约 70%，大大减轻冷（热）空调的负载。显然窗户面积越大，中空玻璃的节能效果也越明显。

2.3.2　隔声

中空玻璃的另一大使用功能就是能大幅度降低噪声的分贝数。

噪声是我国城市的一大污染源，尤其是随着工业的发展，噪声对人们的伤害越来越严重。不管工作还是休息，人们总是希望有一个宁静的环境，然而现实生活中由于各种原因造成了城市噪声。在正常情况下，城市的街头、商场、居民区、公园、交通干道等不同环境，其噪声量是不同的，但都在不同程度地影响人们的学习、工作和日常生活及身心健康。医学和心理学证明，噪声级在 30～40dB（分贝）是比较安静正常的环境；超过 50dB 就会影响睡眠和休息；70dB 以上干扰谈话，造成心烦意乱，精神不集中；长期工作或生活在 90dB 以上的噪声环境，会严重影响听力和导致心脏血管等其他疾病的发生；同时，噪声还会产生心理效应，在高频率的噪声下，人们容易烦躁不安、激动，甚至萎靡不振，影响工作效率。城市噪声的防范和治理已是社会的一大课题。

太阳能量在玻璃面板上的作用示意及能力流失示意如图 22、图 23 所示。

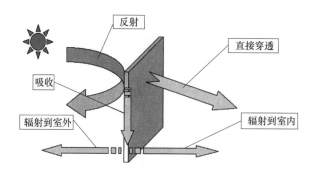

图 22　太阳能量在玻璃面板上的作用示意图

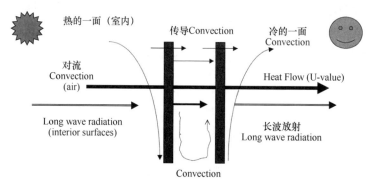

图 23　能量流失示意

据国外专家的测量统计，得出不同的室内、室外环境噪声音量与防噪声三者之间的关系，人们很容易知道自己所处的环境噪声要求及相应的门窗隔声效果。

如果卧室靠近商场或娱乐场所，室内门窗需要的隔声量约为 30dB；卧室与交通一般拥挤的道路或工业区相邻，则门窗相应需要的隔声量约为 35dB。城市各种不同区域下的室内环境相应要求有一定的门窗隔声量，才能保证人们长期和生活的身心健康。

中空玻璃具有良好的降低噪声效果。一般的中空玻璃可降低噪声 30～45dB。其隔声原理是：中空玻璃密封空间内的空气，由于铝框内灌充的高效分子筛的吸附剂作用，成为导声系数很低的干燥气体，从而构成一道隔声屏障；密封空间内若是惰性气体，还可进一步提高其隔声效果。如果使用两片厚度不同的原片玻璃制成中空玻璃，由于声波在不同的介质中传播时的折射率不同，致使声波通过中空玻璃时，在两种介质的临界面产生折射从而将大部分声音反射回去，并且避免了声音的共振，其隔声效果更为显著。现有工程实际情况证明，中空玻璃的隔声降噪性能是相当优异的。

从噪声控制角度看，中空玻璃的空气层越大，噪声的控制效果就越好。如果空气层的厚度小于 6mm，则其隔声量只仅比相同厚度的单片玻璃稍高一点。为大幅度提高隔声量，就必须增加中空玻璃的空气层厚度。一般情况下，中空玻璃空气层厚度常用 9mm 和 12mm 两种规格；特殊情况可拉宽到 20～100mm 之间。本工程采用空气层厚度 12mm 及 16mm。

2.3.3　安全性

1. 门窗幕墙的安全系数是工程设计必须考虑的问题，包括所采用玻璃的抗风压计算。在设计玻璃表面抗风压时，首先必须计算作用于玻璃表面的风荷载（即设计风压），然后决定用玻璃的类型、厚度、玻璃板面大小。这样才能保证玻璃的抗风压能力大于设计风压值。玻璃的抗风压强度不仅受玻璃种类、厚度、面积（即分割尺寸）和形状的影响，它还会受环境因素的影响，如风的特性、玻璃安装条件等，因此在不同的条件下进行破碎试验，以确定玻璃的抗风压强度。

中空玻璃是由两块玻璃加工构成的一个整体，在风载荷的作用下，内外片载荷是按内外片刚度和挠度分配，其抗风压能力比其单层原片玻璃约大一倍左右；如果是用钢化、夹丝、夹层玻璃制成中空玻璃，还可以进一步提高门窗及幕墙的抗风压能力。此外，中空玻璃还可以提高特殊空间的安全防范能力以及防火性能。

2. 本工程采用超白钢化玻璃制品，相比传统的均质钢化玻璃而言，超白玻璃有其显著的优势。

（1）玻璃的自爆率低。由于超白玻璃原材料中一般含有的 Ni、S 等杂质较少，在原料熔化过程中控制得精细，使得超白玻璃相对普通玻璃具有更加均一的成分，其内部杂质更少，从而大大降低了钢化后可能自爆的概率。

（2）颜色一致性。由于原料中的含铁量仅为普通玻璃的 1/10 甚至更低，超白玻璃相对普通玻璃对可见光中的绿色波段吸收较少，确保了玻璃颜色的一致性。

（3）可见光透过率高，通透性好。超白玻璃可见光透过率大于 91.5%，具有晶莹剔透的水晶般品质，让展示品更显清晰，更能突显展品的真实原貌。

（4）紫外线透过率低。相对于普通玻璃，超白玻璃对紫外波段的吸收更低，可有效降低紫外线的通过。

2.3.4 防结露

当玻璃表面出现结露时，玻璃的透明度就会受到影响，结露会损坏墙面、地板、地毯和窗帘等。

单层玻璃的结霜、结露，直接影响到门窗的采光和视觉效果以及破坏居室装修。由于中空玻璃的密封结构和分子筛的作用，保证了一般在 -40℃ 左右也不会结霜、结露。

3 结语

以上已对本项目比较有特色的部分做了简单的概述，因系统种类繁多，无法全部涉及。本工程已顺利竣工，经本工程的工程实践，我们申报了二项技术专利，分别是一种幕墙屋面可调节排水结构（专利号：ZL201922219221.9），一种曲面多角度转换的连接结构（专利号：ZL 201922358886.8），均已获得授权。

作者简介：

梁曙光（Liang Shuguang）：1970 年 7 月生，男，河南平顶山人，高级工程师、研究生学历，浙江中南建设集团有限公司幕墙股份有限公司副总经理、建筑幕墙设计研究院院长、浙江省五一劳动奖章获得者、杭州市优秀共产党员。中国金属结构协会铝门窗幕墙委员会专家，全国幕墙联盟委员会副理事长。多次被中国建筑装饰协会、中国建筑金属结构协会光电建筑应用委员会等授予"全国杰出中青年室内建筑师""中国建筑金属结构协会光电建筑应用技术专家"等荣誉称号。通信地址：浙江省杭州市区滨江区滨康路 245 号，浙江中南建设集团有限公司技术中心四楼；邮编：310052；电话：0571-89892289；传真：0571-89892350；E-mail：185363224@qq.com。

陈敏鸿（Chen Minhong）：1985 年 11 月生，女，浙江湖州人，高级工程师，土木工程大学本科学历，浙江中南建设集团有限公司幕墙股份有限公司设计主管、中国共产党党员、二级建造师项目经理、2020 年浙江省建筑装饰行业"青年榜样"荣誉称号获得者。通信地址：浙江省杭州市滨江区滨康路 245 号，浙江中南建设集团有限公司技术中心四楼；邮编：310052；联系电话：0571-89892310；传真：0571-89892351；E-mail：cmh980@163.com。

上港风塔钢结构幕墙一体化设计 & 吊装工程解析

牟永来　李书健　张　鹏

苏州金螳螂幕墙有限公司　江苏苏州　215105

摘　要　上港风塔项目，采用了与上海中心外幕墙相同的大跨度悬挑单层幕墙钢网壳体系，是幕墙钢结构表皮与幕墙面层一体化设计的典范。单层钢网壳采用创新装配式液压整体提升工艺，提高了安装效率，保证了安装精度。外侧单元板块采用三角形单元设计理念，通过正三角形双公料板块及倒三角形双母料板块，配合特殊定制的模压胶条、插接部位的细节处理及异形定制挂件系统，实现了对大变形柔性钢结构表皮的构造适应及建筑美观性能的双重保证。项目全过程采用了数字化 BIM 技术，结合数字化钢结构变形分析、现场空间测量定位、高精度机加工等技术，完美实现了建筑神针定海的挺拔造型。

关键词　大跨度悬挑单层网壳；装配式；整体提升；三角形单元；数字化；高精度机加工

Abstract　The Shanghai wind tower project adopts the same large span single layer curtain wall steel latticed shell system, which is the same as the outer curtain wall of Shanghai center. It is a model for the integral design of curtain wall steel structure skin and curtain wall surface. The single-layer steel reticulated shell adopts the innovative assembled hydraulic integral lifting process, which improves the installation efficiency and ensures the installation accuracy. The outer unit plate adopts the triangular unit design concept. Through the regular triangle double common material plate and inverted triangle double master material plate, combined with the special customized molding adhesive strip, the detail processing of the insertion part and the special-shaped customized pendant system, the structural adaptation to the skin of large deformation flexible steel structure and the double guarantee of architectural aesthetic performance are realized. The whole process of the project adopts digital BIM Technology, combined with digital steel structure deformation analysis, on-site spatial measurement and positioning, high-precision machining and other technologies to perfectly realize the tall and straight shape of the building God needle Dinghai.

Keywords　large span cantilever single layer reticulated shell; fabricated; integral lifting; triangular element; digization; high-precision machining

1　引言

上港十四区项目位于上海市宝山区长江入海口，包括风塔、风塔管理楼、音乐厅、酒店及办公楼五个单体建筑。其中风塔高 180m，整体为圆柱造型，外立面材料主要为玻璃，通过三角形单元板块拼接模拟实现了建筑光滑的圆柱造型。结构体系上采用了与上海中心外幕

墙相同的大跨度悬挑单层幕墙钢网壳体系，所以这个项目又被称为"小上海中心"。（图 1）

图 1　鸟瞰效果图

2　项目特点及难点分析

（1）幕墙表皮分格的划分及圆柱造型的实现

风塔高 180m，直径 26.5m，为细长的圆棒造型。在 36m 标高和 136m 标高分别有玻璃和搪瓷板材质的异形金箍造型，最终形成建筑金箍棒的造型。建筑表皮需要以三角形为基础元素，通过正三角和倒三角的拼接，实现建筑表皮的圆弧光滑效果。

（2）主体结构的特点与幕墙表皮的生根

传统的玻璃幕墙会生根在建筑每层的边梁上，荷载传递路径为面板的荷载传递到横梁和立柱，立柱通过转接件将荷载传递到结构边梁上。本项目作为风塔，区别于传统办公建筑，内侧核心筒与外侧玻璃幕墙之间有较大间隙，可用于幕墙生根的环形梁间距较远，无法采用传统幕墙做法。需要在幕墙与核心筒之间设置单层异形钢网壳，作为幕墙面板的生根点。建筑元素的拆分如图 2 所示。

（3）单层筒状异形钢网壳的实现

网壳钢架分格与外侧玻璃幕墙相同，均为三角形的重复出现。每个铰接节点有 6 个杆件交汇，汇交节点采用插板形式，结构异形，焊缝集中，对拼装精度要求很高。（图 3）

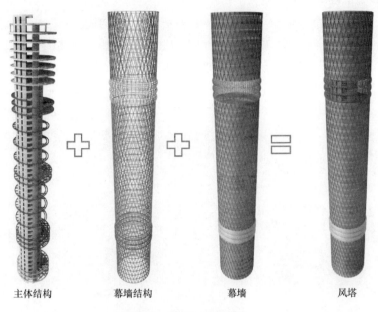

主体结构　　　　幕墙结构　　　　幕墙　　　　风塔

图 2　建筑元素的拆分

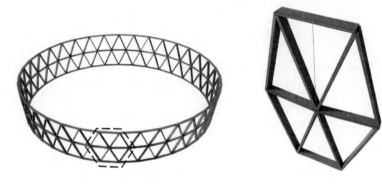

图 3　单层钢网壳

（4）幕墙板块对单层网壳变形的吸收

单层钢网壳悬挂在主体结构外侧，最大跨度达到 44m，钢网壳的变形相比传统主体结构变形更大，固定在钢网壳外侧的玻璃面板需要在构造上进行特殊设计，用于吸收超大的变形。（图 4）

（5）对加工精度和施工措施的超高要求

三角形单元的拼接和筒状网壳的实现都涉及空间点的多点交汇，对加工和安装精度要求都很高。同时可用于单层钢网壳生根的结构环梁间距最大有 44m，怎样将单层钢网壳安装到位对施工措施有很高的要求。

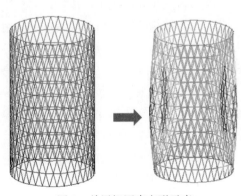

图 4　单层钢网壳变形示意

（6）新型材料的使用

本项目在36m标高部位使用了超大彩色弧形玻璃，彩色PVB胶皮及4.4m弧长，2.9m半径的超大弧长、超小半径，对玻璃的设计、加工及安装提出了很高的要求。（图5）

在136m部位，为了保证在隧道着火的情况下，出风口部位可能出现的250°的温度不会对外侧的百叶片产生影响，百叶片采用了5mm不锈钢材质；同时为了符合建筑釉面亮色的效果，不锈钢百叶片采用了新型搪瓷工艺进行处理。（图6）

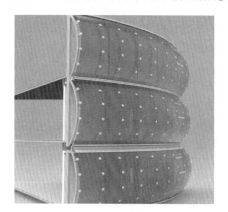

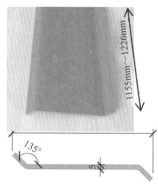

图5　彩色弧形玻璃　　　　　　　　　　图6　搪瓷不锈钢板

3　空间网壳与幕墙表皮的一体化设计

因为主体可以用于幕墙生根的结构高度方向跨度很大，最大达到44m，传统的基于层间梁生根的幕墙板块固定方式在本项目无法实现，幕墙需要设置辅助受力体系，用于幕墙面板的生根。用于实现超大跨度的结构方式有很多，比如传统的钢龙骨体系、钢桁架体系、索结构、组合系统等。考虑到整个效果的美观性和结构受力的安全性，钢网壳系统成为最终的选择。这样整个面层分为两层，内层的钢网壳用于超大跨度的传力，外侧的幕墙板块用于表皮保温、防水、隔声等各项性能的实现。

（1）外侧幕墙玻璃板块的设计

外侧幕墙玻璃板块为单元板块，板块的设计需要解决板块的分格划分、挂接、防水、插接处理等技术难题。

① 平行四边形单元板块和三角形单元板块的选择

传统单元板块均为四边形板块，四边形板块在板块挂接及防水处理方面更加成熟。假定本项目也采用四边形板块，为了实现圆弧造型的效果，四边形板块为非共面板块，是由两个不共面的三角形拼接而成。经过分析，两个三角形板块之间的夹角为174.8°。通过对平行四边形板块进行建模分析，发现为了实现空间平行四边形的效果，大部分的幕墙龙骨杆件需要切空间二面角，对加工和组装的精度要求很高，且拼接点会出现缝隙或者高低差等缺陷，影响美观效果和防水性能。（图7）

最终本项目采用了三角形单元板块（图8），每层72个三角形板块——36个正三角板块+36个倒三角板块，底边2310mm，高4000mm；正三角竖框采用双公竖框设计，倒三角采用双母竖框设计，保证单元板块32°的尖角部位型材拼缝整齐。

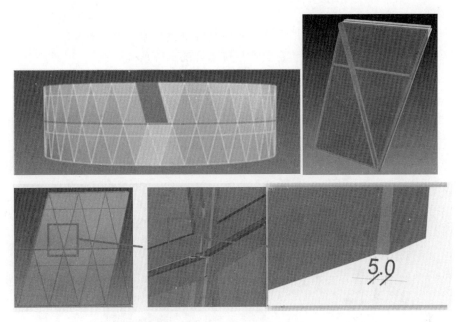

图 7 空间平行四边形建模分析

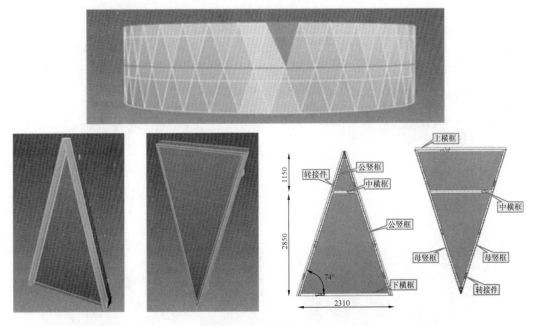

图 8 三角形单元板块

对比平行四边形板块，采用三角形板块的优点：

a. 板块处在同一平面上，加工简单；

b. 组框工艺简单，拼缝整齐，水密、气密性好；

c. 板块小，便于运输和吊装；

d. 相邻板块挂点在同一平面内，定位容易。

② 三角形单元挂接系统设计

考虑到板块对于主体结构的变形适应，挂件均为垂直布置。设计时考虑了微调节和释放弯矩等因素，采用了铝合金转接件和铝合金挂件组合的挂件系统。

如图 9 所示，每个三角形板块采用四个挂件系统。单元幕墙的斜的铝合金柱通过铝合金转接件的转接，最终与垂直的铝合金挂件连成一体，铝合金转接件在中间起到传力功能的同时，还要有斜向转垂直的能力。我们为此设计了一款特殊转接件（图 10）。此转接件需要由一块 6063-T6 铝型材铣切而成，以保证其受力性能。

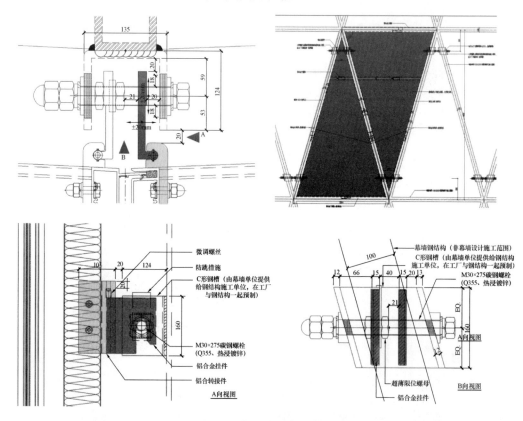

图 9 三角形单元挂接系统

图 10 转接件详图

③ 三角形单元板块的防水设计

通过 BIM 放样和实体样板，对三角形单元板块的防水进行分析，相邻 6 个板块铰接的部位是防水的薄弱环节。（图 11 和图 12）

图 11　BIM 分析　　　　　　　　　　　图 12　实体小样分析

经过分析，六个三角形铰接于一点，该部位会形成一个贯穿空隙，相比普通矩形单元板块，该空隙更大，形状更复杂。为了排除这个漏水隐患点，我司对空隙部位采用模压胶条进行封堵。（图 13）

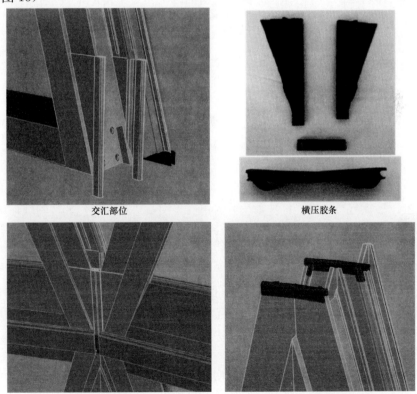

交汇部位　　　　　　　　　　　　　　横压胶条

倒三角底部模压胶条　　　　　　　　　　正三角顶部模压胶条

图 13　交汇部位的模压胶条设计

④ 三角形板块的加工及组角拼接

三角形单元板块的铣切工艺比较复杂，需考虑多方面因素，例如主型材两端的二面角及三角形锐角拼接位置 16.1°的小切角，对工艺精度的要求极高，加工难度较大。需经过切两端二面角、切两端 16.1°小夹角、局部铣切及钻孔等工序。（图 14）

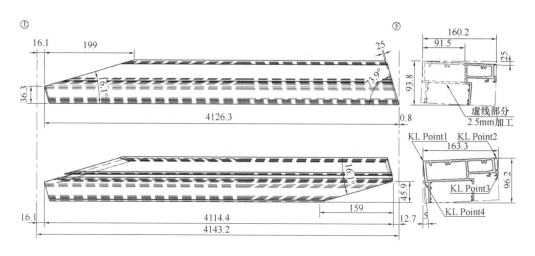

图 14　型材加工

加工完成的型材在工厂进行组框，其中三角形两个公立柱或者两个母立柱组框的部位是本项目的难点，需借助铝角码进行组框。组框详图如图 15 所示。

⑤ 实体样板

通过 1∶1 实体样板的制作，论证了所有技术方案的可行性，改进了构造做法。（图 16）

（2）单层网壳的设计要点

单层网壳作为幕墙表皮的生根钢架，其分格与外侧玻璃幕墙相同，钢网壳与幕墙龙骨形成内外双层龙骨表皮。钢网壳的加工及安装精度至关重要，影响到室内和室外的效果，较大的误差会引起内外两层皮错位的效果。本项目通过以下措施来保证钢网壳的精度。

① 多点交汇部位的处理

因为是三角形拼接网筒，每个铰接节点为 6 个杆的拼接，为了保证加工及施工精度，杆件铰接部位采用插板进行拼接。杆件采用 5 自由度多功能机器人进行杆件的端头加工，采用火焰切割或等离子切割实现。5 自由度混联模块配备 360°回转机架，可多工位连续作业。（图 17 和图 18）

② 网壳的空间定位

以 BIM 模型为基础，提取空间网壳的定位数据，通过空间测量定位技术进行杆件的定位，确保网壳的精度。施工完成之后进行钢架的复测，将测量数据返回 BIM 模型，进行模型的修正。（图 19）

③ 基于 BIM 模型的空间钢架结构应力及变形分析

以风洞试验报告为荷载依据，根据空间网架的生根方式进行桶状网壳结构的受力分析。（图 20 和图 21）

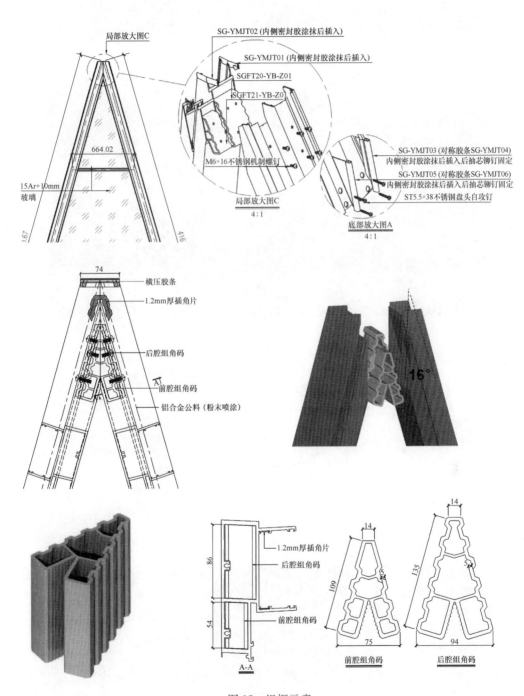

图 15　组框示意

图 16 实体样板

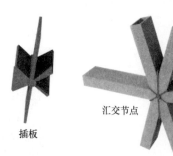

插板　　　　汇交节点

图 17 钢架节点

TV-R400B 型多功能机器人

图 18 加工质量控制

图 19 网壳的空间定位示意

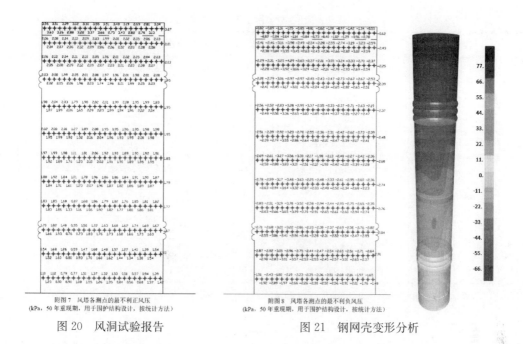

附图7　风塔各测点的最不利正风压
(kPa, 50 年重现期, 用于围护结构设计, 按统计方法)

图 20　风洞试验报告

附图8　风塔各测点的最不利负风压
(kPa, 50 年重现期, 用于围护结构设计, 按统计方法)

图 21　钢网壳变形分析

④ 网架的生根节点设计

网壳高度方向生根点间距很大, 最大高度 44m, 整个网架为吊挂柔性网壳体系。通过上部铰接节点和下部滑动节点的特殊构造设计, 保证了整个桶状网壳结构的变形和受力。(图 22)

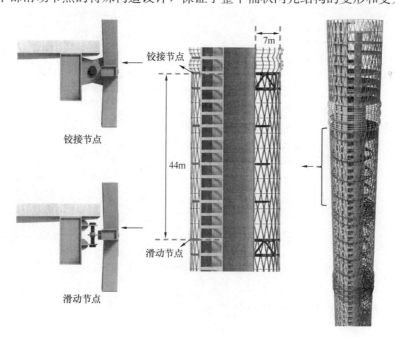

图 22　网壳生根

(3) 柔性网壳的变形及单元板块的适应性设计

经过分析, 单层网壳在最不利荷载组合下的位移数据见表 1。

表 1　按最不利组合下的位移数据

$D+0.7Q+1.0W$						$(D+0.5Q)+0.2W+1.0\times E_h+0.5\times E_v$					
上层	3083	1528	3085	1527	3087	上层	3083	1528	3085	1527	3087
U1	−20.9	−21.1	−21.1	−20.9	−20.4	U1	72.6	72.8	72.9	73.0	73.0
U2	66.8	67.1	67.1	66.9	66.5	U2	66.2	66.1	65.9	65.7	65.4
U3	5.9	5.5	5.0	4.6	4.2	U3	9.5	9.5	9.6	9.6	9.8
本层		3012	1562	3014		本层		3012	1562	3014	
U1		−23.5	−23.5	−23.1		U1		68.7	68.8	68.8	
U2		68.6	68.5	68.0		U2		63.0	62.8	62.6	
U3		5.6	5.1	4.7		U3		9.5	9.5	9.6	
下层	3011	1600	3013	1599	3015	下层	3011	1600	3013	1599	3015
U1	−24.5	−24.9	−24.8	−24.2	−23.1	U1	64.2	64.4	64.5	64.5	64.4
U2	67.9	68.4	68.3	67.6	66.5	U2	59.5	59.5	59.43	59.2	58.8
U3	6.1	5.7	5.3	4.8	4.4	U3	9.4	9.4	9.5	9.5	9.6

以表 1 结构变形数据为依据，对单元插接构造进行特殊设计，加大单元板块的搭接和伸缩距离，保证在极限情况下幕墙表皮物理性能的完整性。（图 23）

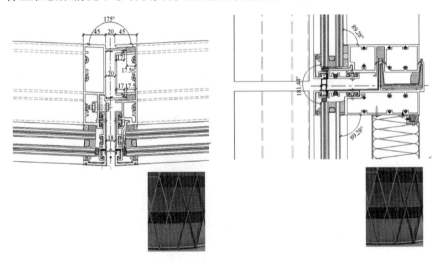

图 23　单元板块构造设计

4　装配式整体提升工艺在施工中的应用

随着建筑装配式技术的发展，装配水平逐步提升，装配单元越来越大。以单层网壳结构为例，早期单层网壳装配单元主要按照左右立柱及两根立柱之间的横梁组成一个装配单元，俗称"梯子"，梯子安装完成后，梯子之间的横杆后装，减少现场的焊接，如苏州中心大鸟屋面的单层网壳结构。（图 24）

图 24　苏州中心大鸟屋面单层网壳钢架安装

　　本项目因为主体结构和外层钢架脱离，传统的小块拼装不容易操作。最终经过技术论证，决定采用地面拼装、整体提升的方案。在正负零位置进行钢架的拼装，以 8m（两层）为一个拼装单元，拼装完成后提升 8m，再次拼装 8m 连接至已提升单元，累积提升，直至分段整体拼装完成，整体提升到位。本项目分三个阶段进行提升。（图 25）

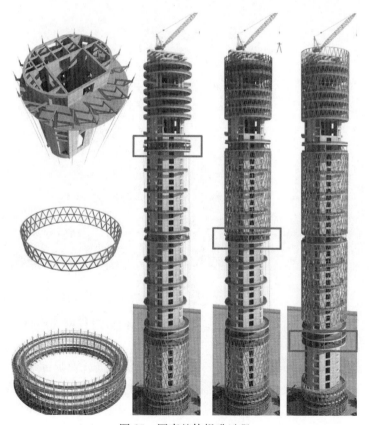

图 25　网壳整体提升过程

（1）提升阶段一：

提升设备安装于 136m 层，提升 92～136m 段幕墙钢结构，提升钢架高度 44m。

（2）提升阶段二：

提升设备安装于 88m 层，提升 48～88m 段幕墙钢结构，提升钢架高度 44m。

（3）提升阶段三：

提升设备安装于 36m 层，提升 0～36m 段幕墙钢结构，提升钢架高度 36m。

5 数字化技术的应用

数字化、智能化是建筑发展的大方向。本项目因为特殊的建筑形体、复杂的幕墙系统及施工工艺，对数字化技术的应用提出了更高的要求。本项目主要在以下方面进行了数字化技术的创新应用。

（1）数字化设计

以 BIM 为工具，对建筑的桶状表皮进行划分，基于相同的划分原则，保证建筑表皮由相同的三角形板块拼接完成。

基于分格划分方式和板块的深化做法，进行三角形单元板块的 LOD500 深度的模型深化，从理论上模拟板块的加工和拼装，确保方案的可行性。

基于 BIM 模型进行单层网壳的受力分析，根据网壳变形结果调整单元板块的构造做法，确保单元板块能够适应单层网壳的变形。

（2）数字化加工

从幕墙模型导出型材加工数据，通过 5 轴数控加工中心进行型材的自动切割和空间二面角的加工。（图 26）

图 26　数控加工中心

从单层网壳导出钢结构杆件加工数据，通过焊接机器人进行网壳的高精度加工。

（3）数字化施工

以 BIM 模型为基础，模拟桶状网壳下边三段钢架整体提升及顶部钢架的拼接过程。钢架施工完成后，通过空间测量定位技术对桶状网壳进行测量复核，将数据反馈到 BIM 模型中对模型进行二次修正。模拟三角形玻璃单元板块的安装过程，进行正向三角形和反向三角形的有序安装。关注伸缩缝位置及交接位置的安装过程，预先通过 BIM 进行安装方案的模

拟。(图 27)

跟随钢结构施工同步测量

数据传输/材料下料

正向三角单元安装

反向三角单元安装

复测

水槽安装

盛水实验

内侧铝板安装

图 27　BIM 对安装过程的模拟

6　结语

　　上港风塔项目通过钢结构网壳和幕墙表皮的一体化设计,实现了幕墙表皮在大跨度柔性吊挂体系下安全性和美观性的双重保证。项目运用了数字化技术、装配式整体提升等新技术,大大提升了项目的加工和安装效率。随着建筑科技的发展,建筑的表现形式不断创新和突破,在技术的加持下,建筑纯粹、简单的属性正在回归。任何简单的东西都包含了隐藏起来的强大的技术支撑,让我们一起努力,让建筑越来越简单、纯粹。

作者简介

　　牟永来(Mu Yonglai),男,1968 年 9 月生,中国建筑金属结构协会铝门窗幕墙委员会专家组专家、全国建筑幕墙顾问行业联盟专家组专家、上海市建筑科技委员会幕墙结构评审组专家、苏州金螳螂幕墙有限公司总裁、幕墙设计总院院长;工作单位:苏州金螳螂幕墙有限公司;地址:江苏省苏州市吴中区临湖镇东山大道 888 号;邮编:215105;联系电话:13788905158;E-mail:1477329048@qq.com。

直立锁边金属屋面的设计常见问题和解决方法

张 洋 杨 涛 马文超

珠海市晶艺玻璃工程有限公司（北京） 北京 100162

摘 要 本文通过对高立边直立锁边金属屋面工程中常见问题的分析及对金属屋面设计中经常遇到的设计缺陷、不合理构造进行总结，针对性提出相应的设计依据及思路、优化的解决方案，力求在金属屋面的设计中做到精益求精。

关键词 高立边直立锁边金属屋面；防水构造

1 引言

金属屋面在国内应用时间较早，目前已经大量应用于各种建筑工程中。从早期的波纹型屋面、压型板金属屋面到直立锁边金属屋面、直立卷边的金属屋面，再到不锈钢的焊接型金属屋面，金属屋面的种类逐渐丰富、构造逐渐复杂完善。但在实际工程应用中，众多金属屋面工程出现了质量问题。所以，如何根据建筑特点选择合适的金属屋面体系，确定合理的屋面构造及细节做法，是应该从设计初就认真思考的问题。

金属屋面的定义：由金属面板与支撑体系组成，不分担主体结构所受作用且与水平方向夹角小于 75°的建筑围护结构。其主要的面材材质有：钢板、铝板、铝合金板以及铜板、不锈钢板等。

在众多的金属屋面体系中，高立边直立锁边金属屋面是应用最广泛的金属屋面体系。本文根据直立锁边的金属屋面体系的应用经验，总结本系统在设计中经常遇到的问题，希望能够为规范直立锁边金属屋面的设计提供参考，并提高直立锁边金属屋面的工程质量。

2 直立锁边金属屋面的基本特点

2.1 直立锁边金属屋面系统的基本构造

直立锁边金属屋面系统通常被称作高立边金属屋面系统，也叫直立锁缝 lok 板。金属面板通过机械辊压双边形成公母扣。屋面板安装时，首先将专用铝合金 T 型码与支撑龙骨连接，然后将屋面板及 T 型码相互咬合，最后通过机械或手工的方式进行锁紧、定型。

基本节点及构造如图 1 和图 2 所示。

金属屋面面材采用金属板卷材加工，理论上，面板长度可以和卷材一样长。但是受建筑外形、运输条件、节点构造、安装工艺、变形控制等因素影响，实际工程中最大板长应综合考虑后确定。根据《采光顶与金属屋面技术规程》（JGJ 255）的规定，金属屋面板的单块长度不宜大于 25m。

2.2 直立锁边金属屋面的基本特性

2.2.1 屋面板的连续性

使用比较长的屋面板，减少了块状板拼接缝隙问题；理论上如果金属屋面的面板根据建筑屋面的尺寸通长布置，则屋面板的拼接缝隙只有短边的咬合缝隙。

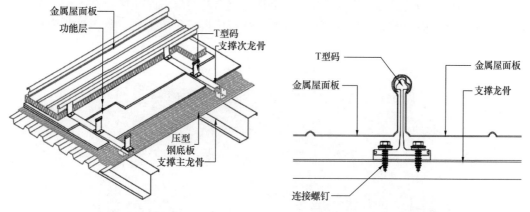

图1　直立锁边金属屋面的基本构造　　　　图2　直立锁边金属屋面的基本节点

2.2.2　排水的有序性

高立边直立锁边屋面板的凹槽造型，对雨水排放具有导向性。根据建筑屋面排水路径，此系统可以更好地将屋面雨水进行有序的引导、汇集和排出。

2.2.3　构造防水

金属屋面板不是通过封堵防水，而是构造防水。在排水方向上，金属屋面板通过上下搭接，左右侧板肋咬合，并在板肋咬合处设置凹槽形成等压腔，形成完整的防水构造，避免雨水反重力渗入。

2.2.4　支撑件不穿透

金属屋面板的固定方式通过板肋卡接在铝合金 T 码上，实现了屋面防水功能层的不穿透固定。目前针对此种连接方式的牢固性，业内存在着一定质疑，也有很多提高连接强度的解决方案，本文不做赘述。T 码固定屋面板的构造如图 3 示意。

图3　直立锁边金属屋面的安装示意

2.2.5　良好的成型能力

金属屋面板可以通过扇形板、弯弧板拟合比较复杂的建筑屋面外观，满足不同建筑外形的需要。但由于屋面板的成型特点，直立锁边屋面板不适合应用于小尺度、大曲率的建筑外形。扇形弯弧屋面板如图4示意。

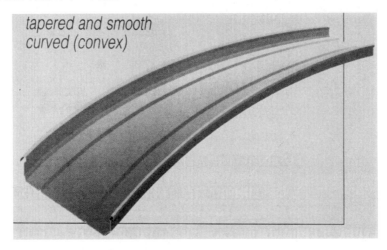

图4　屋面扇形弯弧板

2.3　直立锁边金属屋面的适应范围

直立锁边金属屋板可以设置不同板型和曲率（梯形板、扇形板）拟合复杂的建筑外形，但其适应的范围有一定限制。扇形板要保证扇形板的两端尺寸，不能过大或者过小。应该根据排水需要、工艺构造进行设计，通常情况在150～600mm之间。弯弧板应控制弯弧半径，弯弧半径过小会影响板的咬合精度。单一半径的屋面板加工精度相对好控制，而多半径的屋面板加工精度比较难控制。拟合的板型越多会导致板接缝越多，屋面系统产生渗漏的风险也就越大。

根据直立锁边金属屋面板的特点，直立锁边金属屋面系统不适合小尺度、大转折、大曲率的屋面形态；比较适合于大体量、大空间、小弯曲的屋面形态。

3　直立锁边屋面在设计中应注意的问题

3.1　根据受力情况确定金属屋面板的T码间距

有些金属屋面工程设计时，没有进行屋面板的受力分析，直接规定金属屋面板的T码间距（通常情况下规定T码间距为1500～1800mm），这是不合理的。在屋面工程设计中，应该根据不同项目的受力情况，把金属屋面板当作连续梁进行受力分析，每个T码是连续梁的支点，这样确定支点间距才是合理的、可靠的。

铝合金屋面板受力简化模型见图5。（参照《铝合金结构设计规范》《采光顶与金属屋面技术规程》中相关规定。）

3.2　设置合理的排水坡度

根据《采光顶与金属屋面技术规程》（JGJ 255）的规定，金属屋面的排水坡度应该不小于3％，《坡屋面工程技术规范》（GB 50693）中9.1.2规定金属屋面的排水坡度不宜小于5％；9.2.5规定：金属屋面的排水坡度应根据屋面结构形式、屋面形状、当地的气候条件

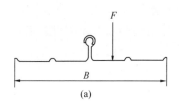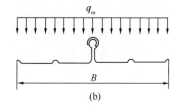

图 5　屋面板受力简化模型

等因素确定。屋面排水坡度的规定是为了保证金属屋面的排水效率。金属屋面板是卡接在 T 码上，如果出现积水现象，屋面板会出现变形，影响屋面排水。金属屋面板的排水速度与排水坡度相关。如果排水坡度不能保证，那整个屋面体系排水效率会降低，一旦出现积水现象，就存在渗漏风险。图 6 是实际工程中屋面积水的情况。

图 6　屋面积水现象

3.3　合理设置屋面各功能层

屋面的各种功能层应根据建筑要求设计，以满足保温、隔声、吸声、降低雨噪声等性能要求。有保温要求的屋面设置保温层，保温层的厚度根据设计要求确定，保温棉在设置时可以两层上下搭接，减少单层铺设保温棉的缝隙而影响保温效果。保温棉的铺设如图 7 示意。

图 7　保温棉搭接

《坡屋面工程技术规范》（GB 50693）中 9.2.10 规定：当室内湿度较大或采用纤维状保温材料时，压型金属板屋面设计应符合下列规定：保温隔热层下面应设置隔汽层；防水等级为一级时，保温隔热层上面应设置透汽防水垫层。

保温隔热层下面设置防潮隔汽层是为了起到一定的隔绝作用，减少室内的温热空气进入保温层；防止室内温热空气在保温隔热层内遇冷形成冷凝水，导致保温隔热性能降低。保温隔热层上面设置透汽防水垫层，是为了在设置一道柔性防水的基础上，仍然可以保证保温隔热层和室外空气进行交换。其构造示意如图 8 所示。

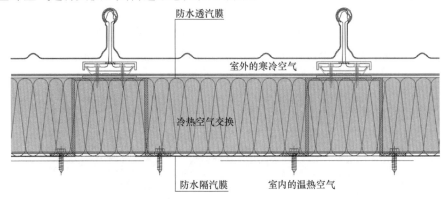

图 8　屋面保温棉功能层

3.4　直立锁边金属屋面的排板设计

直立锁边的金属屋面排板从本质上说是对雨水汇流途径的设计，因此，排板应根据建筑屋面的外形、雨水在屋面上的自然流向、屋面排水途径等因素进行设计。屋面板排布设计应当遵循以下几个原则：

（1）金属屋面板排板应尽量根据屋面水自然流向布置，如果屋面板肋方向和屋面水自然流向存在角度，则应充分考虑屋面板的排水角度引起的排水能力下降，并且保证屋面板搭接方向和过水方向一致，如图 9 示意。

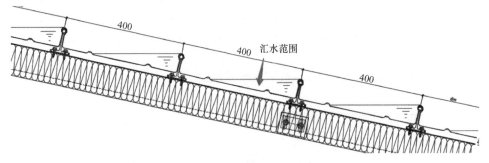

图 9　屋面板倾斜布置示意

在设计上，应该避免金属屋面板出现雨水跨越屋面板肋的情况，因为如果出现了雨水跨越屋面板的情况，说明设计的排水路径已经失效。这不仅降低了排水效率，同时会造成屋面排水失序，对整体屋面性能产生了不利影响。

（2）金属屋面板排板应根据屋面外形设计，尽量避免过多的短屋面板；并且应考虑屋面板与天沟、屋脊的角度，避免屋面板与天沟、屋脊角度过小，造成构造上的困难。图 10 是项目上屋面板与天沟角度过小，导致滴水构造设置困难。

图 10　屋面板与天沟的角度过小的情况

3.5　直立锁边金属屋面板的收口和搭接构造

直立锁边金属屋面板的每一块屋面都是一个小型的汇水槽，从构造上已经充分考虑了防水的性能构造，但是，由于屋面板的长度有限制，必定存在屋面板的两个端头以及屋面板的搭接。因此，这些位置是屋面防水的薄弱环节，能否处理好这些位置，是整个屋面板体系防水的关键。设计人员应该充分理解屋面板的标准做法，在标准做法的基础上针对各自的实际工程做出合理设计。

（1）屋脊的构造应该能通过盖帽子的方式实现防水，在屋面板的槽内封堵，上端覆盖通长的檐口板。屋脊应该是屋面的最高处，雨水应以这个位置作为分水岭。设计中要充分考虑屋面的坡度，对于复杂屋面形状应该充分分析屋面的成型机理，根据屋面的排水方向确定屋脊位置。屋脊基本节点如图 11 所示。

（2）山墙的构造需要将墙体侧向的水流导入屋面板，连接固定的螺钉应该设置在防水构

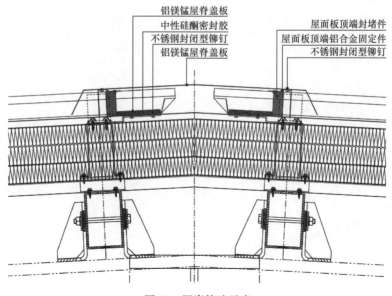

图 11　屋脊构造示意

造以外。屋面板的山墙构造如图 12 所示。

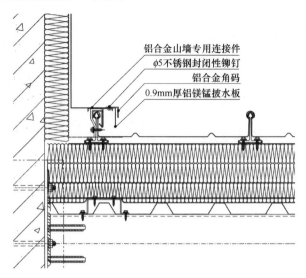

铝合金山墙专用连接件
φ5不锈钢封闭性铆钉
铝合金角码
0.9mm厚铝镁锰披水板

图 12　屋面山墙节点示意

　　如果山墙节点设计得过于简化，直接利用屋面板的折边收口，甚至没有考虑山墙接口处屋面板的排板关系，会导致施工中很难交接，给渗漏留下隐患。图 13 就是两种常见的简化构造。

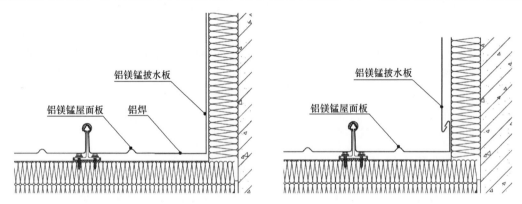

铝镁锰披水板
铝镁锰屋面板　铝焊

铝镁锰披水板
铝镁锰屋面板

图 13　屋面山墙简化构造节点

3.5.1　屋面板和天沟收口构造应该注意两点：

（1）屋面板在天沟的搭接量应该大于屋面板的伸缩量，且充分考虑施工的误差。按照《采光顶与金属屋面技术规程》的要求，屋面板伸入天沟的长度不应小于 150mm。有些工程，屋面板在天沟处搭接量太小，温度变形时屋面板缩回到天沟以外导致漏水。

（2）屋面板的端头应该设置滴水构造，尤其是在屋面板的排水坡度比较小的情况下，要防止雨水在风力或者其他因素下引起回流而导致渗漏。屋面板滴水的构造如图 14 所示。

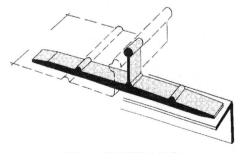

图 14　屋面板滴水示意

3.5.2 金属屋面板搭接同样要遵循构造防水的原则，设计要根据屋面类型、坡度设置搭接量，明确搭接构造。设置泛水板进行搭接的，要控制泛水板的角度。屋面板的搭接可依据《采光顶与金属屋面技术规程》的要求，具体见表1。

表1 屋面板搭接长度要求（mm）

项 目		搭接长度
波高>70		375
波高≤70	屋面坡度<1/10	250
	屋面坡度≥1/10	200
面板过渡到立面墙面后		120

金属屋面板搭接通过披水板转接的，需要控制披水板的坡度，避免出现积水现象。设计中可以控制披水板的坡度大于5%。基本构造可参照图15、图16示意。

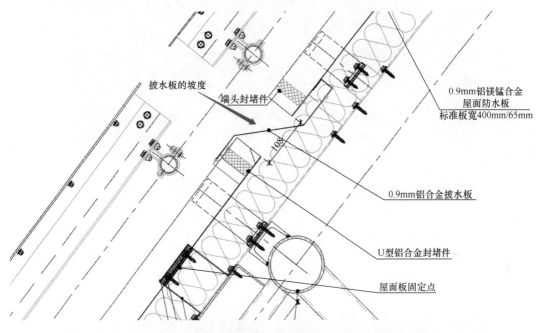

图15 屋面板搭接构造节点示意

图16 屋面板搭接构造效果示意

103

4　金属屋面板设置夹具的注意事项

直立锁边金属屋面的无穿透转接构造在很多项目上都有应用，但如何正确理解和使用这种转接夹具是很多设计人员需要加强的。珠海市晶艺玻璃工程有限公司在国家大剧院的屋面体系中采用了无穿透夹持构件，之后这种构造在金属屋面上被大量使用。其基本构造可参考图 17 示意。这种不穿透屋面的构造对屋面的防水性能有很大好处，其设计应遵循以下原则。

图 17　不穿透夹具的构造

4.1　夹具的受力应满足设计要求

设计应充分考虑金属屋面板的夹具在不同方向的承载力，结合实际工程所处环境确定每个夹具的受力，确保受力安全、可靠。

不同构造的夹具其各方向承载力不同，图 18 是国家大剧院对双夹具不同方向的受力试验时的照片。不穿透的夹具应该能可靠传递屋面外装饰的荷载，应该根据受力情况、装饰板尺寸、夹具分布等因素进行设计，确定夹具的规格和分布。

图 18　夹具受力试验照片

4.2　直立锁边金属屋面的夹具的位置

直立锁边屋面上的不穿透夹具不应该设置在 T 码上。夹具和 T 码之间的距离会影响装饰板受力后夹具的受力和变形能力。如果采用双夹具，能够增加夹具的强度，可以比较好地控制夹具和 T 码的位置关系。之所以不能将夹具夹持在 T 码上，是因为金属屋面板的温度变形比较大，如果夹具夹持会限制夹具、屋面板、T 码之间的错动，引起屋面板磨损或者 T 码连接点破坏。双夹具如图 19 示意。

实际工程中，直立锁边金属屋面板上的夹具位置和 T 码位置很难有对应关系，因此，当夹具位置和 T 码重合时，应设置双夹具跨过 T 码。

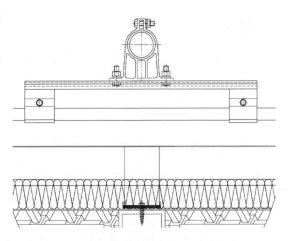

图 19　屋面的双夹具

4.3　审慎使用屋面金属板的全铝焊

有些设计人员进行屋面设计时，对于屋面板衔接位置习惯采用铝焊完成搭接、转折等形式。认为这种构造强度大、防水性好。但是，屋面板的焊接不能影响屋面板的伸缩变形，否则，金属屋面板在温度应力作用下，焊接位置会拉开，造成渗漏。图 20 是金属屋面铝焊的照片；图 21 是铝焊拉裂的照片。

图 20　金属屋面铝焊照片

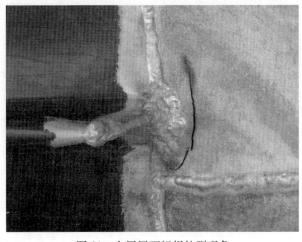

图 21　金属屋面铝焊拉裂现象

5 结语

金属屋面的设计，应该充分利用不同屋面体系的特点和适应性，以匹配不同的建筑屋面形态和要求，不存在一种屋面体系能够适应所有屋面。当选择直立锁边金属屋面体系时，应重视金属屋面构造设计。细节决定成败，如果在细节处理不好，造成破损、渗漏，那会导致整个屋面体系的质量缺陷。希望幕墙设计人员能够设计好、利用好直立锁边金属屋面，为建设方提供安全可靠、性能优异的工程项目。

参考文献

［1］ 中华人民共和国国家质量监督检验检疫总局，中国国家标准化管理委员会. 建筑幕墙：GB/T 21086—2007［S］. 北京：中国标准出版社，2008.

［2］ 中华人民共和国住房和城乡建设部，国家质量监督检验检疫总局. 屋面工程技术规范：GB 50345—2012［S］. 北京：中国建筑工业出版社，2012.

［3］ 中华人民共和国住房和城乡建设部. 铝合金结构设计规范(附条文说明)：GB 50429—2007［S］. 北京：中国计划出版社，2008.

［4］ 中华人民共和国住房和城乡建设部. 采光顶与金属屋面技术规程：JGJ 255—2012［S］. 北京：中国建筑工业出版社，2012.

［5］ 中华人民共和国住房和城乡建设部. 坡屋面工程技术规范：GB 50693—2011［S］. 北京：中国计划出版社，2012.

［6］ 杨涛，张洋，张立坤. 几种常见金属屋面系统应用的对比与浅析［A］.《建筑门窗幕墙创新与发展(2018 年卷)》［M］. 北京：中国建材工业出版社，2018.

保利时区虎门 TOD 城市展厅幕墙设计

毛伙南　汤　健　蔡彩红

中山盛兴股份有限公司　广东中山　528412

摘　要　本文介绍了保利时区虎门 TOD 城市展厅幕墙深化设计，对折线玻璃幕墙、三角形穿孔铝板幕墙、镂空玻璃铝板幕墙、落地玻璃幕墙以及采光顶几个系统的构造进行了概述，并介绍了 BIM 在设计和施工中的应用。

关键词　折线幕墙；三角形面板；镂空幕墙；BIM 应用

Abstract　This article introduces the detailed design of the curtain wall of Humen TOD City Exhibition Hall in Poly time zone, with some overviews of polyline glass curtain wall, triangular aluminum perforated panel curtain wall, hollow glass and aluminum panel curtain wall, full-height glass curtain wall and skylight, and the application of BIM technology in the design and construction.

Keywords　polyline curtain wall; triangular panel supporting; hollow curtain wall; BIM application

1　引言

TOD 保利时区位于东莞市滨海湾新区虎门站 TOD 旁，是集高铁、城际、地铁三合一的湾区综合枢纽新城，将各种不同的生活场景串联为一体，无缝衔接，开启代表东莞未来连接世界的全新生活方式。城市展厅是保利时区的点睛之笔，以"光核"为概念，通过灵动线条构筑出极具视觉冲击力的建筑轮廓，以拓扑图形的动态变化体现新时代 TOD 的速度与无限可能。

2　项目概况

项目由 Aedas 设计，我司承担建筑幕墙深化设计与施工，造型以陀飞轮为设计理念，又被誉为莫比乌斯环。建筑表皮采用渐变彩釉折线玻璃与三角造型穿孔铝板两种不同质感的材质，相互缠绕，从首层吊顶一直扭转盘旋至屋顶，严格意义上来说是幕墙和屋面的组合。幕墙主要分为五个系统：首层无肋落地玻璃，折线玻璃幕墙，三角形穿孔铝板幕墙，镂空玻璃铝板幕墙和中庭采光顶。项目鸟瞰图如图 1、图 2 所示，项目透视图如图 3、图 4 所示。

图 1　项目鸟瞰图（白昼）

图 2　项目鸟瞰图（夜晚）

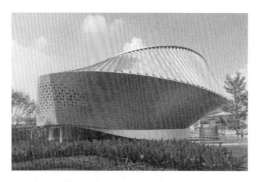

图 3　项目透视图（白昼）

图 4　项目透视图（夜晚）

3　系统设计

3.1　首层落地玻璃

为了达到最大的通透视觉效果，首层采用了无肋支承的落地玻璃幕墙。玻璃面板水平分格 1850mm，最大高度 4500mm，采用了 15TP＋2.28SGP＋15TP 夹胶超白玻璃。面板玻璃上下边嵌入钢槽，受力模型为上下简支固定的单向板结构。节点见图 5、图 6 所示。

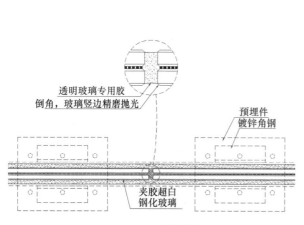

图 5　落地玻璃横剖节点

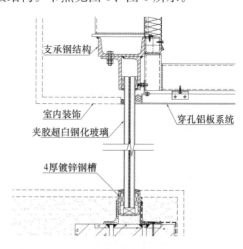

图 6　落地玻璃竖剖节点

3.2 折线玻璃幕墙

折线玻璃幕墙为褶皱形螺旋曲面，相邻玻璃面板形成锯齿状。局部外观见图 7、图 8。

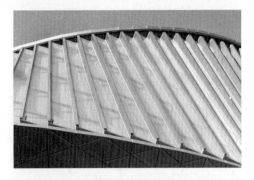

图 7 折线玻璃幕墙局部外观（一）

图 8 折线玻璃幕墙局部外观（二）

折线玻璃幕墙系统采用钢方管作立柱，面板室内侧为通长的铝合金底座，固定在钢方管立柱上，室外侧为通长的铝合金装饰扣盖。由于面板与立柱之间的夹角是变化的，为适应多角度的变化，玻璃支承托件与铝合金底座连接处设置了咬合旋转机构，可以使面板绕旋转轴转动，避免产生安装应力。在面板较低一侧，铝合金底座室内侧设置了冷凝水收集槽和渗漏水集水槽，即使发生少量渗漏，也可沿集水槽从上往下流到端部并排放到室外。灯光藏于外明框装饰扣盖内，并采用可拆卸的扣盖以便于灯光的检修。由于折线面是扭转的曲面，装饰扣盖侧面宽度是变化值，铝型材截面按最宽值开模，并按模型各个位置不同宽度铣切加工。玻璃面板采用 8HS＋1.52PVB＋8HS 彩釉夹胶超白玻璃，也是异形的平板，且每个分格的玻璃，上下部位彩釉的排布密度是渐变加密的，以遮挡立柱上下两端内部连接结构。横梁也采用了钢方管，玻璃面板采用结构胶粘接附框，通过压块固定在钢管横梁上。为加强幕墙热工性能，并为灯光提供反射面，在玻璃面板内侧，设置了双层铝板，内置保温棉。节点见图9、图 10 所示。

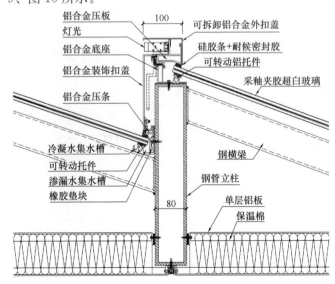

图 9 折线玻璃平剖节点

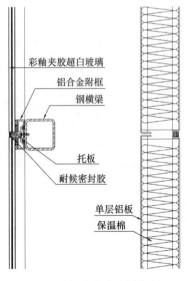

图 10 折线玻璃竖剖节点

3.3 穿孔铝板幕墙

穿孔铝板幕墙也是螺旋曲面，为使曲面平滑过渡，采用了三角形单层铝板。为配合灯光效果，面板采用了穿孔形式，并且不同区域，开孔面积大小不一样，以达到奇幻的灯光效果。穿孔铝板幕墙局部外观见图11、图12。

图11 穿孔铝板幕墙局部外观（一）   图12 穿孔铝板幕墙局部外观（二）

铝板幕墙采用空缝形式，防水层和保温层设置在内侧。底层支承主龙骨采用镀锌钢管，固定在主体钢结构上，在钢管两侧面设置镀锌角钢，压型钢板铺设在角钢上。岩棉保温板采用螺钉固定在压型钢板上，上面铺设TPO防水层。穿孔铝板幕墙的难点是面板和龙骨需要拟合平滑过渡的扭转曲面，面板采用三角形可以实现，但若采用常规的矩形龙骨，将无法适应扭转曲面，增加了与面板的连接难度。为此，采用铝圆管作为三角形铝板的支承龙骨，并在圆管上设置可旋转的抱夹承托件，为不同角度的面板提供连接点。铝板分缝的划分，除了母线方向，还有两条与母线斜交的分缝，形成三角形面板。母线方向基本是直线，斜向则为空间弧线，故在圆管设置上，把母线方向作为下层圆管，把斜向方向设置为上层圆管，这样圆管可以连续，减少了连接接头。经过计算，三角形面板采用两边固定即可，可简化圆管层次设置。节点见图13、图14所示。

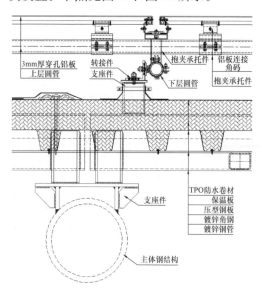
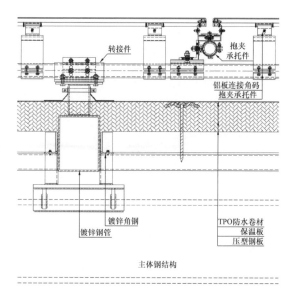

图13 穿孔铝板横剖节点   图14 穿孔铝板纵剖节点

　　圆管支承支座穿透防水层，下层圆管采用转接件固定在支座上，构造见图15所示。

　　下层圆管沿母线方向，上层圆管为一个斜线方向。下层与上层圆管为上下斜交，采用抱夹连接，可方便地进行各个方向的调节，构造见图16所示。

　　铝板三边均设置铝附框，附框与承托件之间设置可调节的连接角码组件，可以转动以及左右上下调节，以适应加工、安装以及结构误差。压块一侧设置有咬合齿，与角码的咬合齿配合，既可定位也可使面板在温差作用下适当位移，构造见图17所示。

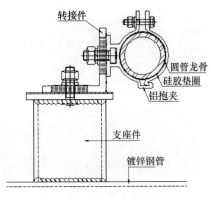

图15　下层圆管连接

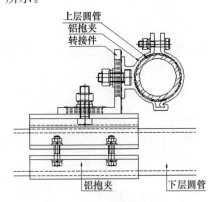

图16　上下层圆管连接

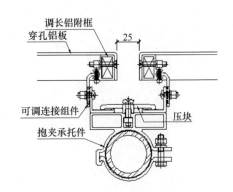

图17　铝板与圆管连接

　　三角形穿孔铝板幕墙现场安装照片见图18、图19。

图18　穿孔铝板龙骨安装

图19　穿孔铝板安装

3.4　镂空玻璃铝板幕墙

　　二楼洽谈区内侧是密封的明框玻璃幕墙，外侧是镂空铝板幕墙，玻璃和铝板面板均为三角形。对应内层一件大三角形玻璃，外层设置四件小三角形镂空铝板。室内视图见图20，室外视图见图21。

图 20　镂空幕墙室内视图

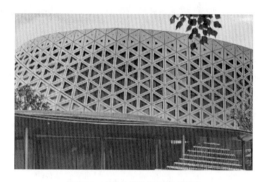

图 21　镂空幕墙室外视图

镂空幕墙分为内外两层，节点见图 22 所示，安装照片见图 23。

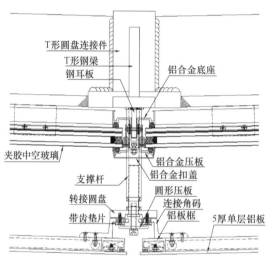

图 22　镂空幕墙节点图

图 23　镂空幕墙安装照片

内层玻璃幕墙采用 T 形钢梁作支承框架，T 形钢梁之间采用 T 形圆盘焊接连接，以简化 T 形钢梁两端的加工。因玻璃面为内倾面，玻璃采用 8TP＋12A＋8TP＋1.52PVB＋8TP 夹胶中空超白玻璃。玻璃与 T 形钢梁之间设置铝合金底座，底座与 T 形钢梁通过钢耳板连接，设置带齿垫片，底座与钢梁之间可前后调节。玻璃三边与底座之间注胶密封，底座设置集水槽，当有少量渗漏水时，可沿集水槽往下排放到室外。采用明框压板固定玻璃，外侧扣盖考虑斜面的排水，两侧设计成斜面，外侧扣盖与玻璃之间也注胶防水。内层玻璃幕墙节点见图 24 所示，室内视图见图 25。

外层镂空铝板幕墙采用 5mm 厚单层铝板。三角形铝板采用三角点支承，故在一个交点，有六件铝板交汇在一起。在对应铝板交点位置，从 T 形钢梁上伸出支撑杆，支撑杆前端设置转接圆盘，通过螺柱配合可前后调节并通过锁紧环紧固。铝板三边设置附框，角点处的角码与附框螺栓连接。安装时，先用自攻螺钉将铝板临时固定在转接圆盘上，调整好铝板位置后，再安装圆形压板，将面板固定在转接圆盘上。外层镂空铝板幕墙节点见图 26，内侧视图见图 27。

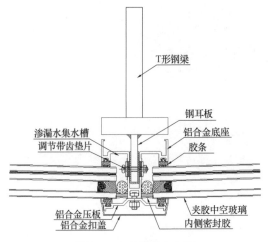

图 24　玻璃幕墙节点图

图 25　玻璃幕墙室内视图

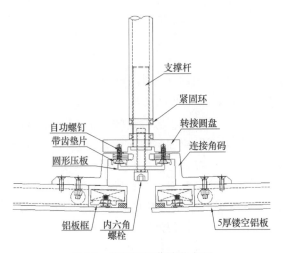

图 26　镂空铝板幕墙节点图

图 27　镂空铝板幕墙内侧视图

3.5　中庭采光顶

中庭采光顶为圆形穹顶，采用钢方管作为支承框架。玻璃采用 8TP＋12A＋8TP＋1.52PVB＋8TP 彩釉夹胶中空玻璃，并按三角形划分。沿玻璃分缝设置铝龙骨，通过连接件固定在钢结构框架上，采用带齿垫片以便调节铝龙骨高度。采光顶为球面，玻璃之间存在多种夹角，为使面板更好地适应铝龙骨角度变化，玻璃附框采用了可转动的组件，互相嵌套咬合，可绕转轴适应不同的角度。玻璃与附框采用结构胶粘接，采用压块固定在铝龙骨上。铝龙骨设置有侧翼，既可遮挡附框，也形成集水槽，相邻铝龙骨之间设置过桥连接密封，可将渗漏水往下排放到室外。采光顶仰视图见图28，节点见图29所示。

图 28　采光顶仰视图

113

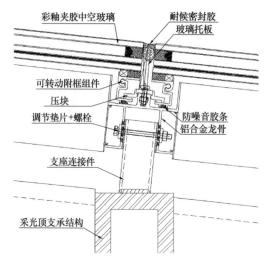

图 29　采光顶节点图

4　BIM 建模

　　造型和空间构造复杂是本项目的难点，在设计和施工中采用了 BIM 技术，在 Rhino ＋ Grasshopper 平台对各个幕墙类型进行整体建模。BIM 技术主要的应用有：①建立三维模型后，可将项目整体效果直观地展示，特别是折线玻璃和穿孔铝板缠绕扭转盘旋而上的空间变化，以及各个系统的材质以及交接部位细节，使参与人更好地理解空间关系；②与主体钢结构、内装、空调通风、排水、灯光等其他专业协调碰撞检查，提前发现冲突，避免施工过程整改；③幕墙整体排水系统设计，排水路径分析，折线玻璃幕墙、穿孔铝板幕墙以及采光顶的排水天沟转接关系表达；④对整个项目的材料下单提供了全方位的技术支持，本项目有4000 多件三角形穿孔铝板以及玻璃面板，大小均不一样，通过模型可直接输出连接件、龙骨、面板的规格尺寸，大大提高了工作效率；⑤为现场测量放线提供了各个系统控制点的三维坐标，结合全站仪，将支座、龙骨、面板的控制点准确打点，确保在安装过程与三维模型吻合。三维模型见图30、图31 所示。

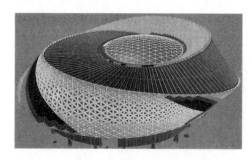

图 30　三维模型（东面）

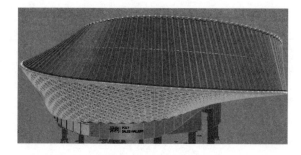

图 31　三维模型（西面）

5　结语

　　创意风暴、纸上蓝图，赋予质感、造型才能幻变为现实。幕墙是虎门 TOD 建筑的标志、质感与气度的体现。面对这项造型奇异、维度多变、施工复杂的幕墙工程，建筑师通过圆弧迭代的形式，以弧线拟合空间曲线。立面采用彩釉折线玻璃幕墙与三角造型铝板幕墙，两种质感对比强烈的材料圆弧相接，实现莫比乌斯环的概念效果，突出建筑立面在不同维度上的动态变化。白天，她极富动态变化的建筑轮廓体现往来无碍、站城归一的 TOD 风采。夜来灯火辉煌虚实演化，映照渐变彩釉玻璃幕墙，尽显建筑的轻盈通透，同时三角穿孔铝板的星光效果，也为建筑增添了灵动活力，盘旋的线条铺展到地面，与建筑周边的水池一同，倒映出典雅富有意境的建筑形象，形成极佳的城市展示。幕墙设计团队在深入理解建筑理念基础上，采用 BIM 技术，综合考虑幕墙空间关系以及功能需求，研发出各个系统的节点构造，解决了折线玻璃异形扭曲、三角形面板支承等构造难题，完美地实现了建筑师意图，在异形幕墙设计方面具有一定参考意义。

作者简介

毛伙南（Mao Huonan），男，1975 年 9 月生，毕业于西安建筑科技大学，教授级高级工程师，中山盛兴股份有限公司总工程师。

汤健（Tang Jian），男，1988 年 6 月生，工程师。

蔡彩红（Cai Caihong），女，1985 年 1 月生，工程师，中山盛兴股份有限公司 BIM 研究所所长。

玻璃幕墙翻窗脱落原因分析及加强措施

杨廷海　王绍宏　罗文丰

北京佑荣索福恩建筑咨询有限公司　北京　100079

摘　要　玻璃幕墙翻窗脱落现象时有发生，一直引起行业内甚至社会的广泛关注。本文结合多个实际案例从幕墙设计、加工组装、现场安装到后期使用维护的全过程进行剖析，并阐述了具体的解决方案，供业内人士共同探讨。

关键词　幕墙翻窗；防脱落措施；翻窗五金

Abstract　The phenomenon of glass curtain wall window falling off occurs from time to time，which has attracted extensive attention in the industry and even the society. Combined with several practical cases，this article analyzes the whole process from curtain wall design，processing and assembly，on-site installation to later use and maintenance，expounds the specific solutions for people in the industry to discuss.

Keywords　awning window in curtain wall；anti falling measures；window hardware

1　引言

玻璃幕墙以其透光性好、现代感强等诸多优点占据了整个幕墙使用量的半壁江山。为了满足建筑功能需要和提高使用舒适度，玻璃幕墙上往往设计了很多手动上悬外开窗（以下简称翻窗），由于诸多因素影响，经常发生翻窗脱落事件，给人们的生产生活带来威胁，甚至非本专业群众对幕墙产生了一定的误解，因此玻璃幕墙工程中的"翻窗防脱落措施"就变得尤为重要。下面我们将结合两个具体案例来具体讨论。

2　案例分析

两个项目案例位于同一城市的不同区域，竣工时间也跨越 6 年。

项目 A 为一高层建筑，在 113.1m 标高以上土建分成两个对称塔楼至 155.52m，两塔之间在空中形成 15m 宽风道，幕墙形式为单元玻璃幕墙，翻窗为挂接式（非铰链式），翻窗分格尺寸为 1.5m×2m。在 2013 年竣工后，风道面翻窗多次出现坠落现象，一开始认为使用者违反大风天气开窗的规定，但加强物业管理后仍多次有窗坠落。经过现场勘查，坠落的窗多为窗扇的上横框（带挂钩的铝型材）仍保留于窗固定框上未随窗体一并坠落，破坏点为窗上部组角角码处（图 1），翻窗锁座多个缺失、晃动，进而排查项目所有翻窗发现锁座缺失现象严重，锁座打一个钉固定的情况也很普遍，转动执手发现锁点和锁座对位不完全的很多。行业专家最后给出鉴定结论：主要由于现场未按图施工导致锁座大量缺失、晃动或与锁头不对位，翻窗在关闭状态下无法保证 6 点锁全部工作，大风通过两塔楼之间的狭长风道时幕墙表面形成较大局部负风压（图 2），锁点缺失过多的翻窗被瞬间掀开，在惯性力作用下风撑破坏，翻窗随风往复多次拍打，翻窗组角部位分离翻窗坠落。根据结论，施工方对每樘窗的锁头锁座进行了逐一排查整改，确保每个锁点都能正常工作，另把伸缩风撑统一更换为大一型号风撑，至今未再发生翻窗脱落事件。

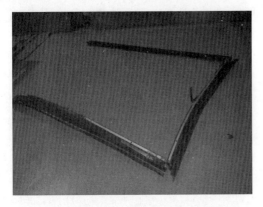

图 1　翻窗从上部组角处脱开坠落

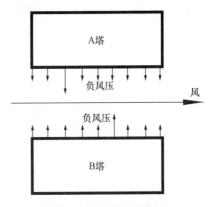

图 2　局部风压示意图

项目 B 为一科技园项目，1~12 号楼均为单体高层建筑，框架式隐框玻璃幕墙，翻窗为挂接式（非铰链式），翻窗分格尺寸为 1.5×2m。在 2018 年施工过程中就不断发现有些翻窗挂钩和边框挂轴的咬合情况不理想，翻窗挂钩防脱限位装置无法顺利安装，安装就位后翻窗与周边玻璃的间隙不均匀，风撑安装后不能同步等现象。施工方分析整改时，恰逢监理单位对完工部位例行检查，开启某一翻窗后推窗困难，再用力一推，翻窗上挂钩与挂轴脱开翻窗坠落（图 3）。各方非常重视，经现场调研讨论判断：翻窗挂钩和挂轴处本应严密配合（图4），且挂钩和挂轴区域本不应喷涂，型材喷涂时此处应采用高温膜进行遮挡保护，但由于生产的疏忽导致挂轴和挂钩处均进行了粉末喷涂，粉末喷涂在这些阴阳角等部位会发生"积粉"现象，导致有些挂轴的喷涂膜厚达到 $500 \sim 1000 \mu m$ 且喷涂不均，这就导致了挂钩与挂轴无法严密配合、咬合不紧、翻窗高低不平，从而影响了限位装置的安装、风撑的安装等，进而影响了使用安全。施工方根据研讨结论立即整改，把所有翻窗挂钩挂轴均采取了手工去除涂层措施，重新安装限位块和风撑，再未发生开启不顺和翻窗脱落现象。

图 3　翻窗整樘坠落

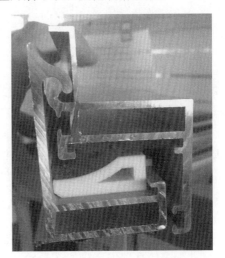

图 4　翻窗挂钩与挂轴的配合

3 翻窗防脱落注意事项及加强措施

通过以上案例我们能较直观地得知翻窗脱落的部分原因，但无法囊括所有因素，下面从笔者的从业经历中总结一下翻窗防脱落的注意事项及加强措施。

3.1 设计方面

3.1.1 根据荷载规范可知负风压广泛存在，尤其是两个塔楼之间的狭长风道面及其转角区域，局部负风压往往会陡然增加，设计计算人员除了严格遵守荷载规范进行风荷载取值计算外，翻窗验算时应留有一定的安全储备。

3.1.2 翻窗在关闭状态下承受负风压时，扇框框料的挠度许用值直接影响翻窗的水密气密，国家标准中未给出此特殊工作状态下的变形限值，考虑翻窗胶条的压缩量，这里建议两锁点之间的扇框料挠度控制在 1mm 以内。

3.1.3 根据《玻璃幕墙工程技术规范》（JGJ 102—2003）12.1.4 条"6 级以上风力时，应全部关闭开启窗"的规定得出，翻窗在开启状态下至少要能承受 6 级大风，即基本风压 ω_0＝0.12kN/m² 时，开启状态下的翻窗各构件要安全可靠，此状态的风荷载体型系数建议取 ±2。

3.1.4 翻窗框料大小本应通过计算确定，一般大窗用大框料小窗用小框料，但经常出现某一企业一套窗型材用到底的现象，不管哪个地区的工程多大的窗都用这一套框料，也经常发现某一型材厂提供的成套翻窗模具只有一套供选择，没有像普通平开窗那样形成系列，这都给工程带来隐患。所以建议常用的幕墙翻窗应至少有大小 2 套模具供使用，特殊情况应开新模。

3.1.5 五金件厂家应提供所有翻窗五金件的适用范围和检测报告。翻窗五金是否安全要看厂家的技术要求、耐疲劳检测报告和极限状态检测报告，通过理论计算断定翻窗五金是否安全和科学准确。

3.1.6 挂轴式翻窗"挂轴及其生根横框"应有足够的抗弯抗扭刚度，此处往往是设计容易忽略的地方。翻窗重量均施加于此，要满足翻窗启闭顺畅的使用要求不能掉扇；在负风压作用下窗不能脱钩。以上内容建议通过性能实验来判定。

3.1.7 挂轴式翻窗限位装置的刚度应满足使用要求。限位装置应足够强，一是满足翻窗关闭状态时负风压作用下翻窗挂钩不能拔出，二是满足开启状态正负风压往复作用下翻窗挂钩不能跳起脱钩。

3.1.8 铰链式翻窗建议设置中间锁块（图5），此种翻窗锁点锁座不能到达上部，如翻窗宽度较宽，上横框锁闭缺失。当翻窗宽度大于 700mm 时建议设置中间锁块，当翻窗宽度大于 1200mm 时建议设置 2 个。

3.1.9 固定翻窗五金的自攻钉建议加长。由于翻窗型材的壁厚均为 2mm 左右，固定翻窗五金用的自攻钉攻入单壁厚型材中经常发生型材局部破坏自攻钉拔出，此时建议加长自攻钉长度穿透 3 个型材壁厚（图6），如没有条件穿透 3 个壁厚的建议采用铆螺母或采用螺钉加型材内腔预置钢背板的方式。

3.1.10 不宜采用大尺寸翻窗。根据以往翻窗脱落案例分析，几乎所有脱落翻窗都是大尺寸翻窗，大尺寸翻窗给幕墙安全带来了风险。根据中装协〔2016〕89 号文《关于淘汰建筑幕墙落后产品和技术的指导意见》第八条："开启扇尺寸不宜超过 1.5 平方米，开启扇尺寸严禁超过2.0平方米"的规定，不建议设计大尺寸翻窗，如有功能要求可通过增加翻窗数量解决。

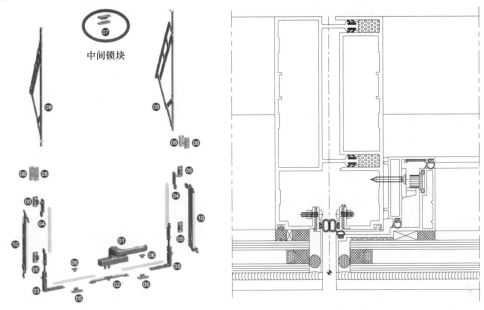

图5　中间锁块（防风锁钩）　　　　　　　图6　锁座螺钉加长

3.1.11　隐框窗的中空玻璃合片结构胶至少要有一组对边与翻窗扇料粘玻璃的结构胶前后重合，防止内片玻璃自爆外皮整块玻璃坠落伤人。

3.2　加工组装方面

3.2.1　翻窗上角点应选用更强的角码连接件及连接方式。根据以往案例分析，翻窗脱落破坏点经常发生于此，建议此处选用更宽更厚的角码连接件，如已到极限无法加大，可采用抱角角片等予以加强。角码连接件选用"双凹槽"型材，组角机在角点每边冲切四次，达到加强效果，必要时打沉头自攻钉固定扇框与角码。

3.2.2　如条件允许，建议翻窗五金安装在加工厂、组装厂完成。在加工厂组装厂完成，五金安装孔可以由设计给出车间按图加工，五金定位准确；工人操作的方便性和工具的先进性也比现场优越很多；工厂还有过程质量控制和出厂质检，最终产品质量要更可靠。

3.2.3　坚持首樘放样制度。每批窗在批量加工组装之前，均先加工组装一樘，在工厂内进行开闭模拟，未发现问题再大批量生产。

3.3　现场安装方面

3.3.1　现场安装应严格控制锁座的安装质量，一是确保锁座与关闭的锁头居中对位，避免锁座缺失、对位不到位的情况，二是要确保固定锁座的自攻钉数量满足设计和使用要求。

3.3.2　铰链、风撑五金的安装一定要保证对称，确保启闭时同步，避免受力不均。

3.3.3　翻窗安装后要做好逐樘检查的质检工作，发现问题及时整改。

3.4　其他方面

3.4.1　翻窗要在性能实验环节中得以体现和验证。如工程有窗，则性能试验板块一定要带上，在实验室进行启闭试验检测和正负抗风压实验检测，如有必要可以进行翻窗开启状态时的动风压检测。

3.4.2 竣工验收时施工单位应提交幕墙维保手册，手册中应包含翻窗使用维保注意事项。

3.4.3 使用方应注意大风天气下关闭并锁紧翻窗。

3.4.4 物业应定期检查翻窗，发现问题及时维修。

4 结语

随着幕墙行业的不断发展进步，幕墙翻窗尺寸也有越变越大的趋势，翻窗脱落伤人伤车事件时有发生，这就要求我们业内人士提高认识，把幕墙翻窗的安全性放在重中之重的位置，这样才能行稳致远，把幕墙行业发展推向新的高度。

参考文献

[1] 中华人民共和国住房和城乡建设部. 建筑结构荷载规范：GB 50009—2012[S]. 北京：中国建筑工业出版社，2012.

[2] 中华人民共和国住房和城乡建设部. 玻璃幕墙工程技术规范：JGJ 102—2003[S]. 北京：中国建筑工业出版社，2003.

作者简介

杨廷海（Yang Tinghai），男，1974 年 8 月生，工程师，国家注册一级建造师。研究方向：幕墙门窗屋面板等建筑围护结构；工作单位：北京佑荣索福恩建筑咨询有限公司；地址：北京市丰台区南三环东路嘉业大厦二期 2 号楼 813 室；邮编：100079；联系电话：010-59478439；E-mail：yangth_yrsfen@163.com。

王绍宏（Wang Shaohong），男，1968 年 7 月生，高级工程师。研究方向：幕墙门窗屋面板等建筑围护结构；工作单位：北京佑荣索福恩建筑咨询有限公司；地址：北京市丰台区南三环东路嘉业大厦二期 2 号楼 813 室；邮编：100079；联系电话：010-59478439；E-mail：wangsh_yrsfen@163.com。

罗文丰（Luo Wenfeng），男，1978 年 11 月生，工程师。研究方向：幕墙门窗屋面板等建筑围护结构；工作单位：北京佑荣索福恩建筑咨询有限公司；地址：北京市丰台区南三环东路嘉业大厦二期 2 号楼 813 室；邮编：100079；联系电话：010-59478439；E-mail：luowf_yrsfen@163.com。

单层索网幕墙边界条件优化的探讨

周　斌　朱裕良

武汉凌云建筑装饰工程有限公司　湖北武汉　430040

摘　要　边界条件指在运动边界上方程组的解应该满足的条件。单层平面索网结构与双层索网结构或一般刚性结构相比，预应力要大很多，对结构边界刚度十分敏感，所以边界条件的变化对单层平面索网结构的力学性能影响较大。本文从边界条件对索网幕墙的影响入手，探讨优化方案。

关键词　单层平面索网；张拉结构；几何非线性；边界条件

Abstract　The boundary condition is the condition that the solution of the system of equations should satisfy on the moving boundary. The prestress of single-layer planar cable network structure is much larger than that of double-layer cable network structure or general rigid structure，and it is very sensitive to the structural boundary stiffness. Therefore，the change of boundary conditions has a great influence on the mechanical properties of single-layer planar cable network structure. In this paper，the effect of boundary conditions on cable curtain wall is discussed to optimize the scheme.

Keywords　single layer flat cable network；tension structure；geometric nonlinearity；boundary conditions

1　实际工程索网幕墙边界条件概述

本文研究的单层平面索网幕墙工程位于合肥市滨湖新区，结构总高度为238.30m，由中南建筑设计院设计，建筑的北面从6层到54层采用7片单层平面索网幕墙，计算模型选取标高最高的48至54层单层索网幕墙，幕墙大样图如图1所示，结构平面图如图2所示，工程参数见表1。

表1　工程参数

工程所在地	地面粗糙度	基本风压 w_0	计算标高	抗震设防烈度
合肥	B	$0.35kN/m^2$	225.8	7度（0.10g）

索网幕墙边界条件即与主体连接部位的结构构造为钢结构钢架，构造形式如图3和图4所示。

拉索与主体钢梁连接剖面图如图5和图6所示。

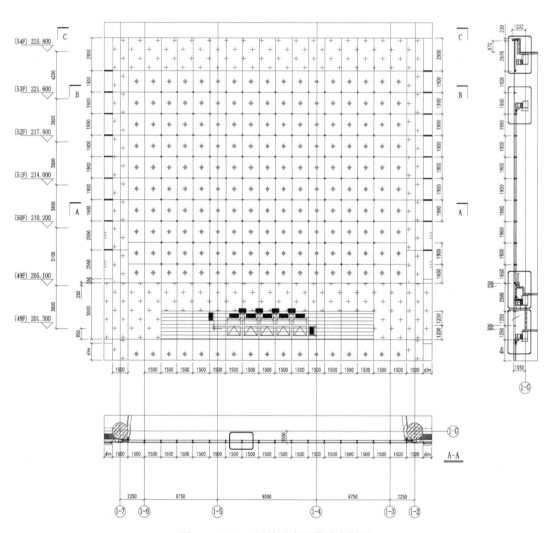

图 1　48 至 54 层单层索网幕墙大样图

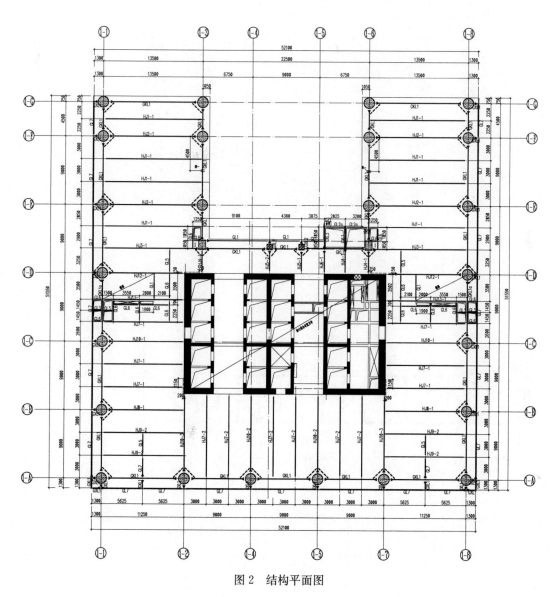

图 2　结构平面图

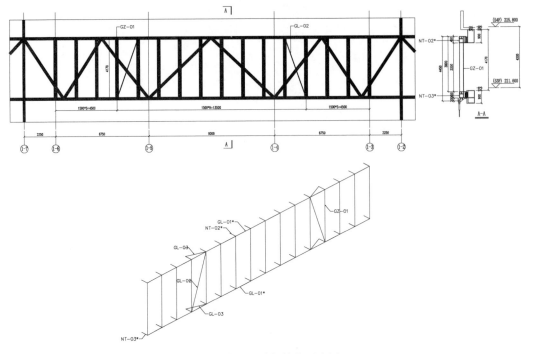

图 3　索网上端钢结构示意图

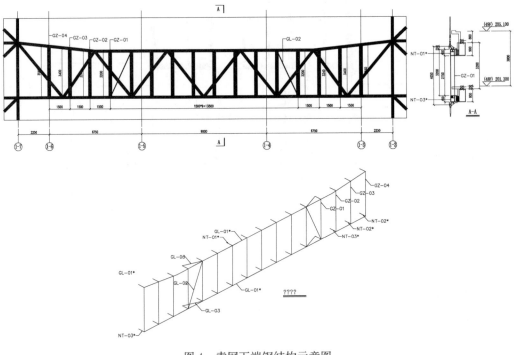

图 4　索网下端钢结构示意图

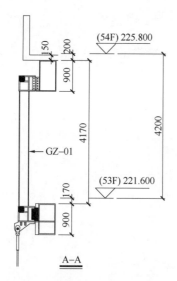

图 5　索网上端与主体梁连接
　　　剖面放大图

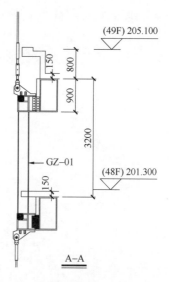

图 6　索网下端与主体梁连接
　　　剖面放大图

2　考虑主体结构边界条件索网模型建立

2.1　型材截面形状及特性

（1）根据拉索厂家提供索规格及参数见表 2 所示。不锈钢膨胀系数为 1.67（1/℃）。

表 2　材料参数

钢索直径（mm） cable Diameter（mm）	参考结构 Reference Configuration	钢丝直径（mm） Steel Wlre Diameter（mm）	金属断面积（mm²） Sectional Area （mm²）	钢索最小破断拉力（kN） Miniimum Breaking Strength（kN）	弹性模量（10⁵N/mm²） Modules Elasticity （10⁵N/mm²）
8		1.60	38.20	45.38	
10	1×19	2.00	59.69	70.91	
12		2.40	85.95	102.11	
14		2.80	116.99	138.99	
16		2.29	152.39	181.04	
18	1×37	2.57	192.15	225.68	
20		2.86	237.22	278.62	
22		2.44	286.27	336.23	
24	1×61	2.67	340.69	400.14	
26		2.89	399.84	469.61	1.30 ± 0.10
28		3.11	463.71	544.63	
30		2.73	531.60	624.37	
32		2.91	604.85	710.39	
34	1×91	3.09	682.82	801.97	
36		3.27	765.51	869.12	
38		3.45	852.93	968.37	
40		3.64	945.07	1072.99	

竖向拉索采用 φ38 不锈钢拉索，预应力 278kN，横向采用 φ18 不锈钢拉索，预应力 55kN。

（2）钢桁架梁上、下弦杆截面尺寸为 900×500×20×20mm 方钢管，材质 Q235，截面特性如图 7 所示。

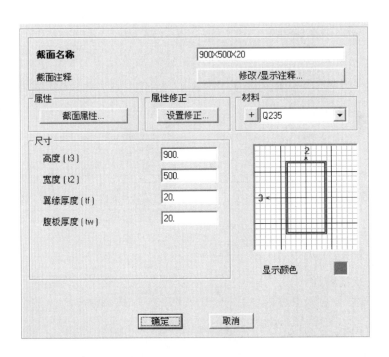

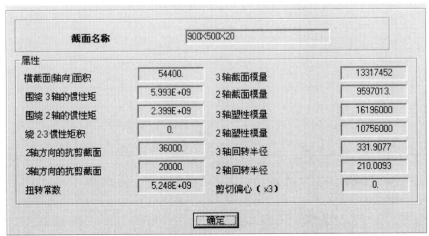

图 7　900×500×20×20mm 钢管截面尺寸特性

（3）钢桁架梁腹杆截面尺寸为 H500×350×20×20mmH 型钢，材质 Q235，截面特性如图 8 所示。

（4）拉索与主体梁偏心 630mm，通过 H300×150×15×15mmH 型钢，材质 Q235，截面特性如图 9 所示。

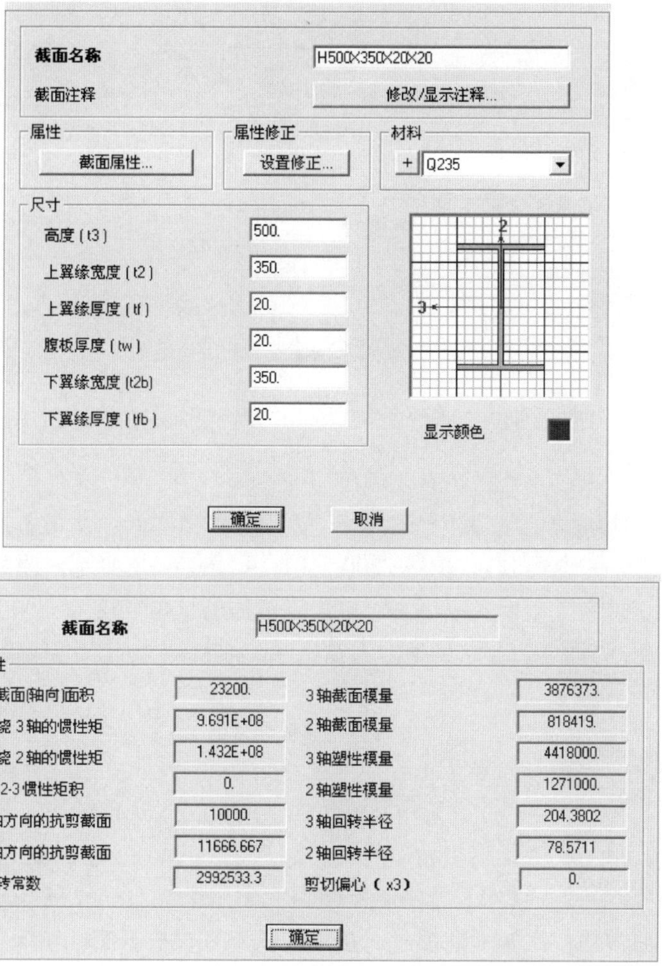

图8　H500×350×20×20mmH型钢截面尺寸特性

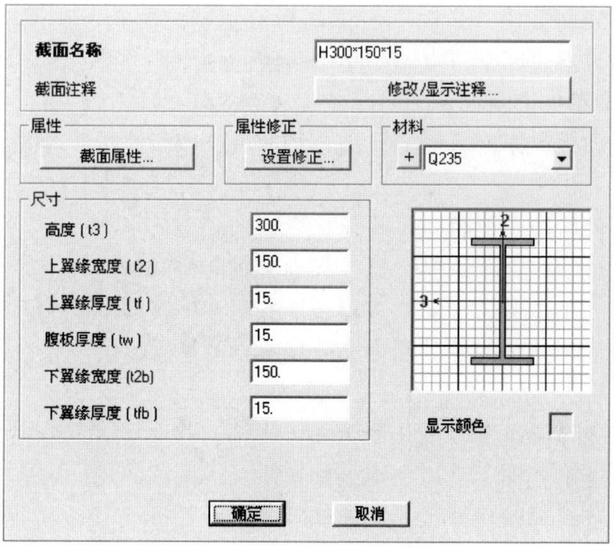

图9　H300×150×15×15mmH型钢截面尺寸特性（一）

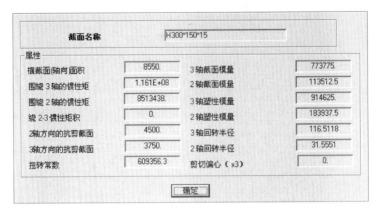

图 9 H300×150×15×15mmH 型钢截面尺寸特性（二）

2.2 单元模拟

在 SAP2000 模拟过程中，采用 FRAME 单元来模拟拉索，索与普通的 frame 单元存在一些属性上的差距，完全可以通过 SAP2000 软件的属性修改功能来调整设定实现。由于索的特性比较柔软，相当于不承受弯矩，可以设置截面的抗弯刚度为 0 来实现；拉索单元是只承拉不承压的，在 SAP2000 里设定压力失效模式；而拉索预应力的模拟，采用降温的方法，杆件的弹性模量 E 和应变比 ε 有如下关系：

$$N=\varepsilon \cdot E \cdot A$$

其中 $\varepsilon=\Delta L/L$，温度和应变比也有如下关系：

$$\Delta L=\alpha \cdot L \cdot \Delta T \text{ 即 } \Delta L/L=\alpha \cdot \Delta T$$

联立上两式，得

$$N=\alpha \cdot E \cdot A \cdot \Delta T$$

至于索的其他参数，比如弹性模量、截面面积和直径根据实际情况来设定。

本文对单层平面索网幕墙分析时不考虑面板对索网的影响，在模拟中面板采用虚面模拟，只通过四个节点传递集中荷载。

本文对单层平面索网幕墙分析时不考虑面板对索网的影响，在模拟中面板采用虚面模拟，面板没有刚度，只通过四个节点传递集中荷载。

2.3 计算假设及模型简化说明

（1）不考虑玻璃面板对索网幕墙的作用，不考虑玻璃间连接胶的黏结作用，面板仅作荷载传递作用。

（2）拉索处于弹性阶段，材料满足胡克定律。

（3）拉索为纯柔性结构，不承受弯矩，只承受轴向力，通过预应力产生刚度。

（4）竖索为主受力索，考虑竖向索边界条件的对索网幕墙刚度的影响，将竖索连接主体梁建模共同作用，横索连接结构柱，受力小变形小，忽略横索边界条件的影响，横索两端按理想边界考虑。

（5）由于上下层主体梁承受自重及活荷载作用相同，上下层主体梁相对变小，本文忽略其对索网幕墙结构的影响，即不考虑主体结构自重及活荷载作用。

（6）索与主体梁连接为铰接节点，主体柱不建模，在梁与柱连接处设为刚性节点支座，有楼板的部位在垂直于幕墙面方向施加位移约束。

2.4 荷载计算

（1）风荷载（W）

$$W_k = 2.12 \text{kN/m}^2 \quad (225.8\text{m})$$

（2）幕墙自重荷载（DEAD）

$$G = 1.10 \text{kN}$$

（3）温度荷载（TU、TD）

考虑升温+30℃和降温−30℃，组合值系数取 0.6。

（4）荷载工况组合

刚度校核工况组合 SLS（由于升温状态下索拉力减小而变形更大，更为不利，故挠度校核考虑升温作用）有以下 4 种：

SLS 01：$1.0G + 1.0W$

SLS 02：$1.0G + 1.0 \times 1.0W + 1.0 \times 0.6TU$

SLS 03：$1.0G + 1.0 \times 0.6W + 1.0 \times 1.0TU$

SLS 04：$1.0G + 1.0 \times 1.0TU$

强度校核工况组合 ULS（由于降温状态下索内力增大，更为不利，故强度校核考虑升温作用）有以下 4 种：

ULS 01：$1.2G + 1.0 \times 1.4W + 0.6 \times 1.4TD$

ULS 02：$1.2G + 1.0 \times 1.4TD$

ULS 03：$1.35G + 0.6 \times 1.4W$

ULS 04：$1.35G$

抗松弛校核工况组合 RLS（由于升温状态下索拉力减小而更容易松弛，故校核时考虑升温作用）有以下 2 种：

RLS 01：$1.2G + 1.0 \times 1.4TU$

RLS 02：$1.35G$

2.5 有限元模型建立

（1）竖向不锈钢索采用 ϕ38 不锈钢拉索，截面积 852.93mm²，拉索施加预拉力为 278kN，等效降温 150.31℃。

（2）横向不锈钢索采用 ϕ18 不锈钢拉索，截面积 192.15mm²，施加预拉力为 55kN，等效降温 133.44℃。

索网结构采用 SAP2000 有限元结构分析设计软件计算，建立 SAP2000 有限元分析模型，如图 10 所示。

在 SAP2000 中采用降温法加载预张力，定义 TENSION 荷载工况加载预拉力，如图 11 所示。

3 边界条件对索网刚度的影响

考虑理想化刚性边界条件和实际柔性边界两种边界情况，在施加相同预应力及

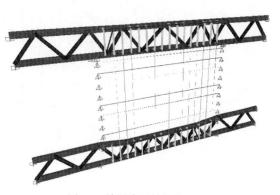

图 10 单层索网结构模型图

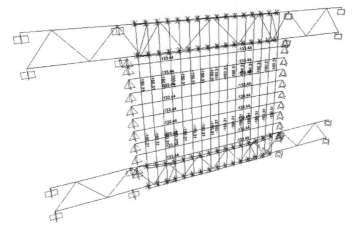

图 11　单层平面索网结构预应力 T 加载图

相同荷载工况下对比两种边界条件的索网幕墙模型的刚度。

3.1　模型输入

（1）理想刚性边界条件索网模型图如图 12 所示，加载图如图 13～图 17 所示。

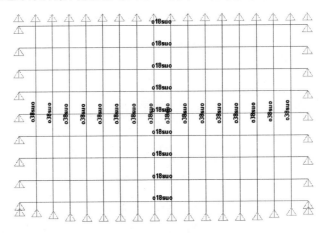

图 12　单层索网结构模型图

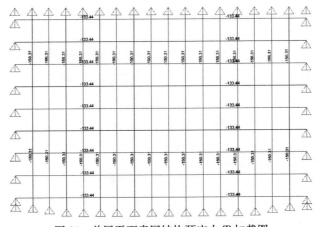

图 13　单层平面索网结构预应力 T 加载图

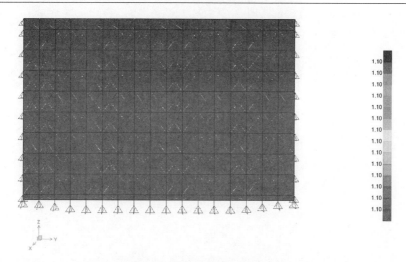

图 14 单层平面索网结构自重 DEAD 加载图

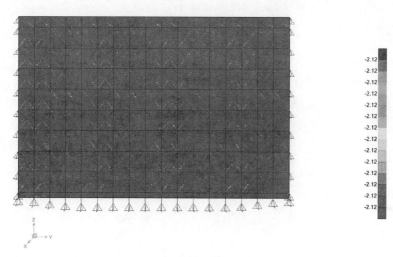

图 15 单层平面索网结构风荷载 WIND 加载图

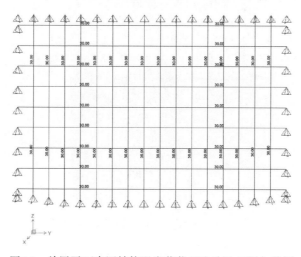

图 16 单层平面索网结构温度荷载 TU 升温 30℃ 加载图

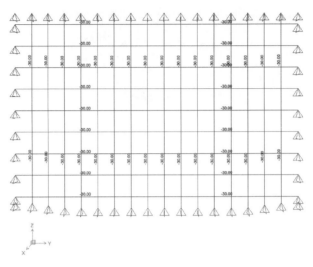

图 17　单层平面索网结构温度荷载 TD 降温 30℃加载图

（2）实际柔性边界条件索网模型图如图 18 和图 19 所示，加载图如图 20 和图 21 所示。

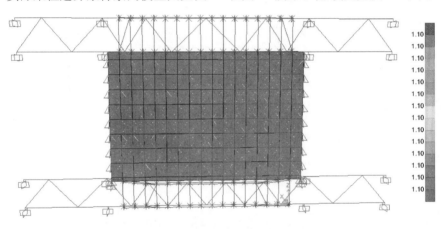

图 18　柔性边界索网幕墙自重 DEAD 加载图

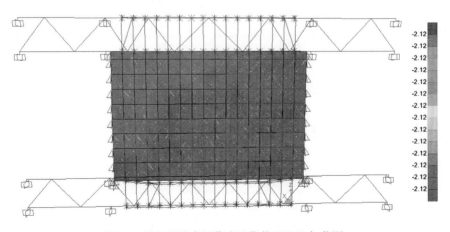

图 19　柔性边界索网幕墙风荷载 WIND 加载图

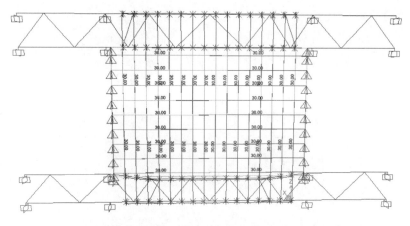

图 20　柔性边界索网幕墙温度荷载 TU 升温 30℃加载图

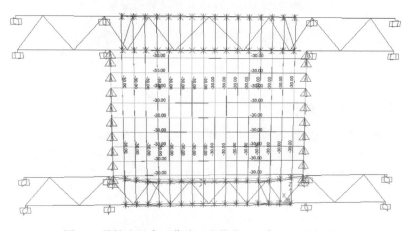

图 21　柔性边界索网幕墙温度荷载 TD 降温 30℃加载图

3.2　不同边界的模型输出

（1）理想刚性边界条件索网模型在最不利工况 SLS 02：$1.0G + 1.0 \times 1.0W + 1.0 \times 0.6TU$ 下的水平方向变形图如图 22 所示，支座竖向变形为 0。

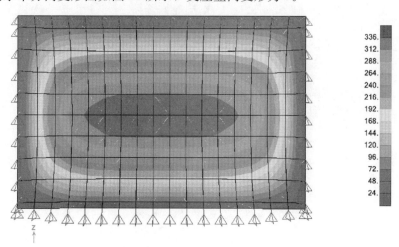

图 22　理想刚性索网幕墙水平方向变形图

（2）实际柔性边界条件索网模型在最不利工况 SLS 02：$1.0G+1.0\times1.0W+1.0\times$ $0.6TU$ 下水平方向的变形图如图 23 所示。

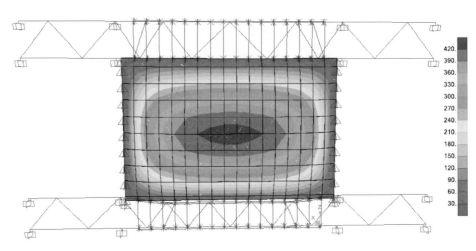

图 23　实际柔性边界索网幕墙水平方向变形图

支座竖向变形图如图 24 所示。

（3）索网幕墙分析计算竖向索对比节点如图 25 所示。

在两种不同边界条件相同校核工况 SLS 02：$1.0G+1.0\times1.0W+1.0\times$ $0.6TU$ 作用下，索网结构的竖向拉索节点水平方向变形值如表 3 所示。

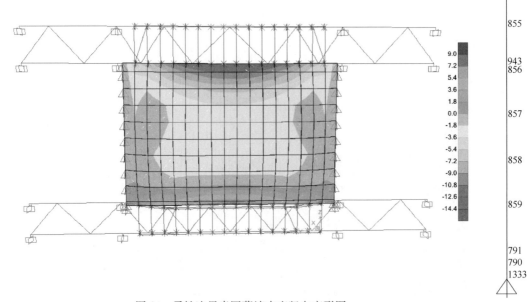

图 24　柔性边界索网幕墙支座竖向变形图

图 25　单根竖向
拉索节点

表3　两种不同边界条件竖索支座水平方向变形值

节点 ＼ 工况	理想刚性边界条件	实际柔性边界条件	相比误差
859	−186.61	−245.37	23.95%
858	−267.72	−351.14	23.76%
857	−315.79	−413.34	23.60%
856	−331.15	−432.96	23.51%
855	−314.10	−410.23	23.43%
854	−264.94	−346.01	23.43%
853	−183.93	−240.30	23.46%
791	−72.29	−95.30	24.15%
790	−36.78	−48.51	24.19%
748	−71.45	−93.40	23.50%
1666	0.00	0.01	0
1333	0.00	0.01	0

索网结构的竖向拉索支座节点竖直方向变形值见表4所示。

表4　两种不同边界条件竖索支座竖向方向变形值

节点 ＼ 工况	理想刚性边界条件	实际柔性边界条件
1666	0.00	−15.25
1333	0.00	10.68

根据表3和表4数据可以看出，边界条件的不同，索网刚度的影响比较大。实际柔性边界条件下的索网变形整体比理想刚性边界条件下的索网变形要大23%左右，理想边界条件下索网最大变形为331.15mm，而实际柔性边界条件下索网的变形为432.96mm；支座的位移在理想边界条件下为0，在柔性边界条件下竖向变形为15.25mm和10.68mm，正是由于这个支座的竖向变形，使得竖索轴力减小，从而索网的刚度减小。

4　加强索网边界条件优化设计

由于边界条件对索网刚度影响较大，现通过加强与索网连接的主体结构的刚度来提高索网的刚度，优化索网设计。

4.1　边界条件加强说明

在原主体结构的基础上逐步加强桁架梁的上、下弦杆来提高桁架梁的刚度。钢桁架梁上、下弦杆的尺寸分为：

方案1：原方案900mm×500mm×20mm钢方管

方案2：初步加强为900mm×500mm×35mm钢方管

方案3：再度加强为1000mm×500mm×45mm钢方管

其他结构构件尺寸不变，计算结构与理想边界条件做对比。

4.2 索网幕墙边界优化对比

在相同荷载工况组合下，分析索网幕墙的刚度性能，对有限元计算模型，保持除主体钢桁架梁以外的其他参数不变，得到索网幕墙的最大变形，与索网连接主体的支座变形以及拉索的最大轴力，如表 5 所示。并在图 26 中给出了索网支座位移变化对单层索网幕墙结构的最大变形的关系曲线。

表 5　索网幕墙优化方案计算结果

	支座竖向最大变形 （mm）	索网水平最大变形 （mm）	竖索最大轴力 （KN）
方案 1	15.25	432.96	366.88
方案 2	11.46	406.94	392.24
方案 3	9.72	392.21	408.01
理想边界方案	0	331.15	485.87

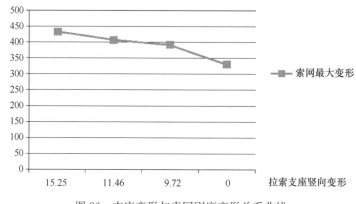

图 26　支座变形与索网刚度变形关系曲线

由表 5 和图 26 可知，主体结构构件截面尺寸加大，刚度变大，支座位移随之减小，与其连接的索网幕墙变形随之减小，拉索轴力增大。支座刚度越大，索网幕墙的刚度也越大，位移为 0 的理想边界条件下索网的刚度最大。故通过加大索网连接的主体结构的刚度来增加索网的刚度是可行的。由图 26 可知，支座的竖向位移与拉索的水平变形基本成线性关系，也验证了拉索轴向应变影响索网整体刚度。

5　结语

本文内容主要运用 SAP2000 软件建立了单层平面索网幕墙结构以及与其连接的主体结构的有限元模型，研究单层平面索网幕墙结构在边界条件变化下的力学性能变化，分析了索网幕墙在理想刚性支座、实际柔性支座上的力学性能，由通过改变边界条件来优化索网幕墙刚度。通过对有限元分析结果的对比分析得出以下结论：

（1）索网幕墙中，不同的边界条件对索网的力学性能影响较大，用理想支座来模拟实际工程中索网幕墙的支座，分析结果误差较大，应该考虑实际工程中索网连接的支座条件，必要时将主体结构加入索网结构一起分析计算。

（2）作为索网边界条件的主体结构，构件截面尺寸越大，刚度越大，支座位移随之减小，与其连接的索网幕墙变形随之减小，拉索轴力增大，即索网幕墙刚度增大。支座刚度越大，索网幕墙的刚度也越大，位移为0的理想边界条件下索网的刚度最大。故可以通过加大索网连接的主体结构的刚度来提高单层索网幕墙的力学性能。

（3）支座的竖向位移与拉索的水平变形基本成线性关系，也验证了拉索轴向应变影响索网整体刚度。

参考文献

［1］ 张芹. 拉索式点连接全玻璃幕墙［J］. 新型建筑材料，2000，12：5-7.

［2］ 冯若强，花定兴，武岳，等. 单层平面索网幕墙结构玻璃与索网协同工作的动力性能研究［J］. 土木工程学报，2007，40(10)：27-33.

［3］ 王元清，孙芬，石永久，等. 点支式玻璃幕墙单层索网体系承载性能试验研究［J］. 东南大学学报，2005，35(5)：769-774.

［4］ 尹凌峰，翁振江，唐敢，等. 大尺度弱边界单层平面索网玻璃幕墙关键技术研究［J］. 土木工程学报，2012，45(11)：51-60.

［5］ 北京金土木软件技术有限公司. SAP2000中文版使用指南［M］. 北京：人民交通出版社，2006.

［6］ 张连飞，区彤，谭坚. 拉索幕墙在建筑工程中的应用［J］. 建筑结构，2013，43(5)：371-376

［7］ 冯若强. 单层平面索网玻璃幕墙结构静动力性能研究［D］. 哈尔滨：哈尔滨工业大学，2006.

［8］ 张瑜. 单层平面索网幕墙力学特性分析［D］. 沈阳：沈阳工业大学，2014.

作者简介

周斌（Zhou Bin），男，1986年10月生，高级工程师。工作单位：武汉凌云建筑装饰工程有限公司；地址：武汉市东西湖区金山大道146号；邮编：430040；联系电话：13469963341；E-mail：51300478@qq.com。

朱裕良（Zhu Yuliang），男，1973年4月生，高级工程师。工作单位：武汉凌云建筑装饰工程有限公司；地址：武汉市东西湖区金山大道146号；邮编：430040；联系电话：18971149927；E-mail：344196385@qq.com。

双层索系索结构玻璃幕墙的特殊形式应用
——深圳市少年宫弧形索结构玻璃幕墙

王德勤

北京德宏幕墙工程技术科研中心　北京　100062

摘　要　本文主要介绍了在我国首次采用的五跨竖向连续受力拉索结构体系的预应力施加、控制和检测，以及曲面幕墙的空间定位、安装精度控制等。回顾深圳市少年宫弧形索结构玻璃幕墙在 20 年前设计与施工时总结的经验，介绍了一种经过多年实际使用安全可靠的玻璃幕墙支承体系的索桁架形式——"鱼尾式索桁架"的工作状态及设计与安装。

关键词　预应力索桁架；鱼尾式索桁架；预应力超张拉；配重检测

1　引言

在 2020 年 10 月份，笔者有机会去了一趟正在开放营运中的深圳市少年宫。我被那里丰富多彩的活动和小朋友们井然有序的秩序所打动。笔者这个年龄的人对儿童有着一种特殊的亲切感，笔者对这栋玻璃建筑更有着深刻的印象。

深圳少年宫位于深圳市福田中心区，建筑面积 5.29 万 m²，工程由少年山、科学山和水晶石大厅组成。水晶石大厅在整个建筑中部，有外形为直径 50m，高 30m 的弧形玻璃幕墙。其主要支承结构是由 φ18mm 不锈钢铰线经预张拉形成的双层索系索桁架。这个项目建成于 2001 年 11 月并投入使用。（图 1）

图 1　深圳市少年宫弧形索结构玻璃幕墙效果图

随着空间索结构设计与施工技术的发展，许多新思想、新技术、新材料和新工艺被开发出来，并成功应用到建筑外围护的设计和建造上，从而使建筑幕墙、玻璃采光顶以及由建筑玻璃为载体的各种大型，有着强烈艺术感染力的造型体，在近年来获得飞速的发展。这些技术给建筑设计师们提供了有着很高现代技术含量的艺术表现手段，在建筑艺术的塑造上得到了广泛的应用。

作为不断发展中的前沿建筑技术，索结构是一种较活跃的结构类型。工程师们充分发挥钢材抗拉性能好的特性，利用对钢索的各种布设形式来适应透明的玻璃幕墙的造型。对于这项技术笔者在 20 年前就开始了相关技术的探索。

点支承玻璃连接技术，因安全可靠的连接构造早已广泛应用于各类建筑之中。已从刚架、桁架、网架、玻璃肋等刚性支承体系，发展到基于预应力张拉技术的柔性支承体系。柔性结构体系与点支式玻璃结合使用，将二者轻盈、通透的共性发挥到极致，使建筑内外空间自然和谐地融为一体。（图 2）

图 2　深圳市少年宫弧形索结构玻璃幕墙

笔者站在水晶石大厅的中央，仰视着由不锈钢索组成的银色结构，它们支撑着弧形玻璃幕墙和采光顶。不时地想起在 20 年前笔者在设计和组织施工这个建筑时的场景，深为感动。

该建筑建成于 2001 年的 11 月，到今天已经已经有 20 年了，但是无论是从建筑设计、结构造型，还是从幕墙的节点形式、工作状态都表现得非常良好，一直都是深圳青少年重要的活动基地。

笔者在现场对当年亲自重点测试监控的那几根不锈钢索进行了简单的测试，感到工作状态很好，安全度很高。当年在设计和施工过程中的很多担心是有必要的，迫使我们做了很多细致的工作。今天看来，这些工作都是切实可行的。笔者还清楚地记得，为了保证这种索结构形式在每一支承段内力均衡，研究了很多方法，最后确定了预应力超张拉的施工方案和配重检测法，这为后来索结构玻璃幕墙在国内的广泛应用打下了基础。

在这个项目中，笔者在国内最先探索使用了鱼尾式双层索系作为玻璃幕墙的支承结构，并总结了一整套设计与施工技术。笔者看着这块玻璃幕墙在经历了 20 年的风雨考验后，仍有着良好的工作状态，真的很感骄傲和自豪。在回看笔者当年的设计和施工总结时，笔者觉得有必要将这个项目的一些关键技术再一次介绍出来，给今天的幕墙设计师们一点启发。

2　预应力索结构的设计

在 20 年前对于这样的项目是没有任何资料可以借鉴的。当时建筑师给的是外立面效果图和钢结构布置图。幕墙的支承体系由我们自行设计。笔者利用了钢结构的环形梁，布置了双层索系索桁架，以此作为弧形玻璃幕墙的支承结构。

在设计初期布置的是鱼腹式索桁架，但是感觉到失高有些大，这样会造成腹杆会很长，影响视觉效果。经过优化后，将索桁架的前后受力索在中部并拢，形成了一种全新的双层索系支承形式。我们经过对这种索系的 1∶1 实体静力试验和测试确定了方案是可行的。由于体型轻盈、造型美观，得到了建筑师的高度赞扬。

由于这样新颖的双层索桁架样式的两端索形像鱼的尾部，所以我们称之为"鱼尾式索桁架"（图 3），正好和"鱼腹式索桁架"相对应。深圳市少年宫这个项目是在国内采用"鱼尾式索桁架"支承的点支式玻璃幕墙的第一个项目。这个项目的建成也标志着索结构支承玻璃幕墙逐步走向成熟。全玻璃采光顶与立面玻璃幕墙如图 4 所示。

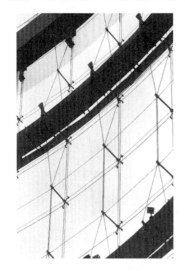 

图 3　水晶石大厅鱼尾式索结构玻璃幕墙　　　　图 4　全玻璃采光顶与立面玻璃幕墙

2.1　预应力索桁架结构形状与布设

水晶石大厅的圆柱形玻璃幕墙是由多片曲面玻璃组成的，这就要求每个支撑点有极高的尺寸精度，每片玻璃的形状和尺寸误差要控制在很小的范围内，施工中尺度精度能否达到设计要求是整个施工成败的关键。

预应力悬索桁架属柔性结构，其支撑刚度是通过预应力的施工而形成的，在索桁架形状确定后，其支撑刚度的大小和每榀索桁架的刚度是否一致都取决于施加预应力值和预应力是否均衡。索桁架的空间定位和均衡施加预应力是保证玻璃安装精度和受力平衡的关键工序，是本工程的施工难点。

由于本工程为少年宫，是青少年的活动园地，在索桁架结构形状确定时考虑到结构的形体语言与建筑主题相适应，选用了具有蓬勃向上内涵的 Y 形多跨竖向连续受力拉索结构体系，这种结构形式在我国是首次被使用在幕墙结构上（图 5 和图 6）。

后受力索 A-A′、前受力索 B-B′、承重索 B-B′都是整根连续索，通过悬空腹杆和固定撑杆上的连接夹块固定钢索形成索桁架结构形状。其中，A′和 B′为固定端，A 和 B 为调整端。

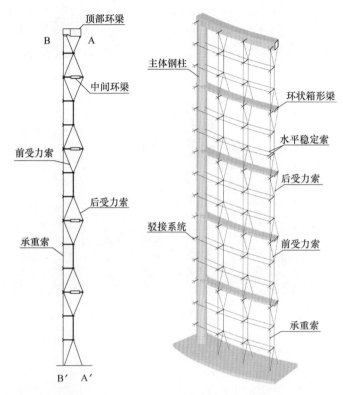

图 5 弧形索结构五跨连续索系布置图

图 6 弧形玻璃幕墙索结构

2.2 预应力钢索的选用

钢索直径的选定除考虑到能承受 50 年一遇的最大荷载和边缘结构对其影响；同时考虑到视觉感受及心理因素。在本工程的主受力索（前受力索和后受力索）和承重索都选用 1×37，直径为 $\phi 18mm$ 的不锈钢钢绞线。其最小破断力为 191kN，弹性模量 $E = 1.45 \times 105N/mm^2$，悬空杆和撑杆及驳接系统均选用 1Cr18Ni9 奥氏体不锈钢件。玻璃采用深圳三鑫公司生产的 2442mm×1988mm 的拱高为 30mm 的 10FT＋2.28PVB＋10FT 透明圆弧形曲面弯钢化夹胶玻璃，其透光率为 76％。（在这里说明一下：在当时中空玻璃还没有大面积推广。为了实现建筑师的高通透、内外呼应的要求，我们选用了夹胶弯钢化玻璃作为水晶石大厅玻璃幕墙的主要材料。）

2.3 索桁架预应力值的确定

索桁架预应力值的设定和预应力平衡的施工方案决定着本工程的成败。水晶石大厅的索桁架支撑体系由 90 条 $\phi 18mm$ 的竖向前后受力索、63 条 $\phi 18mm$ 的垂直承重索和 756 条 $\phi 10mm$ 的水平稳定索组成。最大高度为 27900mm。竖向前后受力索的预应力值设定考虑的因素有：受最大荷载作用时反向索内力大于零的应力、温度变化应力、保持索桁架刚度的应力（剩余张力）、保持索桁架刚度（50 年）松弛应力。经 SAP8450 和 ANSYS5.4 电算软件作平面和空间整体计算确定：在合拢温度在 20～25℃时，前后受力索预拉力 $P_1 = 29kN$，垂直承重索的预拉力值 $P_2 = 33kN$。（在这里说明一下：在 20 年前能利用有限元软件进行受力分析和安全度的分析，已经很先进了，是最前沿的技术。）（图 7 和图 8）

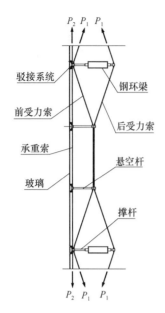

图7　索桁架预应力分布简图　　　　　图8　索桁架支承玻璃幕墙实体照片

3　主要施工安装技术

测量放线空间定位→尺寸精度控制单元的确定→连接耳板固定撑杆安装→前后受力索安装调整→承重索安装调整→索内力检测调整定位→水平索安装定位→驳接系统安装→玻璃安装→调整打胶收口→交验。

这一整套安装顺序今天看来都是索结构玻璃幕墙安装的常规做法。而在当时确实经过了各种情况的分析和步骤推演才确定下来的，真正为后来在索结构玻璃幕墙施工安装工艺的编写提供了依据。

3.1　空间尺寸定位

由于本工程是曲面点驳接幕墙玻璃，靠边缘的四个孔通过驳接系统与索桁架连接，这就对预应力索桁架的安装尺寸精度有着极高的要求，按可调整度确定索桁架上的每个支撑定位点误差必须控制在±1.5mm以内，因此我们采用了三维空间坐标定位的方法，对每一个支撑点进行尺寸精度控制，同时设定尺寸控制单元和观测点，防止误差积累，对整体圆弧面进行几何尺寸控制（图9）。每一个尺寸控制单元水平和竖向误差控制在±3mm以内，对角线误差控制在±5mm以内。索桁架支承玻璃幕墙及玻璃采光顶照片如图10所示。

3.2　施加预应力

在每榀索桁架内，前受力索和后受力索的预应力值误差要控制在1.5kN以内。各榀索桁架中钢索预应力值误差控制在2.5kN以内。

3.2.1　在国内首次创新采用了超张拉技术达到内力平衡

在索杆布置的初期，我们将每一个受力跨作为一段索进行分布。这样就出现了在环形梁的上下都有固定节点，影响视觉效果。同时，在施加预应力时也会由于上下相邻的两跨之间内力不同，对于环形梁会产生一定的附加应力，影响其稳定性。经过细致的模拟分析和试验，最终确定了采取一根通长的钢索，从下到上整体受力。在环形梁的节点处，采用可滑移

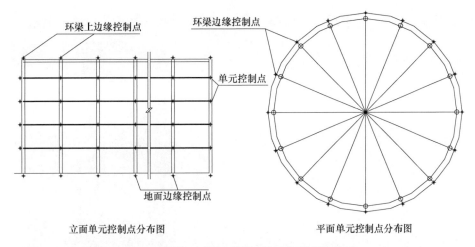

环梁上边缘控制点　　　环梁边缘控制点

单元控制点

地面边缘控制点

立面单元控制点分布图　　　　　平面单元控制点分布图

图 9　索桁架支承玻璃幕墙单元控制点分布图

图 10　索桁架支承玻璃幕墙及玻璃采光顶

的节点设计，使其每跨索结构的内应力保持一致。

　　竖向受力索桁架是采用整条索通过固定支点形成的多榀桁架。在预拉力施加时只能在一端进行，当预拉力通过固定支点时，因摩擦阻力等因素造成的内力损失，经试验证明每通过一个固定支点其内力损失为 10％左右，会出现内力不平衡的现象，为消除此现象，我们采用了超张拉的方法。

　　在施加预应力时，根据单根索所通过的固定支点的数量按损失的内力值来确定超张拉力。经 12 小时持荷后，将超张拉值松弛到设定的预拉力值后达到内力平衡。

3.2.2　预应力张拉步骤

　　首先安装垂直承重索并将预应力值一次施加到位，然后安装受力索。前后受力索必须同时在一端张拉，分四步进行：①在索布设结束后先进行第一级张拉，按总预拉力值的 20％控制拉力。②经调整达到内力基本平衡，空间定位基本到位后进行第二级张拉，按总预拉力值的 80％控制拉力。当拉力到位后粗调悬空杆的位置并保持拉力 48 小时再进行定位尺寸调整。③当内力稳定后测量每榀桁架的内力损失情况，确定超张拉值进行超张拉，并持荷 12 小时。④当超张拉内力稳定后将内力放松至 100％的预拉力控制值，经测量调整后使每一榀索桁架的内力均达到预张拉值后,将节点固定锁紧并与垂直承重索连接锁紧(图 11 和图 12)。

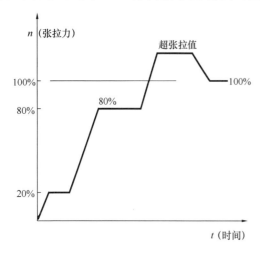

图 11　预应力超张拉梯度坐标图　　　　　图 12　预应力超张拉形成的索桁架现场照片

3.3　索桁架检测

经预张拉后的索桁架要按尺寸控制单元进行全面的尺寸精度检测确保安装节点的精度。索内预拉力值的检测使用索内力测定仪进行 100% 检测,并记录在案,同时进行跟踪测量。为确保在玻璃安装后的桁架变形量达到设计要求,必须采用配重检测的玻璃安装前进行。配重的重量按玻璃自重的 1.2~1.3 倍。观察支承结构系统的工作性能和抗变形能力。(这里提到的配重检测,也是后来为索结构玻璃幕墙安装工艺的确定提供的第一手资料。)

3.4　曲面玻璃的质量控制与安装

曲面玻璃的弯曲尺寸必须按模板进行弯钢化成型检查,与标准弧线吻合度±2.5mm,弦长尺寸公差为±2mm。水平孔位和竖向孔位的尺寸公差为±0.5mm。

弯钢化玻璃必须进行 100% 的均质处理(引爆处理)以降低钢化玻璃的自爆率,保证玻璃幕墙的使用安全性能。

玻璃安装的原则是先上后下,先中部后边缘,采取边安装边调整的办法,待全部玻璃安装后进行整体调整,达到设计要求后进行打胶收口处理。

深圳市少年宫弧形索结构玻璃幕墙外景如图 13 所示。

图 13　深圳市少年宫弧形索结构玻璃幕墙外景照片

4 结语

近年来，由于建筑技术的发展和建筑形式的多样化、个性化，各种新技术、新工艺、新材料在建筑外围护结构上得到广泛的应用。特别是作为不断发展中的前沿建筑结构技术——索结构，是一种较活跃的结构类型。对于建筑师和幕墙工程师来说，索结构支承体系的外围护结构已经成为常见的形式。对于幕墙行业来说，对此类幕墙的设计与施工技术也已日趋成熟。但是，新的支承结构体系还将不断出现，仍需要我们去总结新的技术。

值得一提的是，由于当年对该项目的设计到施工各方面的探索和总结，形成了一整套技术资料。这为笔者在后来编写国家标准时，提供了第一手技术资料和数据。

本文中所介绍的内容和设计方案都是笔者在当年方案设计和工程实践中的一点经验总结，如果能给建筑外围护体系设计的同人们提供一些有益的启发，也就深感欣慰了。

参考文献

[1] 中华人民共和国住房和城乡建设部. 索结构技术规程：JGJ 257—2012[S]. 北京：中国建筑工业出版社，2012.

作者简介

王德勤（Wang Deqin），男，1958 年 4 月生，教授级高工。研究方向：建筑幕墙。北京德宏幕墙技术科研中心主任；研究生导师；中国钢协空间结构分会索结构专家；中国建筑装饰协会专家；中国建筑金属结构协会专家；十八项国家专利发明人。

节能80％标准门窗应用若干问题的探讨

杨加喜　计国庆

北京西飞世纪门窗幕墙工程有限责任公司　北京　102600

摘　要　本文依据北京市地方标准：《居住建筑节能设计标准》（DB 11/891—2020）、《民用建筑节能门窗工程技术规范》（DB11/T 1028—2021）、《铝合金门窗》（GB/T 8478—2020）探讨节能80％标准门窗系统，从材料的选择及理论数据计算等进行多方面阐述节能80％标准门窗的设计。

关键词　节能门窗；隔声门窗；低能耗建筑外窗；节能

1　引言

目前，我国已经颁布实施了国家标准《近零能耗建筑技术标准》（GB/T 51350—2019）、北京地方标准《超低能耗居住建筑设计标准》（DB11/T 1665—2019）。准则中指出，在设计上应考虑适应当地气候特征和自然条件，通过被动式建筑设计和技术手段最大幅度降低建筑供暖、空调、照明的能源消耗，再通过主动技术提高能源设备的效率，优化能源管理系统的控制策略。

随着我国2030碳达峰、2060年碳中和战略的提出，建筑能耗成为当下最为热门的话题之一。在国家提出建筑"增能减耗"的号召下，各省市建筑主管部门及财务部门纷纷出台相关政策，为超低能耗建筑、近零能耗建筑的发展制定了目标，并配套了资金支持。国内发达地区已经率先提出了明确的措施，如京津冀地区要求新建建筑外窗及幕墙透光部位的保温系数 K 值低于 $1.1W/(m^2 \cdot K)$［《民用建筑节能门窗工程技术标准》（DB11/T 1028—2021）］，率先达到了五步节能，节能水平达到80％标准，这样在我国的北方城市再一次起到了引领的作用，铝合金节能门窗的研发任务是我们这一代门窗人始终坚持不懈努力的方向。

根据各节能阶段的对比发现，外墙保温性能要求提高幅度分别为28％、33％、33％、22％，根据朝向和窗墙比的不同，外窗保温性能的提高幅度分别为53％、42％、46％、45％，外墙和外窗之间保温性能的提高的幅度相差2倍左右。（图1）

2　目前建筑节能规范的解读

《严寒和寒冷地区居住建筑节能设计标准》（JGJ 26—2018）中严寒 B 区（1B 区）外维护结构热工性能参考限值见表1。

表1　严寒 B 区（1B 区）外维护结构热工性能参考限值

围护结构部位	传热系数 K［$W/(m^2 \cdot K)$］	
	≤3 层	≥4 层
屋面	0.20	0.20
外墙	0.25	0.35

续表

围护结构部位		传热系数 K [W/(m²·K)]	
		≤3层	≥4层
架空或外挑楼板		0.25	0.35
外窗	窗墙面积比≤0.30	1.4	1.8
	0.30<窗墙面积比≤0.45	1.4	1.6
屋面天窗		1.4	
围护结构部位		保温材料层热阻 R（m²·K/W）	
周边地面		1.80	1.80
地下室外墙（与土壤接触的外墙）		2.00	2.00

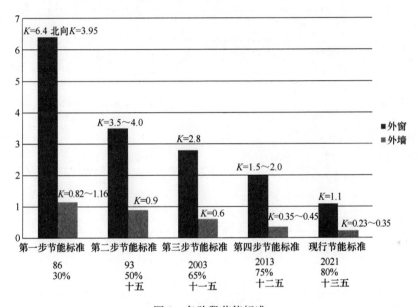

图1 各阶段节能标准

《近零能耗建筑技术标准》（GB/T 51350—2019）中居住建筑外窗（包括透光幕墙）传热系数（K）和太阳得热系数（$SHGC$）值见表2。

表2 居住建筑外窗（包括透光幕墙）传热系数（K）和太阳得热系数（$SHGC$）值

性能参数		严寒地区	寒冷地区	夏热冬冷地区	夏热冬暖地区	温和地区
传热系数 K [W/(m²·K)]		≤1.0	≤1.2	≤2.0	≤2.5	≤2.0
太阳得热系数 $SHGC$	冬季	≥0.45	≥0.45	≥0.40	—	≥0.40
	夏季	≤0.30	≤0.30	≤0.30	≤0.15	≤0.30

注：太阳得热系数为包括遮阳（不含内遮阳）的综合太阳得热系数。

北京地方标准《超低能耗居住建筑设计标准》（DB11/T 1665—2019）中透光围护结构

平均传热系数见表 3。

表 3　透光围护结构平均传热系数

性能参数		现行值	目标值
传热系数 K（W/m^2·K）		$0.80<K\leqslant1.0$	$\leqslant0.80$
太阳得热系数 $SHGC$	冬季	$\geqslant0.45$	$\geqslant0.45$
	夏季	$\leqslant0.30$	$\leqslant0.30$

注：太阳得热系数为包括遮阳（不含内遮阳）的综合太阳得热系数。

北京地方标准《居住建筑节能设计标准》（DB 11/891—2020）要求建筑各部分围护结构的传热系数 K 不应大于表 4 规定的限值。

表 4　围护结构传热系数 K 限值

围护结构	传热系数 K［W/(m^2·K)］	
	$1.00<$ 外表系数 $F\leqslant1.50$	外表系数 $F\leqslant1.00$
屋面（主断面）	0.15	0.21
外墙（主断面）	0.23	0.35
外窗、阳台门（窗）、幕墙透光部位和屋面天窗	1.10	1.10
架空或外挑楼板	0.25	0.37
与供暖层相邻的非供暖空间楼板	0.45	0.45
供暖与非供暖空间隔墙，分户楼板	1.50	1.50
户门和单元外门	2.00	2.00
供暖房间与室外直接接触的外门	1.30	1.50
变形缝墙（两侧墙内保温）	0.60	0.60

最新规范围护结构传热系数对比见表 5。

表 5　最新规范围护结构传热系数对比表

标准 部位	围护结构传热系数［W/(m^2·K)］			
	严寒和寒冷地区居住建筑节能设计标准 JGJ 126—2018 寒冷 B 区节能参数	近零能耗建筑技术标准 GB/T 51305—2019	超低能耗居住建筑设计标准 DB11/T 1665—2019	北京地方标准居住建筑节能设计标准 DB11/891—2020
外墙	0.25～0.35	0.15～0.2	0.15～0.2	0.23～0.35
外窗	1.4～1.8	1.0～1.2	0.8～1.0	1.1
屋面	0.2	0.1～0.2	0.1～0.2	0.15～0.21

3　隔热断桥铝合金门窗节能设计思路与要点

3.1　降低热量传递：热传递的方式主要有三种：传导、对流、辐射。

（1）传导：通过型材、玻璃、间隔条传递（大约占到热流失量的 50%）。

（2）对流：型材和玻璃空腔中的空气循环对流（大约占到热流失量的 35%）。

（3）辐射：室内外的热量通过玻璃与型材进行辐射（大约占到热流失量的 15%）。

为了提高门窗的热工性能，其核心工作就是降低门窗的热传递。

3.2 降低型材传热系数

型材面积所占整窗面积一般在 25%～40%，型材传热系数大小与型材的腔体结构以及隔热条宽度有很大关系。型材断面保温结构设计主要考虑热传递中的传导、对流。隔热断桥铝合金型材主体结构是 6063-T5 材料，其具有强度高、耐腐蚀等优点，但是铝合金型材导热率是 160W/(m·K)。为了解决铝合金导热问题，在铝合金型材之间压合低导热保温材料 PA66GF25 尼龙隔热条，尼龙隔热条材料导热率 0.3 W/(m·K)，这样就解决了铝合金型材热传递问题。隔热条中间部分是空气对流的集中区，采用在型材空腔里填充低导热保温材料减少隔热条腔体部分空气对流。(图 2)

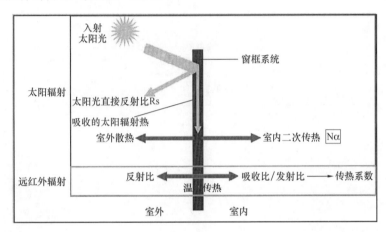

图 2　热量传递图

3.3 玻璃配置选择

中空玻璃在铝合金门窗整体面积中占到 60%～75%，是提高铝合金门窗热工性能的关键点之一。玻璃的选择直接影响到整窗的保温、遮阳、太阳能总透射比等。提高中空玻璃热工的方法有：

(1) 玻璃空气腔体空间结构的合理设计、增加空气腔体数量（双中空）、采用 Low-E 玻璃。

(2) 中空玻璃空腔里充惰性气体是改善门窗热工性能的一种简单、有效的途径，常规是充氩气。充氩气可以有效解决玻璃中空层空气对流。

(3) 普通铝合金门窗玻璃边缘常采用铝间隔条，由于铝间隔条的绝缘效果差而导致边缘的导热系数高，玻璃边缘部分容易出现结露现象。玻璃边缘采用暖边间隔条能较好地解决这一问题。(图 3)

3.4 门窗构造等温线设计

窗框传热系数也是影响整窗传热系数的重要因素之一。而窗框传热系数主要是由组成窗框节点的隔热型材决定，型材传热系数的大小是直接影响甚至决定门窗隔热节能及保温性能的重要因素，门窗构造的优化设计对门窗保温有重要意义。在设计隔热型材及门窗节点过程中，为了达到传热系数最小的状态，应尽可能保持门窗节点中窗框、窗扇的隔热条几何中心线相互重合，同时玻璃的几何中心线尽可能地与框扇的几何中心线重合。等温线对比如图 4 所示。

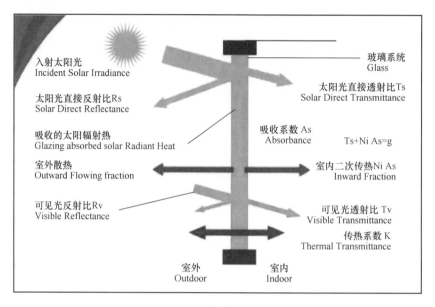

图 3　热量传递图

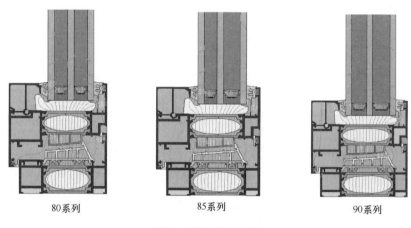

图 4　等温线对比图

3.5　提升门窗密封性能

密封胶条设计及选配是解决整窗密封的重要方法。密封胶条在整窗使用中主要分为两部分：一是用于门窗玻璃固定处的密封；二是开启扇部分的密封，主要包括中间等压胶条、框扇室内侧密封胶条、室外侧三道密封胶条。

（1）中间胶条把室内侧和室外侧分为两个腔体，分别是室内侧气密腔、室外侧水密腔。等压胶条与扇的搭接量直接影响到室外侧和气密腔体的密封，等压胶条额头和扇型材搭接量的大小影响到整窗开启扇的刚蹭，所以胶条额头与扇的搭接量是很关键的问题。同时，框扇室内侧密封胶条把室内和气密腔体完全隔离。这样，气密腔体就形成了一个封闭的腔体结构。

（2）门窗气密性能直接影响到整窗的保温。通过设计 5mm 的框扇合页通道，在使用明装合页时，室内侧框扇密封胶条合页处根部不用完全切除掉，能够有效解决室内侧合页处胶条密封问题。使用三元乙丙发泡共挤胶条，可以避免对室内侧密封胶条的破坏，真正解决室

内侧合页处胶条密封问题。（图5）

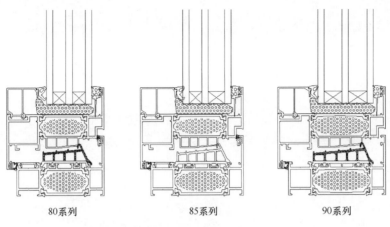

80系列　　　　85系列　　　　90系列

图5　胶条密封对比图

4　隔热断桥铝合金门窗隔声设计思路与要点

随着城市建设加快，不可避免地加剧了噪声污染的程度，尤其是交通噪声在城市噪声中所占比例高达40%。噪声污染、水污染和大气污染被看成是世界范围内的3个主要环境问题，对人的心理和生理都可以带来很大的危害。

隔声量R：入射到试件上的声功率与透过试件的透射声功率之比值，取以10为底的对数乘以10，单位为分贝。

$$R = 10\lg\frac{1}{\tau}\tau = \frac{W}{W_i}$$

式中　　τ——声投射系数；

　　　　W_τ——透过声功率；

　　　　W_i——入射声功率。

实际工程中一般采用经验公式计算：

$$R = 13.5\lg(m) + 13 + \Delta R_1 + \Delta R_2 \text{（公式适用于 } m \leqslant 200\text{kg/m}^2\text{）}$$

式中　　m——构建的综合面密度；

　　　　ΔR_1——空气层的附加隔声量；

　　　　ΔR_2——夹胶膜的附加隔声量。

提高门窗隔声性能的方法有：增加玻璃的厚度、增加空气层厚度及使用夹层玻璃，根据计算结果三种方法中最有效的方法为使用夹层玻璃。

5　隔热断桥铝合金门窗隔声抗结露银子设计思路与要点

抗结露因子（CFR）是预测门、窗阻抗表面结露能力的指标。是在稳定传热状态下，门、窗热侧表面与室外空气温度差和室内、外空气温度差的比值。使用暖边间隔条温度场如图6所示，使用铝间隔条温度场如图7所示。

《民用建筑节能门窗工程技术标准》（DB11/T 1028—2021）中明确规定了不同传热系数的建筑外窗抗结露因子的限制。（表6、表7）

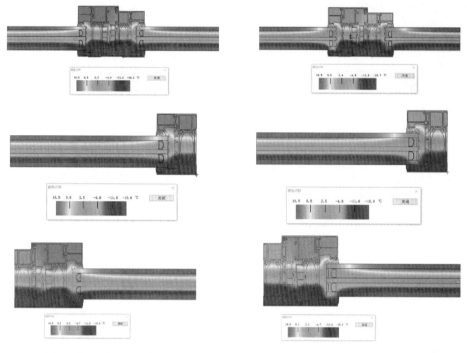

图 6　使用暖边间隔条温度场图　　　　图 7　使用铝间隔条温度场图

表 6　抗结露因子 *CRF* 限值

K [W/ (m² · K)]	*CRF*	K [W/ (m² · K)]	*CRF*	K [W/ (m² · K)]	*CRF*
$K<1.1$	≥83	$1.1 \leqslant K<1.3$	≥80	$1.3 \leqslant K<1.6$	≥75
$1.6 \leqslant K<2.0$	≥70	$2.0 \leqslant K<2.5$	≥65	$2.5 \leqslant K<3.0$	≥60

表 7　使用暖边间隔条与铝间隔条的边界温度对比

位置	间隔条	玻璃与框的交接位置温度℃	
		暖边间隔条	铝间隔条
边框		12	6
中梃＋开启		9	3.5
边框＋开启		10	4.5

　　抗结露因子计算时热侧表面温度测试点不宜少于 20 个检测点，计算温度取其平均值。根据上述分析结果对比可以看出玻璃与框的边界位置对门窗是否结露至关重要，是薄弱环节。

　　中空玻璃内表面温度，主要是指框材与玻璃相接处玻璃边缘的温度，而这部分的温度也是门窗幕墙整体温度最低的地方，当内表面温度低于露点温度时，就会发生结露现象。而暖边的使用能大大提高了中空玻璃内表面温度，确保了中空玻璃的水密性和气密性，大大降低了玻璃边缘的结露现象。

6 结语

本系统门窗可满足节能80％标准的节能指标，满足北京地区最严居住建筑节能设计标准对整窗传热系数 $K \leqslant 1.1$ W/(m² · K)的要求（具体参数见速查表表8），在碳达峰、碳中和背景下，可为现代建筑实现节能宜居提供优质的门窗系统解决方案。

系统超低能耗产品通过等温原理及保温腔、玻璃边缘阻流设计，优质低导热保温材料优化应用，合理配置优质节能玻璃等对产品保温结构进行优化设计，有效解决热传导、热对流、热辐射问题对整窗保温性能的影响；通过科学力学构造设计及均衡等压原理设计，保证了产品安全性能及密封性能。同时，通过专用生产设备及检验设备，以科学精准的工艺设计保证产品生产、加工制作精度及稳定性。

表8 节能80％门窗标准各系列窗传热系数速查表

产品型号	隔热条宽度（mm）	型材平均传热系数 W/(m² · K)	玻璃传热系数 W/(m² · K)	线传热系数 W/(m · K)	框窗比 %	整窗传热系数 W/(m² · K)
80系列	44	1.39	≤0.75	0.04	25	≤1.0
			≤0.57	0.08		
			≤0.70	0.04	30	
			≤0.50	0.08		
			≤0.65	0.04	35	
			≤0.40	0.08		
			≤0.60	0.04	40	
			≤0.35	0.08		
85系列	49	1.21	≤0.85	0.04	25	≤1.0
			≤0.65	0.08		
			≤0.80	0.04	30	
			≤0.60	0.08		
			≤0.75	0.04	35	
			≤0.55	0.08		
			≤0.70	0.04	40	
			≤0.50	0.08		
90系列	54	1.06	≤0.90	0.04	25	≤1.0
			≤0.70	0.08		
			≤0.88	0.04	30	
			≤0.66	0.08		
			≤0.86	0.04	35	
			≤0.62	0.08		
			≤0.85	0.04	40	
			≤0.58	0.08		

参考文献

［1］ 国家市场监督管理总局，国家标准化管理委员会. 铝合金门窗：GB/T 8478—2020［S］. 北京：中国标准出版社，2020.

［2］ 中华人民共和国住房和城乡建设部. 近零能耗建筑技术标准：GB/T 51350—2019［S］. 北京：中国建筑工业出版社，2019.

［3］ 中华人民共和国住房和城乡建设部. 严寒和寒冷地区居住建筑节能设计标准：JGJ 26—2018［S］. 北京：中国建筑工业出版社，2019.

［4］ 中华人民共和国住房和城乡建设部. 建筑门窗玻璃幕墙热工计算规程：JGJ/T 151—2008［S］. 北京：中国建筑工业出版社，2009.

［5］ 北京市市场监督管理局，北京市规划和自然资源委员会. 居住建筑节能设计标准：DB 11/891—2020［S］.

［6］ 北京市市场监督管理局. 超低能耗居住建筑设计标准：DB11/T 1665—2019［S］.

［7］ 北京市市场监督管理局，北京市住房和城乡建设委员会. 民用建筑节能门窗工程技术标准：DB11/T 1028—2021［S］.

BIM 设计在体育馆幕墙工程中的应用

吴锡良

北京凌云宏达幕墙工程有限公司　北京　100101

摘　要　本文主要介绍湖北省十堰市体育馆双曲面铝板幕墙、双曲铝合金装饰格栅的设计，着重介绍双曲幕墙主材的优化思路并利用 BIM 设计对幕墙主要材料进行优化的过程，以及运用 BIM 设计进行材料下单和辅助施工。

关键词　BIM 设计；双曲面铝板幕墙；双曲铝合金装饰格栅；双曲面幕墙主材优化

1　引言

随着建筑行业的不断发展，建筑的造型也变得日趋复杂，幕墙作为建筑的外衣，对建筑效果起着决定性的作用。近些年来，双曲面幕墙建筑异军突起，受到建筑师和业主的广泛青睐，为了满足建筑设计师和业主对建筑效果、幕墙造价的期望，建筑幕墙的设计、施工就显得尤为重要。但有些设计师是初次接触双曲面建筑，对双曲面幕墙的设计、施工及成本控制都比较陌生，有些设计师可能已经多次接触过双曲面幕墙的设计和施工，但仍然缺少相应经验，进而给业主和幕墙承包单位造成了一些无法挽回的损失。本文通过真实案例给大家讲解：如何利用 BIM 设计完成双曲面幕墙的设计和成本优化；如何运用 BIM 设计进行材料下单和辅助施工。希望给正在或将要做双曲面幕墙设计、施工的工程师们一些启发和借鉴。

2　工程概况

十堰市青少年户外培训基地分为综合体育馆、游泳跳水馆、青少年活动馆、综合训练馆四个主场馆（图1），这几个场馆的外幕墙及金属屋面均由北京凌云宏达幕墙工程有限公司负责设计和施工。其中综合体育馆是面积最大的场馆，建筑面积达 30466.22m²，主要空间为一层，局部设计五层。可提供看台固定座约 6000 个，内场活动座约 2100 个，常规座椅约 8100 个，最多可容纳一万多名观众。

综合体育馆相较于其他几个场馆，其外观也最具特色，其形态犹如一朵开放的石榴花，又像一只高速旋转的车轮，外形寓意"石榴花开，车轮滚滚"。石榴花是十堰的市花，寓意十堰兴旺发达、繁荣昌盛，加上十堰又是车城，采用这样的设计，将它打造成为十堰的地标性建筑。

综合体育馆外形由 12 片花瓣组成，花瓣环绕簇拥螺旋展开。"花瓣"用 9420 块 3mm 厚双曲面穿孔铝单板和 924 支直径 200 的空间扭曲弧型装饰铝合金圆管格栅在现场组装而成，使整个建筑形体显得轻盈飘逸，独具匠心。场馆建筑高度为 38.9 米，相当于 10 多层的住宅楼高度（图2）。

图 1　十堰市青少年户外培训基地整体效果图

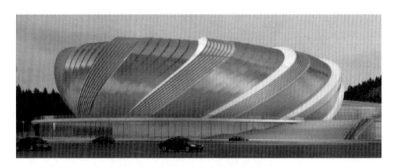

图 2　立面效果图

3　体育馆幕墙介绍

从平面图上看，最外层是 12 个花瓣，花瓣横截面是 12 个弧线，12 个弧线各不同心，相互错开成锯齿形，再向内依次是幕墙钢结构、建筑钢结构和内层幕墙门窗百叶系统（图 3）。

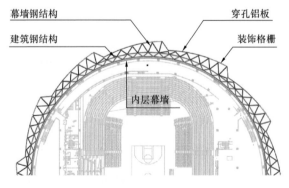

图 3　首层平面图

穿孔铝板和装饰铝合金格栅从二层一直蜿蜒延伸到屋面，与屋面排水沟相连，排水沟内圈是直立锁边屋面系统，屋面圆心位置是夹胶中空玻璃采光顶（图 4）。

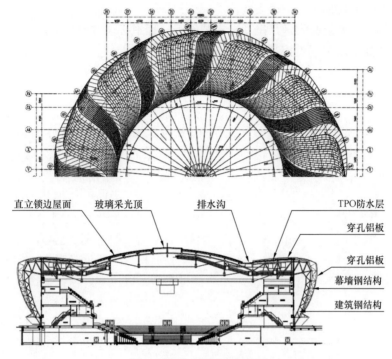

直立锁边屋面　玻璃采光顶　　排水沟　　　　　　　　TPO防水层

穿孔铝板

穿孔铝板

幕墙钢结构

建筑钢结构

图 4　屋顶平面图和剖面图

穿孔铝板横缝为错缝设置，竖向分格为两块铝板一组螺旋向上，当铝板达一定标高后铝板曲率便随着标高的增高而增大，同时组与组之间的铝板高差缝隙逐渐掀开加大至 200 后再逐渐缩小，铝板旋至向屋面平转处时铝板缝隙缩小至缝合（图 5）。

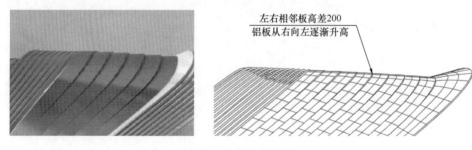

左右相邻板高差200
铝板从右向左逐渐升高

图 5　体育馆局部图

4　利用 BIM 设计对体育馆幕墙主材进行优化

现在大家已经对该项目外形有了基本的了解，大家都知道这种双曲面幕墙深化设计及施工必须借助三维建模软件，利用其参数化插件导出设计和施工所需的各种数据，得到这些数据后才能实现材料加工、现场测量放线和施工等后续的工作。

在幕墙深化设计时我们发现建筑设计院提供的犀牛模型偏小，幕墙表皮已经与建筑主体钢结构相互干涉，我们需要根据建筑钢结构尺寸重新立建模，考虑到此项目工期非常紧，整个幕墙施工工期只有 100 天时间，因此建模过程中我们对幕墙主材着重从以下几个方面作了考量：

（1）材料必须方便加工，方便安装；

（2）材料加工周期能必须满足工期，安装施工过程中必须方便抢工；

（3）材料的加工成本必须控制在预期范围内。

4.1 双曲幕墙骨架和铝合金装饰格栅优化

依据上述要求，我们发现如果按照原犀牛模型，穿孔铝板幕墙内的主骨架将全部是空间三维曲线，每个花瓣有 20 列主骨架，这 20 列骨架曲率都不一样，同时每列骨架总长约 100m，这 100m 内也没有一处有标准的圆心弧，因此，骨架的加工难度非常大，即使加工出来了，加工周期也会很长，满足不了工期要求，曲率规格太多也会对安装产生很大困扰，不方便抢工，加工成本也将超出预期很多。

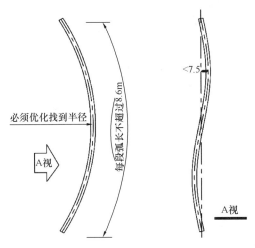

图 6 体育馆双曲幕墙骨架建模原则示意图

我们在进行新模型建立时，双曲面幕墙内部骨架紧跟着建立，保证内部骨架要有标准半径，同时平面外扭曲高差不大于 7.5mm（图 6），7.5mm 的扭曲高差考虑通过优化幕墙节点消化，如达到上述要求，就将双曲幕墙骨架加工成标准二维圆弧。

骨架模型建立后，将骨架模型导入编制的 Grasshopper 电池组检测（图 7），如果达不到上述原则的骨架会变成预设的红色，达到标准的骨架会变成预设的绿色，优化的骨架模型全部达到预设要求（图 8）。

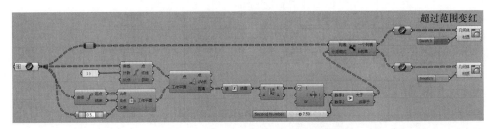

图 7 Grasshopper 电池组检测骨架模型

骨架优化后，均可加工成标准圆弧，骨架加工一共分为 12 个弯弧半径，图 9 红色部分为 1 个半径，此半径弯弧总长度约 18000m；绿色部位为 1 个半径，此半径弯弧总长度约

图 8 优化骨架模型达到预设要求

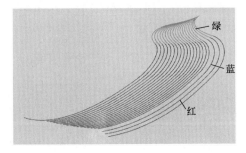

图 9 弯弧半径

5600m；蓝色为分成 10 种半径，此半径弯弧总长度约 3300m。如此优化后，大大减轻了骨架加工和安装难度，加工成本低于预期。铝合金装饰格栅也是按上述过程进行优化建模，不再赘述。

4.2 双曲幕墙面材优化

下面谈谈穿孔铝板面材的优化建模。众所周知双曲面铝板加工费用昂贵，特别是这个项目的双曲板块，在不优化的情况下板块曲率规格众多，其加工费对工程造价起决定性作用，因此这部分优化最为关键。

本工程铝板大部分长度 2000mm、宽度 1000mm 左右，经与铝板厂家技术人员沟通与了解，并通过幕墙设计人员反复研讨试验后，考虑将本工程铝板加工成两类，第一类：板块翘曲度在 20mm 以内的，考虑将铝板加工成平板；第二类：翘曲度超过 20mm 的铝板，将铝板加工成单曲板（图 10）。

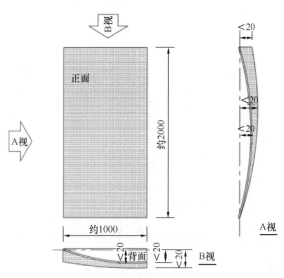

图 10 体育馆双曲幕墙铝板建模原则示意图

我们根据上述原则，在不改变建筑外形效果的前提下，通微调幕墙曲率重新建立幕墙面板模型，如果整体模型里的单块铝板能达到上述两种要求，就可以将铝板分别加工成平板和单曲板运至现场，铝板安装时顺着幕墙骨架压弯成型，实现整体幕墙双曲造型。顺着这个思路，整体面板模型顺利完成，导入编制的 Grasshopper 电池组检测（图 11），如果达到上述第一类的面板会变成预设的绿色，达到上述第二类的面板会变成预设的红色（图 12）。

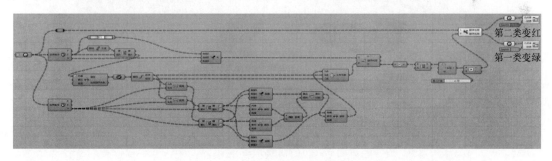

图 11 Grasshopper 电池组检测面板模型

红色板块翘曲超出 20mm，绿色板块翘曲小于 20mm，绿色部分铝板面积约 15000 m²，将按平板加工运至现场，红色部分 3500m² 铝板将按单曲板加工运至现场。为了验证安装可靠性和效果可靠性特在现场制作试装一片样板，业主各方对样板的效果都非常满意（图 13）。

通过幕墙主材的优化，极大程度地节约了幕墙成本，同时降低了幕墙骨架和幕墙面材的加工难度和安装难度，满足了工期需求，同时也达到幕墙理想的装饰效果。

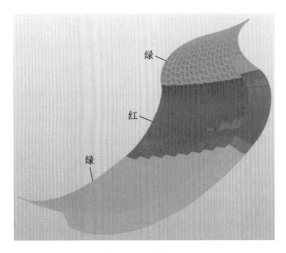

图 12　面板变色　　　　　　　　　　图 13　样板

5　运用 BIM 设计进行材料下单和辅助施工

本项目幕墙采用三维软件建模：①首先是建立整体幕墙表皮，交业主、设计院审核确认（图 14）；②建立幕墙骨架、转接钢件等等内部构件；③套入主体钢结构检查是否与幕墙干涉碰撞；④建立与幕墙交接的屋面系统及排水系统，为其他分项工程提供技术支持；⑤从三维软件中导出幕墙转接钢件、幕墙骨架、面板等安装数据和加工数据（图 15～图 18），分别交项目部和采购部进行放线施工和材料采购。铝板安装如图 19 所示，完工场景如图 20 所示。

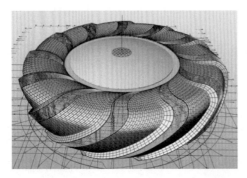

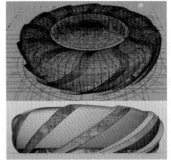

图 14　整体幕墙表皮三维模型

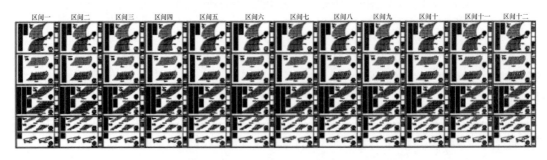

图 15　双曲面铝板幕墙骨架三维点位图和加工尺寸图

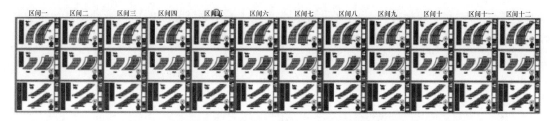

图 16　双曲面铝合金装饰格栅三维点位图和加工尺寸图

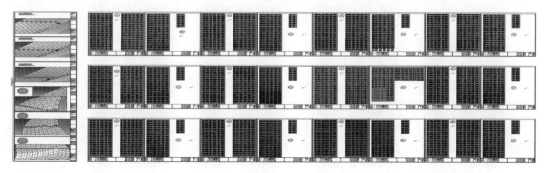

图 17　铝板安装三维点位图

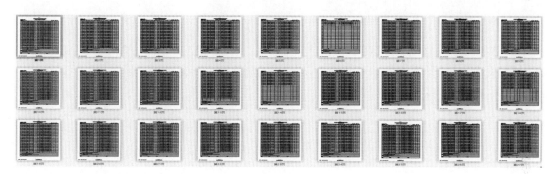

图 18　铝板加工尺寸单

图 19　铝板安装照片

图 20　完工照片

6　结语

本项目幕墙工程工期非常短，从幕墙开始测量放线到竣工验收，前后一共才 100 天时间，这么短的时间完成如此体量的双曲面幕墙项目，不光要靠强大的项目管理团队，也要靠设计师在前期对幕墙进行成功的优化设计，以及靠 BIM 设计提供的强大技术数据作支撑来共同实现，希望我们的经验能对大家有所帮助。

参考文献

［1］ 李邵建. BIM 纲要［M］. 武汉：同济大学出版社，2016.

［2］ 李羽林. 双曲弧形纯铝板内幕墙的施工初探［EB/OL］https：//www. docin. com/p-2300316644. html.

［3］ 田恒银，卓晨，郭运祥，等. 浅析参数化 BIM 技术在双曲面帷幔幕墙中的应用［J］. 福建建设科技，2018，（4）.

［4］ 中华人民共和国住房和城乡建设部. 金属与石材幕墙工程技术规范(附条文说明)：JGJ 133—2001［S］. 北京：中国建筑工业出版社，2004.

作者简介

吴锡良（Wu Xiliang），男，1972 年 2 月生，工程师。研究方向：建筑幕墙设计与施工；工作单位：北京凌云宏达幕墙工程有限公司；地址：北京市朝阳区金泉时代广场 3 单元 2311、2312 室；邮编：100101；电话：13006146328；E-mail：404630933@qq.com。

北京国家会议中心二期紧密型屋面防水新技术浅析

花定兴　杨希仓　胡　勤　杨　俊

深圳市三鑫科技发展有限公司　广东深圳　518057

摘　要　本文对北京国家会议中心二期项目屋面防水技术进行分析，采用泡沫玻璃、SBS改性沥青防水卷材及2mm聚脲作为防水、保温、抗风压于一体的紧密型屋面系统。本屋面设置有大量穿透防水层的钉盘固定上层装饰铝板，所采用的泡沫玻璃、聚脲组合新材料，解决了常规屋面防水、抗风压、保温系统交接复杂的问题，保证了屋面的防水质量，是一种新型的紧密型屋面防水技术，相关技术安全、可靠，可为大型公共建筑屋面设计提供参考。

关键词　国会二期；屋面；泡沫玻璃；SBS卷材；聚脲；钉盘

1　引言

北京国家会议中心二期（简称国会二期）位于北京市朝阳区奥林匹克中心区，现国家会议中心北侧，用地范围南起大屯路、北至科荟南路，东起天辰东路，西至天辰西路。建筑高度51.8m，建筑长度458m，建筑宽度148m，建设用地总面积约92626.94m^2。作为中国国际交往中心的重要支撑节点、"一带一路"战略在首都北京重要的落地平台、2022冬奥会主会场，本建筑庄严稳重、大气美观，结合了古典与现代的美学，如图1所示。

图1　实体照片

本项目屋面面积达7万m^2，设计从建筑功能和自然条件出发，充分考虑其防水性能特点和要求，利用各种新技术、新材料、新方法、新工艺创造了优越的防水功能。整个屋面防水分区主要分为平屋面系统和拱形屋面系统，拱屋面还分为金属拱屋面（宴会厅及峰会厅）和玻璃采光顶拱屋面（合影区及午宴区）两大部分，如图2和图3所示。

整个屋面排水思路为拱形屋面水流沿着拱坡度流入拱底两端平屋面天沟内，再由天沟内

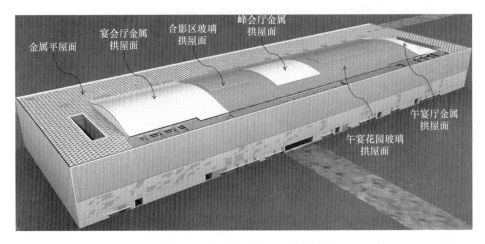

图 2　屋面主要系统分布效果图

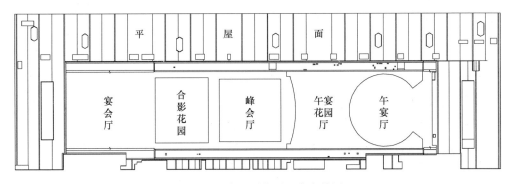

图 3　屋面主要系统平面分布简图

设置的虹吸落水管排出，平屋面排水采用局部起坡往左右两边排入天沟的方式进行排水，在天沟内设置了数量众多的虹吸落水管。本项目防水核心点为采用了大量的泡沫玻璃材料，兼具抗风压、保温、防水为一体，结合 SBS 卷材和聚脲喷涂，形成了特殊的紧密型新型防水技术。下面就这一新型技术分别进行防水系统原理和施工工艺构造措施的阐述分析。

2　技术解析

2.1　屋面防水系统整体构造

　　国家会议中心二期金属屋面为一级防水，采用了泡沫玻璃＋SBS 改性沥青防水卷材＋聚氨酯（脲）防水系统的新型防水技术，是一种无声桥、无冷桥的紧密型屋面防水系统，其中大量使用的泡沫玻璃及聚脲防水材料在中小屋面工程中已经得到应用，但在如此大型的屋面工程中使用还比较少见，对相关技术要求、施工工艺等提出了更高的标准。本项目整个泡沫玻璃屋面外观呈现六边形的花瓣状，为蜂窝装饰铝板构成，此铝板通过钉盘方式固定于屋面泡沫玻璃之上。整体屋面防水系统构造如图 4 所示。

　　屋面系统从上往下构造层次如图 5 所示。

2.2　标准防水系统技术解析

　　标准防水系统节点图如图 6 所示。

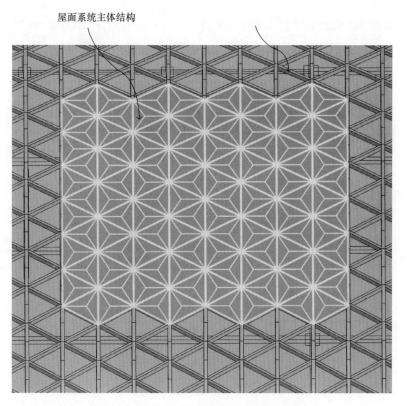

屋面系统主体结构

图 4 屋面主防水系统与主体结构关系图

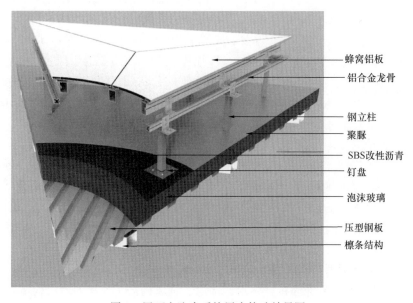

蜂窝铝板
铝合金龙骨
钢立柱
聚脲
SBS改性沥青
钉盘
泡沫玻璃
压型钢板
檩条结构

图 5 屋面主防水系统层次构造效果图

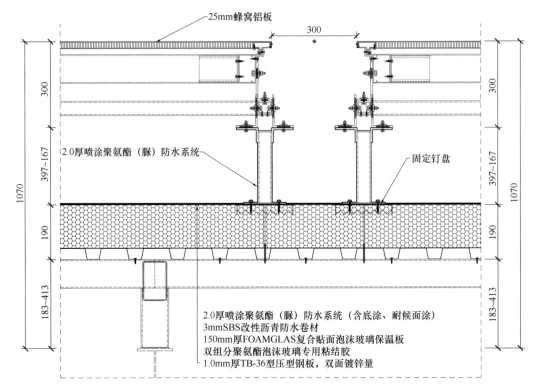

图6 屋面标准防水节点详图

从图6可以看出，从上往下依次为25mm蜂窝铝装饰板、装饰板龙骨、装饰条板连接小立柱（钉盘连接）、防水沥青胶（灌注在立柱与泡沫玻璃缝中）、2mm厚聚氨酯（脲）防水系统、3mm厚SBS防水卷材、150mm厚复合贴面泡沫玻璃、双组分泡沫玻璃专用粘结胶、1.0mm厚压型钢板、支撑檩条、主体钢结构。首层蜂窝铝板之间有300mm的缝隙，雨水从缝隙下来之后，首先保证连接小立柱的防水性能，在其周圈表面涂上2mm的聚氨酯防水材料，直接将钉盘及凸出的小钢柱全部包裹，防止穿透钉盘漏水，如图7所示。

进一步水流到屋面，第一道防水为2mm厚聚氨酯（脲）防水系统，第二道防水为3mm厚SBS防水卷材，

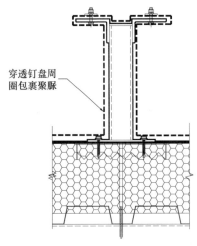

图7 钉盘穿透防水处理图

第三道防水为150mm厚的泡沫玻璃，三层防水极大提升了整个屋面的防水性能。至此，三道防水完成，完美实现了屋面的防水、保温、抗风压的综合性能。

2.3 泡沫玻璃及聚脲新型防水材料

本项目采用了新型的装饰面板、防水、保温、抗风构造于一体的屋面构造系统，核心材料为泡沫玻璃及2mm聚氨酯（脲）防水涂料。其中聚脲、泡沫玻璃的粘接性、耐久性能等均进行了严格的质量验证及实验证明。其中聚脲一方面增强防水功能，是防水系统最主要的

功能部分，另一方面将整个泡沫玻璃上翼缘连成一个整体，凝固固化，增强整个屋面的完整性和抗风揭承载力。

泡沫玻璃其全称为 150 厚 FOAMGLAS 复合贴面泡沫玻璃保温板，本项目采用标准尺寸为 600mm×1350mm，导热系数 0.043W/(m·K)，密度＜120kg/m³，抗压强度≥0.6MPa。泡沫玻璃板因其具有重量轻、导热系数小、吸水率小、不燃烧、不霉变、强度高、耐腐蚀、无毒、物理化学性能稳定等优点被广泛应用，能达到防水、隔热、保温、保冷、吸声之效果，而且物理化学性能稳定，尺寸稳定，易切割，使用寿命等同于建筑物使用寿命，是一个既安全可靠又经久耐用的建筑节能环保材料。在泡沫玻璃上铺设 3mm 厚 SBS 改性沥青防水卷材，这层卷材将发泡玻璃之间的缝隙覆盖，通过热熔实现粘接，进一步提升系统的防水性能。

聚氨酯（脲）防水系统关键点在涂层材料，本项目分三涂，分别为：底涂、聚氨酯（脲）、面涂三层无溶剂，卷材上底涂使用 MasterSeal P658 胶水，喷涂聚氨酯（脲）使用 Masterseal M811 防水涂料，手工涂刷聚氨酯（脲）使用 MasterSeal M860 防水涂料，面涂使用 MasterSeal TC259 防老化涂层。

最后形成一道高弹性、高强度的连续防水涂膜，现场喷涂完成之后呈现效果如图 8 所示。

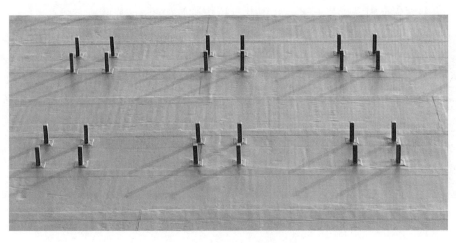

图 8　聚脲喷涂现场效果图

2.4　屋面防水系统受力分析

与传统的屋面防水做法不同，在防水层上还有一层高度从 400～800mm 不等的 25mm 蜂窝铝板维护结构，为了固定蜂窝铝板，本项目采用钉盘植入泡沫玻璃内穿透防水层的做法。因此，泡沫玻璃屋面不但承担防水、保温的作用，还承担了抗风压的作用。受力形态如图 9 所示。

在负风压作用下其传力路径为：负压产生的拉拔力通过短柱首先传递至钉盘，钉盘通过植入螺钉传递至压型钢板，同时钉盘上表面包裹的 2mm 厚聚脲将拉拔力分摊至泡沫玻璃表面，再通过泡沫玻璃传递至下部压型钢板，以降低植入螺钉的局部受力值。受力机理为泡沫玻璃上表面与聚脲粘接，下表面与压型钢板粘接，形成以上下翼缘分别为聚脲、压型钢板，中部为泡沫玻璃芯的合理受力分布形式，大大降低了钉盘螺钉的局部受力，保证了整个防水

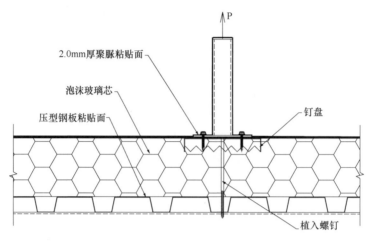

图9　钉盘抗拉承载力构造图

系统的结构安性。

　　根据本项目屋面风压分布情况，计算出单个钉盘最大受力 P 为 1.2kN，为进一步确保负风压下钉盘的抗拉拔承载力，在专业的实验室进行了严格的抗风揭试验及相关气密、水密试验，试验结果均满足国家规范要求。其中钉盘拉拔试验如图 10 所示。

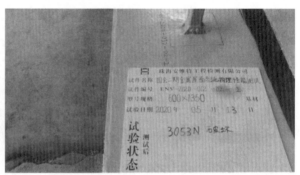

图10　钉盘抗拉拔试验

　　试验结果显示单个钉盘破坏承载力为 3kN，大于计算值 2 倍安全系数，满足要求。通过试验进一步对钉盘的位置、数量进行精确的布置，保证了整个屋面系统的防水性能可靠度。

2.5　屋面排水技术分析

　　屋面排水采用天沟＋虹吸的排水防水，排水路径整体思路为拱形屋面沿着拱顶排到拱底天沟，天沟尺寸为 1000mm×400mm，天沟通长设置。平屋面局部起拱，起拱范围为 2×11.6m×43.7m，坡度为 2‰，将水流引向两侧的天沟，天沟尺寸为 707mm×270mm，天沟长度 43.7m，再在天沟内根据排水计算设置虹吸落水管。排水路径如图 11 所示。

　　天沟设计如图 12 所示。

　　天沟分为大小两种尺寸，较大天沟承担拱形屋面的大量水流，较小的天沟承担平屋面的水流。天沟底部、两侧连续铺设泡沫玻璃的防水系统，做法与屋面一致。需要特别注意的是在局部设置虹吸落水管位置存在漏水隐患，因此需要对虹吸进行特殊的设计处理，虹吸图示如图 13 所示。

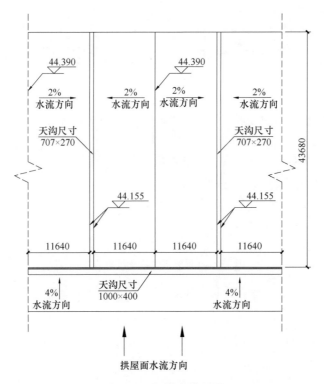

图 11　屋面排水路径图

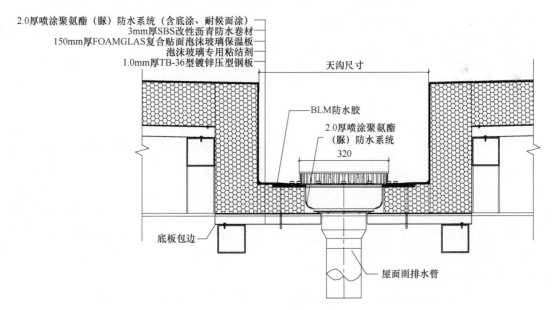

图 12　屋面排水天沟标准节点图

　　根据现场实际情况，在聚氨酯（脲）、SBS 改性沥青防水卷材、泡沫玻璃上开雨水斗洞口，洞口大小略大于雨水斗边缘，洞口深度约为泡沫玻璃上表面向下 10mm 左右。BLM 防水胶全名为 Bituthene Liquid Membrane，用于洞口封堵，防水胶厚度 13mm，流动性

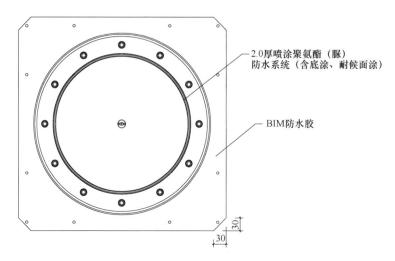

图 13　屋面天沟虹吸标准节点图

≤3mm，适用期≥30min，定伸黏结性无破坏。2.0 厚喷涂聚氨酯（脲）防水系统为不锈钢水斗底涂使用 MasterSeal P684 胶水，喷涂聚氨酯（脲）使用 Masterseal M811 防水涂料，面涂使用 MasterSeal，TC259 防老化涂层。

3　施工工艺

施工工艺主要涵盖四个部分，分别是泡沫玻璃的施工、固定钉盘的施工、SBS 改性沥青防水卷材的施工、喷涂聚脲防水系统的施工。

3.1　泡沫玻璃的施工工艺

铺贴泡沫玻璃采用专用粘结剂直接打在压型板的波峰，泡沫玻璃板黏结间距不大于300mm，将泡沫玻璃玻纤毡贴面与压型钢板进行黏结，需在专用黏结剂固化前完成施工。现场施工操作如图 14 所示。

3.2　固定钉盘的施工工艺

本项目屋面构造特殊之处为必须采用穿透的钉盘及小立柱以固定上层的装饰面板，因此穿透位置防水处理十分关键。首先金属钉盘在安装前应该在已经铺设好的防水泡沫玻璃的基面上按照立柱的排版图来放线定位，定位严格按设计图纸及结构计算、抗风揭实验承载力来排布，本项目单个钉盘承载力均满足结构安全的要求。待放线定位完成后再在泡沫玻璃上放置钉盘，然后由持喷灯的工人加热钉盘内侧使沥青基贴面充分加热并熔化，此时用木槌敲击钉盘使其和泡沫玻璃板的沥青基贴面充分黏结形成一个整体面。现场施工如图 15 所示。

3.3　SBS 改性沥青防水卷材的施工工艺

SBS 改性沥青防水卷材采用热熔法铺贴施工，应根据屋面的坡度和是否振动来确定，本项目平屋面、拱屋面变化坡度情况下，卷材均沿着发泡玻璃方向铺贴。卷材搭接宽度为长、短边均不小于 100mm，如图 16 所示。

卷材采用热熔法铺贴，用高压喷灯与卷材和基层的夹角处均匀加热，夹角角度为 60°，待卷材表面融化后把成卷的改性卷材向前滚铺使其粘结在泡沫玻璃沥青贴面上。施工时应对防水卷材和泡沫玻璃板的沥青基贴面充分加热，使融化沥青渗透到板缝中，泡沫玻璃板板面

图 14　泡沫玻璃现场施工效果图

图 15　钉盘现场施工效果图

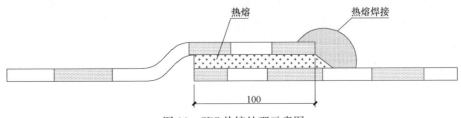

图 16　SBS 热熔处理示意图

也形成全密封体。现场施工如图17所示。

图17　SBS卷材现场施工效果图

3.4　喷涂聚脲防水系统的施工

在SBS防水卷材施工完成之后，应在对应钉盘位置做出标记，采用自攻螺钉固定上部的立柱，然后再进行聚氨酯（脲）防水系统的施工。聚脲防水系统是整个屋面防水、抗风揭十分重要的构造。施工首先将底涂搅拌均匀，底涂完成之后进行聚脲防水中间层施工，最后进行抗紫外线面涂层的施工，抗紫外线涂层为MS TC259单组分脂肪族聚氨酯，面涂为耐候聚氨酯涂料，喷涂聚脲层后的6～48h内涂刷表面涂层。最终喷涂后的现场如图18所示。

图18　聚脲现场施工效果图

4　结语

北京国会中心二期项目屋面规模大，工程具有较大复杂性及挑战性。屋面防水设计在运用已有成熟技术的基础上，对传统设计理念和施工方法进行创新与改造，起到了较好的防水效果。本工程大量使用泡沫玻璃、SBS卷材及聚脲防水系统作为防水主要构造措施，对整个屋面的防水质量起到至关重要的作用，特别是在屋面上多出一层装饰铝蜂窝板，如何固定并尽量减少固定钉盘的数量及穿透点，是本项目防水的关键点。总结起来主要涵盖以下几点：

（1）实行严格的聚脲接耐久性检验及实验验证，保证整个屋面系统的防水的质量。

（2）进行了严格的抗风揭计算及实验确定固定点位置数量，钉盘传力路径清晰，通过聚脲、发泡玻璃及压型钢板粘接形成一个整体提升局部钉盘承载力。本项目单个钉盘实验抗拉拔破坏值为 3kN，大于计算值 2 倍，满足结构安全，符合新型紧密型防水构造的要求。

（3）本项目大量钉盘穿透是防水关键点，采用聚脲全包裹方式对钉盘及支撑龙骨进行防水保护。

（4）本项目大量施工时间在冬季，北方气温低，对施工质量影响较大，因此应严格控制施工温度及施工环境。本项目均选择在中午（11：00 时至 15：00 时）的时间进行，避免在温度较低的夜间、早晨和傍晚进行作业。

（5）严格控制各防水系统的细节质量处理，并合理布置虹吸排水系统，做到防排结合，在屋面所有关键细部节点如虹吸口、阴阳角、檐口等位置严格检查封堵质量。

屋面的防水是整个工程至关重要的环节，本文所采用的防水技术严格按照国家相关规范及施工质量验收标准，防水方案具备可行性、安全性和先进性，对相关大型公共建筑屋面工程的防水施工设计具有积极的参考价值。

参考文献

［1］ 中华人民共和国住房和城乡建设部 . 屋面工程质量验收规范：GB 50207—2012［S］. 北京：中国建筑工业出版社，2012.

［2］ 中华人民共和国住房和城乡建设部，国家质量监督检验检疫总局 . 屋面工程技术规范：GB 50345—2012［S］. 北京：中国建筑工业出版社，2012.

［3］ 中华人民共和国住房和城乡建设部 . 坡屋面工程技术规范：GB 50693—2011［S］. 北京：中国建筑工业出版社，2011.

［4］ 中华人民共和国住房和城乡建设部 . 单层防水卷材屋面工程技术规程：JGJ/T 316—2013［S］. 北京：中国建筑工业出版社，2014.

［5］ 中华人民共和国国家质量监督检验检疫总局，中国国家标准化管理委员会 . 喷涂聚脲防水涂料：GB/T 23446—2009［S］. 北京：中国建筑工业出版社，2009.

［6］ 中华人民共和国国家质量监督检验检疫总局，中国国家标准化管理委员会 . 弹性体改性沥青防水卷材：GB 18242—2008［S］. 北京：中国建筑工业出版社，2008.

［7］ 中国工程建设标准化协会 . 泡沫玻璃保温防水紧密型系统应用技术规程：T/CECS 466—2017［S］. 北京：中国计划出版社，2017.

大跨度双曲面金属屋面与幕墙防水设计

章一峰

浙江中辽建设有限公司　　杭州　　310000

浙江共济幕墙有限公司　　杭州　　310016

摘　要　大型场馆类的建筑造型往往不会循规蹈矩，异形建筑与大跨度的屋面叠加势必会对防水造成较大的困扰。本文基于防排结合的理念，在泰顺会议中心项目中提出了对屋面及幕墙的防水解决方案。

关键词　幕墙设计；曲面金属屋面；大跨度屋面；防水设计

1　引言

　　以扎哈·哈迪德（已故）、马岩松等国内外知名建筑师为代表的超现实主义建筑师往往热衷于创作出造型奇特、富于挑战的建筑，银河 SOHO、望京 SOHO、凌空 SOHO、南京青奥中心等一系列非线性双曲面的建筑在给城市带来新颖的天际线同时也为建筑防水带来了挑战，一方面双曲面建筑的排水路径非常不规律，另一方面大跨度的建筑在极端恶劣的台风天会导致瞬时积水量惊人，给排水防水带来重大压力，因此在此类场馆建筑中防水设计难度极大。本文以泰顺会议中心项目为例，阐述在该类型建筑中屋面及幕墙的防水措施。

2　项目概况

　　泰顺会议中心工程位于温州市泰顺县，建筑最高点为 18.8m，功能为会议和宴会，主要系统包括铝镁锰金属屋面、铝板幕墙、玻璃幕墙、开放式石材幕墙、门窗和百叶，外表皮面积约 2 万平方米，建筑平面造型呈蝴蝶状，形态优美，线条流畅，属于当地地标性建筑。（图 1～图 4）

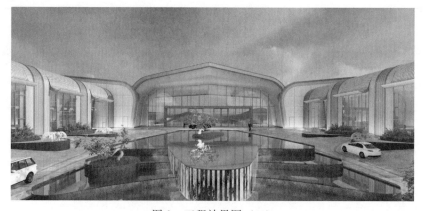

图 1　工程效果图（一）

图 2　工程效果图（二）

图 3　工程效果图（三）

图 4　工程效果图（四）

　　通过效果图分析可归纳出本工程的几大特征：（1）屋面跨度较大，两侧最远距离达到198m；（2）屋面与立面的界限不明确，存在大量过渡及收口装饰；（3）屋面由三个不同高度的区域及两种不同颜色的材质组成；（4）屋面存在不同颜色的单曲面板、双曲面板和平面板组合的情况。基于以上特征,外立面防水难度进一步增加。

3 防水设计思路

鉴于本工程跨度大、造型丰富的特色,积水面多及水流向多样性的现状,防水设计采用分段排水、疏堵结合、多层封修的理念,多维度确保实现建筑零渗漏。

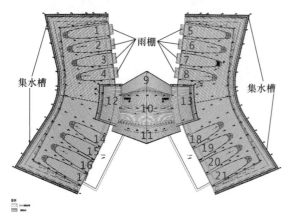

图 5 屋面排水分压

3.1 分段排水

本工程在设计之初便与给排水专业紧密结合,一方面结合建筑自身形成明显的高差来实现有组织排水加自由排水,另一方面由于整体跨度较大,因此将整个屋面划分成 21 个排水区,以缓解集中排水槽的压力和无组织排水区域的水量,避免雨水无序穿插滞留。(图 5)

本工程立面上为两侧高中间低的形态,两侧宴会厅和报告厅为了避免出现雨水坠落形成"水帘洞"的状态,将其人为挑高不作为排水面,在边缘设置隐藏式集中排水槽,排水槽隐藏在挑檐内,将局部水引导向边部,大面水则集中从中间的最低点排放,发生暴雨时瞬时水量极大,需要通过两侧 18 个排水区边缘的内嵌式排水井引向地面,中间大堂位置为"人"字坡屋顶,向两侧自由排水,整体屋面造型在立面上呈"W"形。(图 6、图 7)

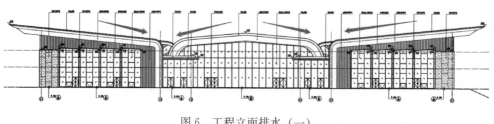

图 6 工程立面排水(一)

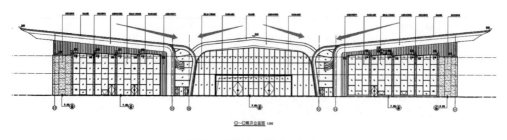

图 7 工程立面排水(二)

3.2 疏堵结合

3.2.1 屋面系统

本项目屋面系统占比超过 50%,且跨度大、造型多、接口多,是防水的重点。由于设计之前该项目的钢结构已经基本完成，通过对现场建筑结构的复核（图8）与幕墙犀牛模型（图9）的比对，来确保数据的真实可靠，尤其是针对钢构悬挑较大部位的预起拱与变形情况的分析，与后续的排水坡度二次调整至关重要。

图 8　现场建筑结构

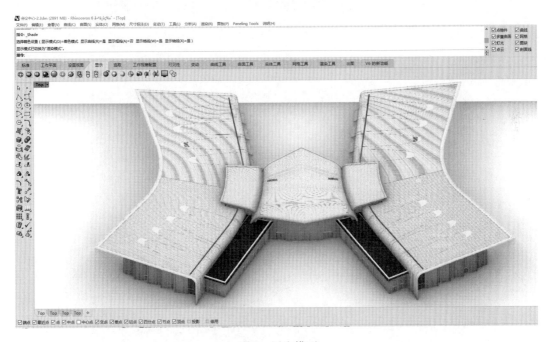

图 9　犀牛模型

　　屋面部位标准系统采用直立锁边技术（图10、图11），建筑方案中对于屋面做了双色处理，即由浅灰色铝镁锰板与深灰色铝镁锰板结合的曲面效果，但屋面处如有两种铝镁锰板拼接会形成大量弧形的连接点，由于板块波浪状的造型对接难度很大，极易形成漏水点，因此设计阶段考虑采用3mm厚铝单板对两种颜色的界面进行了区分（图12），同时屋面板上墙前统一为浅灰色，到现场后通过现场再在深色区喷涂深灰色有机硅超耐多彩柔性涂料。该方案避免了屋面出现大量接口，减少了漏水点，让铝镁锰屋面更整体。

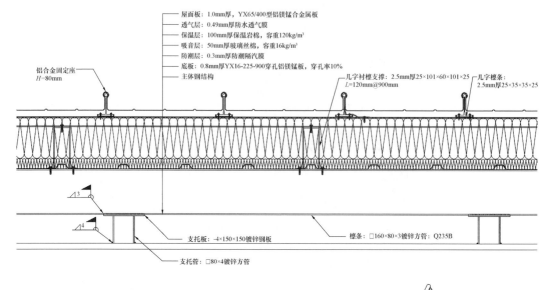

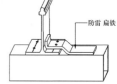

图 10　直立锁边技术

图 11　直立锁边效果

由于屋面系统侧边为了效果的延续性，延伸到立面后又成了立面系统的一部分，而立面造型局部呈现反斜面造型，为避免内部微量水在反斜面渗透，会在檐口设置滴水线，同时结合"水往低处流"的特征在板块内部最低点开设泄水孔，降低岩棉吸水导致变形与漏水的风险。

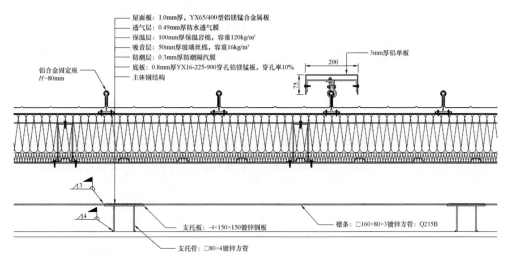

图 12　界面区分

在所有屋面交接的最低点，统一设置大排量集水井，有效在台风暴雨天气将积水排出，集水井安装在 2mm 厚不锈钢天沟上，天沟内侧为保温层，保温层衬板同样采用 2mm 不锈钢板，确保其在大量水积压的时候不会导致水在压力作用下变形出现缝隙而渗透入室内（图 13）。

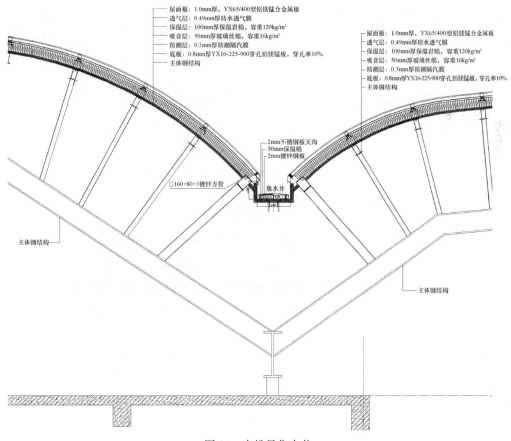

图 13　大排量集水井

集水井除了在屋面标高最低点设置之外，在顶面与立面交界位置也同样加以设置，且每条水槽宽度不小于 500mm，可有效分流顶面积水对立面的影响，降低顶上积灰在立面上造成明显痕迹（图 14）。通过在多处设置集水井的方式有效把顶部积水分流，有序地疏导至雨水管中，天沟设置数量及尺寸经过以下公式验算后取得。

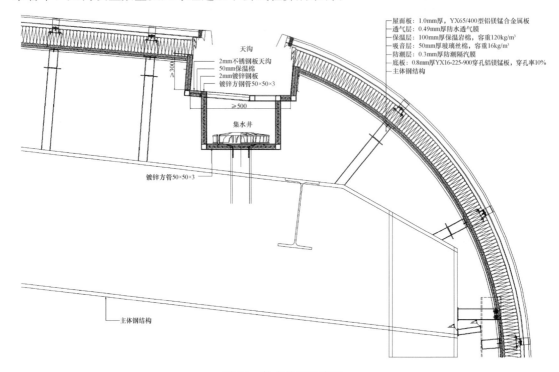

图 14　集水井设置位置

经查表，工程所在地设计最大降雨强度 R_{ain}＝127mm/h_r，天沟集水长度 L＝51.8/(6－1)＝10.36m；每段分担宽度 B＝42m，经计算，集水面积 A_{rea}＝L×B＝10.36×42＝435.12m²，分担雨水量 Q_r＝A_{rea}×R_{ain}/1000/3600＝435.12×127/1000/3600＝0.01535m³/sec。

天沟彩色板摩擦系数 n 取值为 0.0125，宽度 B_c＝0.6m，天沟设计水深 H_c＝0.35×0.8＝0.28m；泄水坡度 S＝0.001 泄水面积 A_g＝B_c×H_c＝0.6×0.28＝0.168m² 泄水系数 R＝A_g/(B_c＋2×H_c)＝0.168/(0.6＋2×0.28)＝0.1448m，排水速度 V_g＝$R^{\frac{2}{3}}$×$S^{\frac{1}{2}}$/n＝0.1448$^{\frac{2}{3}}$×0.001$^{\frac{1}{2}}$/0.0125＝0.6978m³/sec 排水量（采用曼宁公式计算）Q_g＝A_g×V_g＝0.168×0.6978＝0.1172m³/sec＞0.01535m³/sec，现有的分布及尺寸满足设计排水量要求。

屋面板落地收口封堵位置存在两种情况，一种是与混凝土的收口，采用在混凝土室外侧包一块 3mm 厚铝单板，向外设置 3‰的排水坡度以防平面积水，屋面板与铝板之间填泡沫棒打硅酮耐候密封胶，确保大量水通过铝板排出室外，微量水被密封胶阻断（图 15）。另一种情况是屋面板直接伸入室外覆土层，则采用镀锌钢板在其底部进行封堵，避免水汽倒灌腐蚀钢材，同时镀锌钢板开设泄水孔，可将内部冷凝水等积水通过泄水孔排出（图 16）。

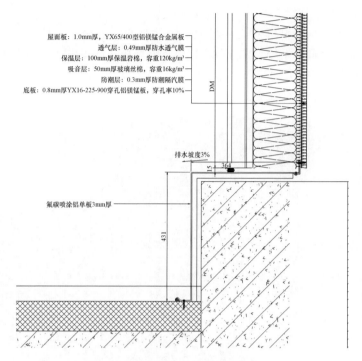

屋面板：1.0mm厚，YX65/400型铝镁锰合金属板
透气层：0.49mm厚防水透气膜
保温层：100mm厚保温岩棉，容重120kg/m³
吸音层：50mm厚玻璃丝棉，容重16kg/m³
防潮层：0.3mm厚防潮隔汽膜
底板：0.8mm厚YX16-225-900穿孔铝镁锰板，穿孔率10%

排水坡度3%

氟碳喷涂铝单板3mm厚

图 15　屋面板落地收口封堵情况（一）

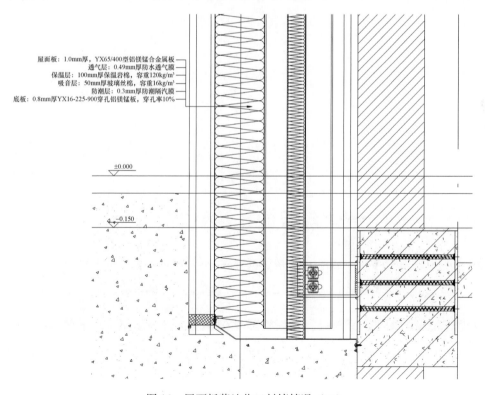

屋面板：1.0mm厚，YX65/400型铝镁锰合金属板
透气层：0.49mm厚防水透气膜
保温层：100mm厚保温岩棉，容重120kg/m³
吸音层：50mm厚玻璃丝棉，容重16kg/m³
防潮层：0.3mm厚防潮隔汽膜
底板：0.8mm厚YX16-225-900穿孔铝镁锰板，穿孔率10%

±0.000
-0.150

图 16　屋面板落地收口封堵情况（二）

3.2.2 石材幕墙系统

石材幕墙部分为了减少分缝对立面形成的干扰，同时也为了降低胶污染导致的视觉破坏，采用了开放式石材幕墙系统（图 17），相邻石材面板之间设置 15mm 与 5mm 的宽窄缝，由背栓连接在横梁处，主要防水依靠石材内侧的二道防水，采用 2mm 铝单板钝化防水，铝板接缝处填充泡沫棒并封堵防水密封胶（图 18）。

图 17　开放式石材幕墙系统

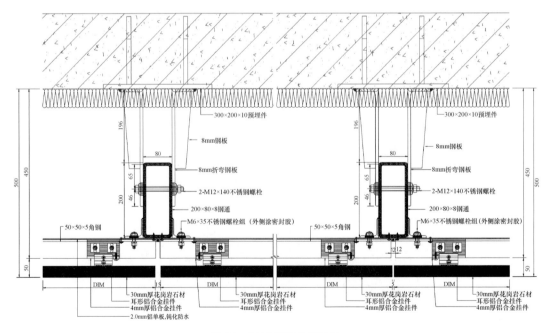

图 18　石材幕墙系统设计

石材幕墙顶部与铝板交接处打密封胶封堵，水平石材板块向外倾斜设置 3％排水坡，内部设置水平防水铝板，与垂直铝板为整体折边，形成了完整的二道刚性防水体系（图19）。

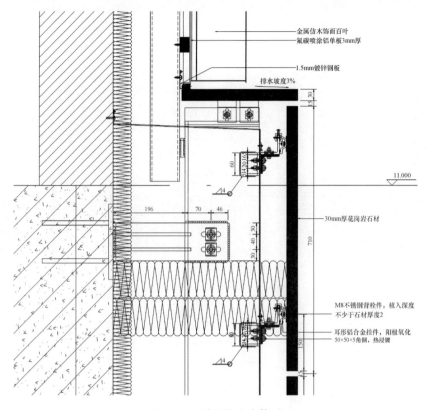

图19　二道刚性防水体系

3.2.3　玻璃幕墙系统

玻璃幕墙系统主要在大堂等位置，单根幕墙立柱最高点达到了 14m，钢柱宽达 535mm，采用铝包钢的装饰形式，玻璃采用 10＋1.9pvb＋10（Low-E）＋16A＋10＋1.9pvb＋10 四超白双夹胶钢化玻璃，跨度大、板块大、存在的变形大使得玻璃幕墙的防水必须运用多道封堵的方式：室内侧为三元乙丙橡胶条连续压实玻璃以实现密封，玻璃与立柱前端分别采用两条泡沫棒与两道密封胶封堵，外端的铝合金压块采用通长设置，压块两侧为三元乙丙橡胶条压实，同时在胶条外侧再打一道密封胶（图20）。通过这种多道封堵的方式来提升玻璃幕墙的防水密闭性。

3.3　多层封修

通过前文不难发现，任何一套系统的防水方式都不是靠单一的封堵能解决的，除了标准系统，更容易暴露出漏水点的收边节点上需要采用多层封修的方式来提高防水效率，例如屋面板在立面上与铝板幕墙交接处，既通过外部板块咬合的方式形成自然高差防止竖向雨水的倒灌，同时再在其内侧设置封堵板，将水汽隔绝在岩棉之外，避免保温棉受潮变形(图21)。

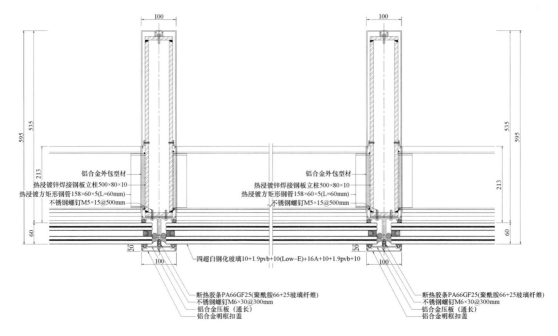

铝合金外包型材
热浸镀锌焊接钢板立柱500×80×10
热浸镀锌方矩形钢管158×60×5(L=60mm)
不锈钢螺钉M5×15@500mm

铝合金外包型材
热浸镀锌焊接钢板立柱500×80×10
热浸镀锌方矩形钢管158×60×5(L=60mm)
不锈钢螺钉M5×15@500mm

四超白钢化玻璃10+1.9pvb+10(Low-E)+16A+10+1.9pvb+10

断热胶条PA66GF25(聚酰胺66+25玻璃纤维)
不锈钢螺钉M6×30@300mm
铝合金压板（通长）
铝合金明框扣盖

断热胶条PA66GF25(聚酰胺66+25玻璃纤维)
不锈钢螺钉M6×30@300mm
铝合金压板（通长）
铝合金明框扣盖

图 20　玻璃幕墙系统防水

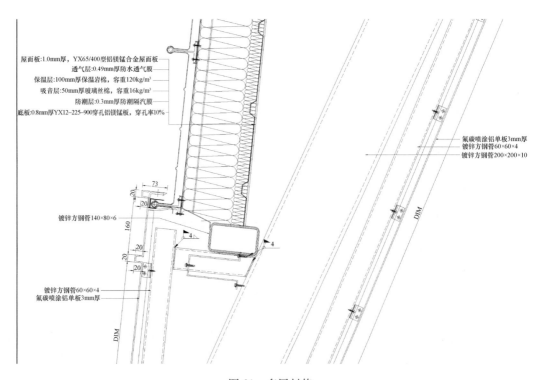

屋面板:1.0mm厚，YX65/400型铝镁锰合金屋面板
透气层:0.49mm厚防水透气膜
保温层:100mm厚保温岩棉，容重120kg/m³
吸音层:50mm厚玻璃丝棉，容重16kg/m³
防潮层:0.3mm厚防潮隔汽膜
底板:0.8mm厚YX12-225-900穿孔铝镁锰板，穿孔率10%

氟碳喷涂铝单板3mm厚
镀锌方钢管60×60×4
镀锌方钢管200×200×10

镀锌方钢管140×80×6

镀锌方钢管60×60×4
氟碳喷涂铝单板3mm厚

图 21　多层封修

4 结语

在设计阶段通过各种设计软件和手段，通过分段排水、疏堵结合、多层封修的理念可将一个大型项目切分成多个防水分区进行多重防护，同时紧密结合现场的实际情况，对项目进行"量体裁衣"式的防水设计，但设计仅仅是项目落地的第一步，后续更需要通过加工尺寸的精确裁切、材料运输和堆放过程中的成品保护以及现场安装的高质量完成，才能实现最初的防水意图，否则再多的防水理念也只能流于形式。

幕墙结构设计要素

黄庆文

广东世纪达建设集团有限公司　广东广州　510000

摘　要　为分析幕墙结构设计要素，笔者运用现有结构分析理论，对常见幕墙结构设计思路进行梳理，提出了系统的方法。结论将为幕墙结构设计提供参考。

关键词　安全等级；可靠度；幕墙结构极限状态设计方法；幕墙结构设计基准期；幕墙结构设计使用年限

1　引言

幕墙结构应能承受在施工和使用期间可能出现的各种作用，具有相应的适应能力与抵抗能力。幕墙结构设计应规定建筑幕墙结构的设计使用年限，宜不小于 50 年，不得小于 25 年。幕墙结构的设计基准期应为 50 年。

本文对幕墙结构设计的几个要素：安全等级、极限状态设计方法、可靠度水平、设计基准期、设计使用年限等进行分析，明确了以上几个结构概念。

2　幕墙结构安全等级及设计使用年限

2.1　幕墙结构安全等级

幕墙结构是建筑幕墙中能承受作用并具有适度刚度的由各连接部件有机组合而成的系统。幕墙结构构件是幕墙结构在物理上可以区分出的部件。幕墙结构体系是幕墙结构中所有构件及其共同工作的方式。幕墙结构模型是用于幕墙结构分析及设计的理想化幕墙结构体系。

幕墙结构设计时，应根据结构破坏可能产生的后果，即危及生命、造成经济损失、对社会或环境产生影响等的严重性，采用不同的安全等级。安全等级统一划分为一级、二级、三级共三个等级，大量的一般结构列入二级，大型公共建筑等重要结构列为一级，小型或临时性储存建筑等次要结构列为三级。设计文件中应明确幕墙结构的安全等级。

同一建筑结构中的各种结构构件一般与整体结构采用相同的安全等级，可根据具体结构构件的重要程度和经济效果进行适当调整。

比如提高单层索网结构的安全等级所需额外费用可控，能大幅度降低整体结构破坏的可能性，保障人员生命安全，减少损失，则可将此结构构件的安全等级比整体结构的安全等级提高一级；反之，比如降低无坠落风险、高度较低幕墙的安全等级可节省大笔费用，但其破坏并不影响整体结构和其他结构构件的安全性，则可将此结构构件的安全等级比整体结构的安全等级降低一级。

2.2 极限状态设计方法及可靠度水平

幕墙结构极限状态是整个结构或结构的一部分（如幕墙结构）超过某一特定状态就不能满足规定的某一功能要求，此特定状态为该功能的极限状态。

极限状态设计方法是不使结构超越规定极限状态的设计方法。

幕墙结构幕墙结构极限状态分为承载能力极限状态、正常使用极限状态、耐久性极限状态。

采用以概率理论为基础的极限状态设计方法，用分项系数设计表达式计算，分为承载能力极限状态设计、正常使用极限状态设计、耐久性极限状态设计。

幕墙结构持久设计状况是在幕墙结构使用过程中一定出现，且持续期很长的设计状况，其持续期一般与设计使用年限为同一数量级。适用于幕墙结构使用时的正常情况。

幕墙结构短暂设计状况是在幕墙结构施工和使用过程中出现概率较大，与幕墙结构的设计使用年限相比，持续期很短的设计状况。适用于幕墙结构出现的临时情况，如施工、维修情况。

幕墙结构偶然设计状况是在幕墙结构施工和使用过程中出现概率较小，与幕墙结构的设计使用年限相比，持续期很短的设计状况。适用于幕墙结构出现的异常情况，如撞击、爆炸、火灾情况。

幕墙结构地震设计状况是在幕墙结构遭受地震的设计状况。适用于幕墙结构遭受地震的情况。

承载能力极限状态是对应于幕墙结构或结构构件达到最大承载力或不适于继续承载的变形的状态。当幕墙结构或结构构件出现下列状态之一时，就认定超过承载能力极限状态：幕墙结构构件或连接因应力超过材料强度而破坏，或因过度变形而不适于继续承载（如幕墙钢结构已经达到屈服强度，变形持续扩大，无法继续承载）；幕墙结构或结构构件丧失稳定（如幕墙空间结构已经丧失稳定，如超高全玻幕墙玻璃肋结构已经侧向失去稳定，无法继续承载）；幕墙结构或结构构件疲劳破坏（如幕墙开启窗结构及连接多次启闭已经疲劳破坏，无法继续承载）。

正常使用极限状态是对应于幕墙结构或结构构件达到正常使用的某一项规定限值的状态。当幕墙结构或结构构件出现下列状态之一时，就认定超过正常使用极限状态：影响幕墙正常使用或建筑外观效果的变形（如玻璃幕墙变形过大）；影响幕墙正常使用的局部损坏（如石材面板有个别裂缝）。

正常使用极限状态包括不可逆正常使用极限状态和可逆正常使用极限状态。

不可逆正常使用极限状态是当产生超越正常使用的作用卸除后，该作用产生的后果不可恢复的正常使用极限状态。可逆正常使用极限状态是当产生超越正常使用的作用卸除后，该作用产生的后果可恢复的正常使用极限状态。

耐久性极限状态是对应于幕墙结构或结构构件在环境影响下出现的劣化达到耐久性能的某一项规定限值或标志的状态。当幕墙结构或结构构件出现下列状态之一时，就认定超过耐久性极限状态：影响幕墙承载能力和正常使用的材料性能劣化（如幕墙钢结构防腐涂层已经丧失保护作用，密封胶老化）；影响幕墙耐久性能的裂缝、变形、缺口、外观、材料削弱（如石材面板有超过一定长度的裂缝）。

幕墙结构设计应对幕墙结构各个的极限状态分别进行分析计算。

作用是施加于幕墙结构上的力和引起幕墙结构或幕墙结构构件外加变形或约束变形的原因。

施加于幕墙结构上的力是直接作用，即荷载。

引起幕墙结构外加变形或约束变形的原因是间接作用。

地震作用及层间变形等因素作用下，由于幕墙边界条件发生变化而产生的位移和变形属于幕墙结构外加变形。

温度变化等因素作用下，引起幕墙外部约束而产生的幕墙内部变形属于幕墙结构约束变形。

作用按照随时间的变化分为永久作用、可变作用、偶然作用。

作用效应是由作用引起的幕墙结构或幕墙结构构件的反应，包括构件截面内力（拉力、压力、剪力、弯矩、扭矩）及变形、裂缝。

结构抗力是幕墙结构和幕墙结构构件承受作用效应和环境影响的能力。

对幕墙结构的环境影响可分为永久影响、可变影响、偶然影响。

对幕墙结构的环境影响可具有机械的、物理的、化学的、生物的性质，有可能使幕墙结构的材料性能随时间发生不同程度的退化，往不利方向发展，降低材料力学性能，影响幕墙结构的安全性和适用性。其中，环境湿度的因素最关键。

对幕墙结构的环境影响应尽量采用定量描述，也可根据材料特点，按其抗侵蚀性的程度划分等级，设计按等级采取相应构造措施。

幕墙结构对持久设计状况（如幕墙结构使用时正常情况）应进行承载能力极限状态设计，采用作用的基本组合；应进行正常使用极限状态设计；宜进行耐久性极限状态设计。

幕墙结构对短暂设计状况（如幕墙结构施工、维修时情况）应进行承载能力极限状态设计，采用作用的基本组合；根据需要进行正常使用极限状态设计；可不进行耐久性极限状态设计。

幕墙结构对偶然设计状况（如撞击、爆炸、火灾情况）应进行承载能力极限状态设计，采用作用的偶然组合；可不进行正常使用极限状态设计；可不进行耐久性极限状态设计。

幕墙结构对地震设计状况应进行承载能力极限状态设计，采用作用的地震组合；根据需要进行正常使用极限状态设计；可不进行耐久性极限状态设计。

不可逆正常使用极限状态设计，宜采用作用的标准组合。可逆正常使用极限状态设计，宜采用作用的频遇组合。对于长期效应是决定性因素的正常使用极限状态设计，宜采用作用的准永久组合。

幕墙结构设计值应采用按各作用组合中最不利的效应设计值。幕墙结构极限状态设计应使幕墙结构的抗力大于等于幕墙结构的作用效应。

幕墙结构可靠度是幕墙结构在规定的时间内，在规定的条件下，完成预定功能的概率。

幕墙结构可靠性是幕墙结构在规定的时间内，在规定的条件下，完成预定功能的能力。

幕墙结构可靠指标是度量幕墙结构可靠度的数值指标，是失效概率运算值负的标准正态分布函数的反函数。

幕墙结构设计应使幕墙结构在规定的设计使用年限内以规定的可靠度满足规定的各项功能要求。功能要求包括安全性、适用性、耐久性。

可靠度水平的设置应根据幕墙结构的安全等级、失效模式确定，对安全性、适用性、耐久性可采用不同的可靠度水平。

可靠度应采用可靠指标度量，而可靠指标应根据分析结合使用经验确定。可靠指标是度量幕墙结构构件可靠性大小的尺度，目标可靠指标是分项系数法采用的各分项系数取值的基本依据。安全等级每相差一级，可靠指标取值相差 0.5。

幕墙结构持久设计状况按承载能力极限状态设计的可靠指标以结构安全等级划分为二级时延性破坏取值 3.2 作为基准，其他情况相应增加或减少 0.5。可靠指标与失效概率运算值负相关。

幕墙结构持久设计状态按正常使用极限状态设计的可靠指标根据作用效应的可逆程度在 0 至 1.5 间选取，作用效应可逆程度较高的可靠指标作用效应取低值，作用效应可逆程度较低的可靠指标作用效应取高值。作用效应可逆的可靠指标作用效应取 0，作用效应可逆程度较低的可靠指标作用效应取 1.5。

幕墙结构持久设计状态按耐久性极限状态设计的可靠指标根据作用效应的可逆程度在 1.0 至 2.0 间选取。

2.3 设计基准期

设计基准期是为确定可变作用的取值而选用的时间参数。设计基准期是规定的标准时段，其确定了最大可变作用的概率分布及其统计参数。

幕墙结构的设计基准期为 50 年，即幕墙结构的可变作用取值是按 50 年确定的。

2.4 设计使用年限

幕墙结构的设计使用年限是设计规定的幕墙结构或幕墙结构构件不需大修即可按照预定目的使用的年限。

永久作用是在设计使用年限内始终存在且其量值变化与平均值相比可以忽略不计的作用和变化是单调的且其趋于某个限值的作用。

可变作用是在设计使用年限内其量值随时间变化，且其变化与平均值相比不可以忽略不计的作用。

可分为使用时推力、施工荷载、风荷载、雪荷载、撞击荷载、地震作用、温度作用。

偶然作用是在设计使用年限内不一定出现，而一旦出现其量值很大，且持续期很短的作用。

当界定幕墙为易于替换的结构构件时，幕墙结构的设计使用年限为 25 年；当界定幕墙为普通房屋和构筑物的结构构件时，幕墙结构的设计使用年限为 50 年；当界定幕墙为标志性建筑和特别重要的建筑结构时，幕墙结构的设计使用年限为 100 年。

当建筑设计有特殊规定时，幕墙结构的设计使用年限按照规定确定且不得小于 25 年。

幕墙结构设计应评估环境影响。当幕墙所处的环境对其耐久性有较大影响时，应根据不同的环境类别采用相应的构造设计、防护要求、加工水平、施工措施、验收标准等，应在设计使用年限内定期检修及维护，不影响安全和正常使用。

3 结构设计及结构分析

3.1 结构设计及结构分析原则和结构模型

幕墙结构应按围护结构设计。幕墙结构设计应考虑永久荷载、风荷载、地震作用和施工、清洗、维护荷载。大跨度空间结构和预应力结构应考虑温度作用。可分别计算施工阶段和正常使用阶段的作用效应。与水平面夹角小于 75° 的建筑幕墙还应考虑雪荷载、活荷载、积灰荷载。幕墙结构设计的基准期为 50 年。

幕墙结构应根据传力途径对幕墙面板、支承结构、连接件与锚固件等依次设计和进行结构分析计算，以确保幕墙的安全适用。幕墙结构应满足承载能力极限状态、正常使用极限状态、耐久性极限状态的要求。

主体结构应能够承受幕墙传递的荷载和作用。连接件与主体结构的锚固承载力设计值应大于连接件本身的承载力设计值。幕墙结构应具有足够的承载能力、刚度、稳定性和相对于主体结构的位移能力。幕墙结构构件应能够承受幕墙传递的荷载和作用。幕墙连接件应有足够的承载能力和刚度。必要时幕墙结构设计与主体结构设计会同校核主体结构与幕墙结构的相互影响。异型空间结构及索结构应考虑主体结构和幕墙支承结构的协同作用。

采用以概率理论为基础的极限状态设计方法，用分项系数设计表达式计算，分为承载能力极限状态设计、正常使用极限状态设计、耐久性极限状态设计。

幕墙结构应按各效应组合中的最不利组合设计。幕墙结构设计值应采用按各作用组合中最不利的效应设计值。幕墙结构极限状态设计应使幕墙结构的抗力大于等于幕墙结构的作用效应。

幕墙结构分析是确定结构上作用效应的过程和方法。可采用结构计算、结构模型试验、原型试验（如幕墙抗风压性能试验）等方法。

幕墙结构分析的精度应能满足结构设计要求，必要时宜进行试验验证（如点支式玻璃幕墙点支承装置及玻璃孔边应力分析）。

幕墙结构分析宜考虑环境对幕墙结构的材料力学性能的影响（如湿度对结构胶）。对幕墙结构的环境影响可根据材料特点，按其抗侵蚀性的程度划分等级，设计按等级采取相应构造措施。

建立幕墙结构分析模型一般要对结构原型适当简化，突出考虑决定性因素，忽略次要因素，合理考虑构件及连接的力-变形关系因素。采用的基本假定和计算模型应能够合理描述所考虑的极限状态幕墙结构的作用效应。

3.2 风荷载

根据《建筑结构荷载规范》（GB 50009—2012）规定取值。

3.3 地震作用计算及温差变化考虑

幕墙结构构件的地震作用只考虑由自身重力产生的水平方向地震作用和支座间相对位移产生的附加作用，采用等效侧力方法计算。

对于温度作用引起的幕墙构件热胀冷缩，在构造上可以有效解决。

进行幕墙构件的承载力计算时，当重力荷载对幕墙构件的承载能力不利时，重力载荷和风载荷作用的分项系数（γ_G、γ_w）应分别取 1.3 和 1.5；当重力荷载对幕墙构件的承载能力有利时（γ_G、γ_w）应分别取 1.0 和 1.5。

3.4 作用及效应计算

幕墙结构采用以概率理论为基础的极限状态设计方法，用分项系数设计表达式计算，按承载能力极限状态和正常使用极限状态设计应符合下列规定：

1 承载能力极限状态验算应符合下式要求：

无地震作用组合时：

$$\gamma_0 S_d \leqslant R_d$$

有地震作用组合时：

$$S_E \leqslant R_d / \gamma_{RE}$$

式中　S_d——无地震作用的作用组合效应设计值；

　　　S_E——有地震作用的作用组合效应设计值；

　　　R_d——结构构件抗力设计值；

　　　γ_0——结构重要性系数，取不小于1.0；安全等级一级时，取1.1

　　　γ_{RE}——承载力抗震调整系数，取1.0。

　　2　正常使用极限状态下的挠度验算应符合下式要求：

$$d_f \leqslant d_{f,lim}$$

式中　d_f——结构构件的挠度值；

　　$d_{f,lim}$——结构构件挠度限值。

规则构件可按解析或近似公式计算作用效应。具有复杂边界或荷载的构件，可采用有限元方法计算作用效应。采用有限元方法作结构验算时，应明确计算的边界条件、模型的结构形式、截面特征、材料特性、荷载加载情况等信息。转角部位的幕墙结构应考虑不同方向的风荷载组合。

变形较大的幕墙结构，作用效应计算时应考虑几何非线性影响。复杂结构应考虑结构的稳定性。

4　结语

针对幕墙结构设计的几个要素：安全等级、极限状态设计方法、可靠度水平、设计基准期、设计使用年限、结构设计等，本文进行了其内在本质的逻辑关系分析，明确了以上几个结构概念，为厘清幕墙结构设计思路建立了良好的理论基础。提出主要的观点：幕墙结构设计使用年限应在设计中规定，宜不小于50年，不得小于25年；会通过结构试验方法来证明特殊幕墙结构计算经验公式。

参考文献

[1] 中华人民共和国住房和城乡建设部．铝合金结构设计规范(附条文说明)：GB 50429—2007[S]．北京：中国计划出版社，2008．

[2] 中华人民共和国住房和城乡建设部．玻璃幕墙工程技术规范：JGJ 102—2003[S]．北京：中国建筑工业出版社，2003．

作者简介

黄庆文（Huang Qingwen），建筑结构设计教授级高工，中国建筑金属结构协会铝门窗幕墙分会专家，中国建筑装饰协会专家，中国建筑装饰协会幕墙工程分会专家，全国幕墙门窗标准化技术委员会委员，广东世纪达建设集团有限公司总工程师。

浅谈 LED 在建筑幕墙中的应用

杨廷海　王绍宏　李　森

北京佑荣索福恩建筑咨询有限公司　北京　100062

摘　要　本文对 LED 的基本原理进行了介绍。LED 因其节能、环保、使用寿命长、高效等特点，随着电子信息技术的快速发展以及先进的多媒体技术，LED 媒体建筑幕墙得到普遍应用，极大地提高了城市文化艺术氛围。LED 照明与建筑幕墙是不同领域的专业内容，为了更好地达到整体一致性，避免施工过程中重复设计、增加成本及造成安全隐患，需要一体化考虑。

关键词　LED；建筑幕墙；LED 媒体建筑幕墙；一体化

Abstract　In recent years, with the rapid development of electronic information technology, the world has entered the information age while electronic information technology has been widely used in various fields. In modern buildings, LED media is universally applied to building curtain walls because of its characteristics of energy saving, environmental protection, long service life and high efficiency. The appearance of LED media building curtain wall has brought new visual forms to people, which has improved the urban cultural atmosphere and shaped a new urban art space. The interdisciplinary combination of LED media and building curtain wall calls for integrated consideration during the construction process in order to achieve overall consistency and avoid repeated design, increased cost and potential safety hazards.

Keywords　LED; building curtain wall; led media building curtain wall; integrated

1　引言

随着我国经济的快速发展，城市中各种特色建筑也应运而生。除了建筑本身的功能、外形特色魅力外，对建筑物的夜间照明、灯光媒体也提出了更高的要求。LED 因其具有节能、环保、使用寿命长、高效等相对于传统光源有着无法比拟的优势，近年来在建筑幕墙灯光照明中得到了广泛应用。LED 媒体建筑幕墙将声音、图像、视频等融合，给人们一种奇特的艺术享受。利用 LED 媒体建筑幕墙可以对城市空间进行塑造，从而改变城市的整体形象。

2　LED

LED 是 Light Emitting Diode 的英文缩写，中文的意思就是发光二极管。LED 是一种固态半导体元件，它可以把电能转化成光能。LED 核心是一个半导体的晶片，在晶片的一端附着在支架是负极，另一端与电源的正极相连，环氧树脂封装整体晶片。半导体晶片由两部分组成：一是 N 型半导体，绝大多数都是电子；二是 P 型半导体，其内部空穴占主导地位，这两种半导体就可以有效构成一个"P-N 结"。电流通过导线对该晶片作用后，电子就会向 P 区进行转移，在 P 区域内部空穴与电子进行复合，以光子的形式释放能量，这就是 LED 发光基本原理。

2.1 LED 光源形式

LED 光源有点状（图1）、条形（图2）、在非透明幕墙中局部采用洗墙灯也最为普遍（图3）。LED 显示屏（图4）及 LED 玻璃（图5）等。在透明建筑幕墙即玻璃幕墙中几种形式均有较广泛的使用。在非透明建筑幕墙中如铝板幕墙、石材幕墙等点状或条状使用比较普遍。

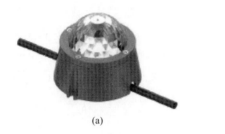

(a)   (b)

图1　LED点状灯

图2　LED条形灯

图3　LED洗墙灯

(a)

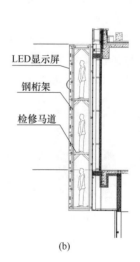

LED显示屏

钢桁架

检修马道

(b)

图4　LED显示屏

图 5　LED 玻璃

2.2　LED 显示屏

LED 显示屏目前应用最广泛的有两种形式：LED 双基色图文显示屏、LED 全彩色显示屏。LED 双基色图文显示屏：显示器件是由许多红绿 LED 组成的显示模块，适于播放文字、图像信息。目前，LED 全彩色显示屏在建筑幕墙应用较为广泛。LED 全彩色显示屏（图 4）：显示器件由许多红绿蓝 LED 组成，可以显示视频、动画等信息。LED 显示屏受维护、安装等限制，室外空间要求较大。

2.3　LED 玻璃

LED 玻璃（LED Glass）又称通电发光玻璃、电控发光玻璃，最早产生于德国，我国于 2006 年研发成功。LED 玻璃需要夹胶玻璃及其夹胶玻璃制品，LED 灯具及其附件需要与 PVB 胶片结合。LED 玻璃既保持了玻璃超高通透性能，又能通过控制来呈现光电显示效果，实现视频播放。LED 玻璃有如下特点：

通透性高：LED 玻璃的通透率达 99％，透光率达 80％，不影响视线和采光。

稳定性高：采用灯驱分离的控制方式，大大增强了 LED 灯珠的使用寿命和 LED 光电玻璃的稳定性，且其检修成本较低。

安装方式便捷：不破坏建筑结构及玻璃幕墙结构，与建筑幕墙结构达到完美契合，安装方式与普通玻璃幕墙一致，局部可替代玻璃幕墙。

LED 玻璃既可以作为玻璃幕墙装饰建筑物的效果，又大大提升了建筑物夜间形象的艺术表现力，所以 LED 玻璃近年来在建筑幕墙中应用较为广泛。

2.4　LED 与建筑幕墙交接预留形式介绍

根据灯光照明要求，建筑幕墙需要给灯具预留足够空间安装及布线要求。可参考图 6、图 7。

图 6　LED 灯具与建筑玻璃幕墙交接预留　　　　图 7　LED 灯具与建筑铝板幕墙交接预留

3 LED 媒体建筑幕墙

LED 媒体建筑幕墙是一种崭新的城市艺术形式，可作为科学与艺术相结合的现代城市景观。目前，城市中的各类建筑中 LED 媒体建筑幕墙大都利用动态屏幕，展示视频、显示广告、城市信息以及人文艺术等，给人以强烈的视觉冲击。伴随电子信息技术的快速发展，多媒体技术越来越先进，LED 媒体建筑幕墙在城市中普遍应用，提高了城市文化艺术氛围。(图 8)

图 8 LED 媒体建筑幕墙

3.1 LED 媒体建筑幕墙的原理

LED 媒体建筑幕墙紧密连接了建筑和现代城市艺术设计空间的关系。LED 等新型照明材料通过计算机软件程序的数字控制装置，使 LED 显示屏幕可以传播图像、动态图片、声音，甚至与人产生互动。随着计算机数字多媒体技术和设计软件技术的发展，通过媒体幕墙技术不断创新和艺术形式的创意相结合，使得建筑科学和艺术产生了相得益彰的效果。LED 屏幕即使在分辨率较低的状况下，也能使观众们看到完整的屏幕图像，给人们以巨大的"屏幕"与建筑一体化的 LED 屏幕印象。电脑软件上的控制界面在互联网上下载图片、影音、视频等，LED 媒体建筑幕墙、集成控制系统可以连接到整个建筑，还能实现在不同地区或不同城市的媒体建筑幕墙上同步播放图像、视频等。

3.2 LED 媒体建筑幕墙是一种新型建材

LED 屏幕作为新型的建筑材料，其耐用、稳定、节能、绿色环保得到业界行家的青睐，通过使用建筑外表面来创作动画作品，既可以非常容易地更新广告的内容，还可把整个屏幕显示为单个或几个窗口。LED 屏幕可以显示丰富的光谱颜色，使用大规模成像来构建视频素材，丰富了设计表现元素。LED 屏幕既美观实用、低能源消耗，又能保护美化环境。

3.3 LED 媒体建筑幕墙的应用

LED 媒体建筑幕墙创建出新的城市空间，多变而华美艳丽的屏幕内容吸引着行人的长时间驻留观看。建筑师和艺术家们通过 LED 媒体建筑幕墙技术重新塑造崭新的城市。城市公共艺术作品可以通过建筑外墙得以创建，城市的建筑和城市的景观、文化、艺术、商业结合成为一个整体——现代媒体建筑幕墙艺术。实际上，LED 媒体建筑幕墙正在悄然成为我们城市的一种共同的特征。

4　LED 照明与建筑幕墙一体化

LED 具有光源小、寿命长和易于控制的特点，非常适用于城市建筑夜景照明工程。夜景照明工程在满足照度、亮度、色彩、对比度要求的基础上，还要满足灯具和布线隐藏、防眩光等要求，即在不影响建筑物夜景照明效果的前提下，力求做到"见光不见灯"的建筑照明一体化设计。如果夜景照明与建筑幕墙不能达到一体化要求，在白天可能会影响建筑物的整体视觉效果以及影响夜间建筑艺术效果的表达。如果在建筑竣工完成之后再进行外立面的照明设计和施工，往往会受现场安装条件的限制，照明灯具也无法更好地与建筑融为一体，破坏建筑本身的艺术魅力。一体化既能避免两者独立实施导致的弊端，还能保证各自功能完整性。如：可结合建筑幕墙单元系统工厂化装配的先进工艺，在安全性、经济性等方面将会拥有更大的综合优势。

4.1　一体化的必要性

LED 照明与建筑幕墙一体化也就是最初建筑方案确定时，前期建筑幕墙顾问与灯光照明顾问需要同期选择考虑，即建筑幕墙与灯光照明先期紧密配合、沟通幕墙需给灯光照明预留足够的灯具安装空间、可靠的连接点位等。后期建筑幕墙及灯光照明各施工单位合理协调现场，合理有序交叉施工，职责分明，做到灯光照明与建筑幕墙整体一致。

4.2　非一体化的弊端

4.2.1　建筑设计完成后，灯光照明应该提前介入，为建筑设计师提供能够满足设计理念的灯光照明方案，否则可能导致灯光照明的精巧设计构思不能完美呈现。

4.2.2　灯光照明方案确定后，需与建筑幕墙单位提前沟通，否则可能会导致灯具支座无法安装、无法放置构件、没有预留管线孔洞、没有操作空间、建筑幕墙型材无法隐蔽走线、安装配合瑕疵等，造成建筑幕墙整体水密性能下降，更有甚者造成建筑幕墙受力龙骨的损伤，给建筑幕墙系统稳定性和安全性造成隐患。

4.2.3　交叉施工导致构件安装品控管理存在不足，导致返工造成工期延误、浪费成本及安全隐患。

4.3　一体化设计注意事项

首先，针对不同类别建筑选择不同表现方式。如高档酒店、商业办公、超高层、市政、体育场馆、住宅等应根据具体的使用情况及周边环境考虑灯光照明形式。

其次，考虑如何减少光污染，营造和谐适宜的光环境。在初期一体化设计时，需模拟照明等级、方式、照度、光色等方案，并进行理论计算、模型的试验及调试，完善方案，使照明效果最佳。

5　结语

国家大力提倡绿色照明，在建筑幕墙照明工程中的绿色指标是：高效节能光源的选用；光照清晰、柔和，不产生眩光，不产生光污染。LED 在建筑幕墙的应用，更多的是满足高效节能的要求，尽管有一定的防眩光及光污染的技术手段，但是还会产生一定的眩光及光污染。但是我们相信，随着现代科学技术的发展，建筑幕墙新的装饰照明方式还会不断进步，终有一天会实现真正意义上的绿色照明。

参考文献

［1］ 赵金．建筑幕墙照明一体化工程设计简析［J］．绿色建筑，2019(4).

［2］ 包瑞，王培星，何杏芳，等．建筑照明一体化在北京保利国际广场夜景项目中的实践［J］．智能建筑电气技术，2019，(5).

［3］ 何杰．浅谈建筑 LED 显示屏的设计与应用［J］．信息技术与信息化，2020(2).

［4］ 广东 LED. 城市新潮流：LED 媒体建筑幕墙［J］．中国建筑金属结构，2016(4).

不锈钢艺术雕塑建筑与建筑幕墙的关系探讨
——中国建筑科技馆不锈钢艺术雕塑建筑

王德勤

北京德宏幕墙工程技术科研中心　　北京　　100062

摘　要　本文主要介绍了大型不锈钢金属质感艺术雕塑建筑与建筑幕墙的关系，对金属质感的不锈钢雕塑建筑的特殊性、物理性能和视觉美学的要求，以及相关设计与施工技术在实际工程中的应用，并以武汉光谷之星的中国建筑科技馆四合院中的金属"种子"这个成功的项目为例，分析金属雕塑与建筑幕墙之间的相互关系和特点以及分享这种外围护系统的设计、生产制造方面的经验。

关键词　艺术雕塑建筑；建筑幕墙技术；双曲面板顺滑拼接；三维可视化管理模型

1　引言

在对大型不锈钢金属质感艺术雕塑建筑与建筑幕墙的关系进行探讨时，首先应对"金属质感艺术雕塑建筑"有所认识。只要说到大型城市不锈钢雕塑，你可能马上就会告诉我，在美国的芝加哥市有一个由高反射镜面（8k）反光面效果的、大型抽象的艺术雕塑放在广场中部。它空间立体的外形，艺术的想象力给我们留下了深刻的印象。雕塑的设计者称之为"通往芝加哥的大门"名字叫"云门"，当地人称之为"豆子"或"芝加哥豆"。

在城市里，各种金属雕塑有很多，都有着它们自身的意义，给美化城市增添了不少色彩。但是你仔细观察会发现，这些占地不小的城市雕塑，除了它的艺术欣赏价值以外，很少有其他的使用功能，不能不说那只是精神层面的作品。（图1）

图1　大型抽象的金属质感艺术雕塑美国芝加哥市的"芝加哥豆"

本篇文章，想和大家探讨的是与建筑外维护有关的，具有很高的艺术观赏价值的同时，又有很强的实际使用功能的新型艺术建筑体。

它是艺术家和建筑师及结构工程师们共同创作的作品。它与建筑幕墙、金属屋面等有着直接的关系，是充满艺术想象力和美学效果的具有实际使用功能的大型建筑。其艺术内涵和美学效果，是由建筑外围护，也就是建筑幕墙这个特定的载体展示出来的。

由于它的特性，当今的建筑师们越来越对这样的城市艺术雕塑建筑感兴趣，同时被生活在美丽环境中的大众所接受。现在已经建成的大型不锈钢雕塑式的艺术建筑在国内分布很广，有些已经成为当地的地标。这从侧面标志着我国建筑幕墙的设计与施工技术已经走向了成熟。

当今的建筑幕墙技术，已经能利用现代化的设计与施工技术手段，如 ANSIS、BIM、SAP、CAD 等三维立体软件系统，建立三维立体可视化管理模型并直接指导作业的安全度有限元分析。利用高精度全站仪、3D 精度测量扫描仪等，有效地把控着这类复杂的建筑及要求精度极高的外围护幕墙体系的设计与施工，比如深圳的欢乐海岸世界的异形不锈钢艺术体、武汉光谷之星中国建科技馆四合院中的金属"种子"等。（图 2 和图 3）

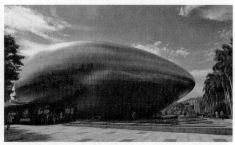

图 2　深圳的欢乐海岸世界的异形不锈钢艺术体

图 3　武汉光谷之星中国建科技馆四合院中的金属"种子"

2　系统的构造分析

金属质感的不锈钢雕塑建筑的外围护面层，采用的是抗腐蚀能力极强的不锈钢材料。其复杂的表面和特殊的要求，已经不是普通的金属幕墙的概念了，我们称其为特种金属外围护系统；它的最大特点就是在保证外围护各项物理性能的同时，要满足视觉美学的要求。

特别是对板块之间的缝隙的处理；板块与板块之间拼接的顺滑；每个板块的表面纹路走

向、每块版面曲度和光泽的度的对应等等，都是保证最终建筑效果的关键点。以武汉光谷之星中国建科技馆四合院中的金属"种子"为例，探讨相关技术。（图 4）

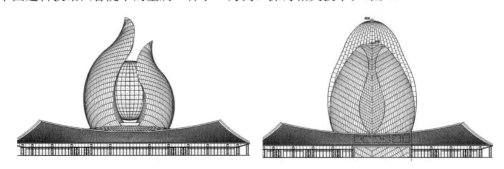

图 4　武汉光谷之星中国建科技馆四合院中的金属"种子"CAD 图

2.1　构造形式的确定

建筑的抗风压、防水、保温隔热、抗震、隔声等各项物理性能是外围护系统，是建筑幕墙必须确保的功能指标。

对具体项目，我们首先要考虑的就是采取什么样的连接形式来固定最外层的面板，由于国内建筑幕墙和金属屋面技术的逐步成熟和发展，可以提供给我们的方案很多，如果选型不正确，将会对施工和建筑效果造成难以挽回的损失。

在项目确定后，要充分分析外饰面的特点。结合幕墙物理性能保障系统的特性和要求，确定方案；在能保证外形视觉效果的同时，保证各项性能的实现。这也就是普通的大型金属雕塑和金属雕塑建筑的区别。

就拿"种子"这个项目来说，在设计的初期，维护构造系统是确定的。要求使用铝镁锰直立锁边金属屋面系统。用立边的防风夹来固定表面的双曲面 4mm 厚的不锈钢金属板块。

我们经过对这套系统的分析认为，这套系统用在该项目上将会出现很多不利于施工及体型保障方面的问题。经过对设计、生产、制作等各方面的全面分析，最终选定了 TPO 与铬化板相复合的柔性刚性相结合的防水保温构造系统。对于双曲面不锈钢面板的连接固定，采用直接在主体钢结构上生根的刚性固定方案。（图 5～图 8）

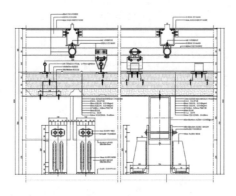

图 5　"种子"项目初期的节点方案

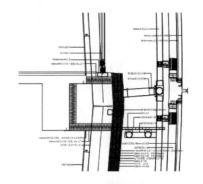

图 6　"种子"项目修改后的节点方案

不锈钢面板　　　　铬化板　　　　TPO

图 7　构造模型果图

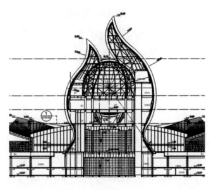

图 8　构造 CAD 图

　　这种刚柔相结合的方案，不仅可以很好地处理转接件穿过内层 TPO 材料与外层不锈钢板相接的受力问题，还可以解决转接件穿过内层 TPO 材料的漏水隐患。

2.2　制作与安装

　　当主要构造节点确定后，对其使用和维护、维修等方面的功能根据项目的实际情况加以确定。在外层不锈钢装饰面板与内层 TPO 防水保温功能层之间正好有一个较大的空间。我们利用此空间设置了一个"检修通道"，这个通道不仅解决了项目施工作业面的问题，也为后期幕墙工程维护、检修工作提供了通道。

　　为了解决使用过程中的清洗维护，我们在外部设置了不锈钢安全"固定销座"。这个装置可以为清洗维护人员提供保障措施。可以固定安全绳，也可以与固定销相连后进行清洗作业，大大提升了维护维修过程中的安全度。

　　我们在对施工工艺的讨论分析中认为，在 50 多米的高空中要安装近 3000 块的双曲面不锈钢板，如按常规一块块安装，不仅安全隐患大，施工效率和安装质量也必将大打折扣。根据现有的幕墙施工技术，最好的方案是采用装配式安装。将双曲面板先组装成安装单元，再将单元板块在高空中定位安装。这样就可以大大提升安装精度，实现建筑师在效果图上要求的视觉效果。实践证明，这套方案切实可行，彻底解决了在样板制作过程中出现的板块拼接不顺滑的弊端。（图 9）

图 9　不锈钢金属"种子"施工过程照片

2.3 用数字技术保障安装精度实现美学效果

在对该项目的实施过程中，不论从设计、生产、制作还是现场施工，对所有的构件及板块均需要通过三维软件实际建模、放样、提取数据、制图分析，来一步步地将图纸上的图像变为现实。

而其中产生的数以几百万计的数据，如果没有很好地利用数字化智慧手段的助力，其难度可想而知。在过程中，设计团队首先利用 BIM 技术进行建模，然后深化设计。精确标注每个数据后再编程导出。最终将数据传给高度智能化的加工厂。为了检验 BIM 中的数据是否与现实施工发生碰撞，我们采用了 16 个全站仪、一个 3D 扫描仪同时介入后，产生的数据再导入 BIM 模型中复合，确保安装严丝合缝。

3 结语

这个深化设计和施工的团队就是多次在国内幕墙技术创造第一的中建深圳装饰幕墙团队。在这个项目的设计和施工过程中，他们巧妙地将已经掌握的幕墙高端技术与项目的特点相结合，创造性地完成了任务。

这个团队在接受任务后，首先对外形的曲面和构造进行分析，其分析了主材的加工难度、安装难点、保证外部外形的双曲面顺滑的难点所在，最后确定了用柔性 TPO 材料防水系统替代铝镁锰直立锁边板防水构造。根据实际空间位置重新进行外墙的热工构造分区，确定双曲面板的加工板块单元的划分，板块的单元拼接安装方法，双曲面板板块的插接安装节点构造设计思路，保障设计安装外形曲线顺滑的节点方案等。这些经验，通过总结和交流为幕墙技术的进一步提升做了有意义的工作。（图 10 和图 11）

图 10　不锈钢金属"种子"效果图　　　　　图 11　不锈钢金属"种子"实体照片

近年来，由于建筑技术的发展和建筑形式的多样化、个性化使各种新技术、新工艺、新材料在建筑外围护结构上得到了广泛的应用。特别是作为不断发展中的前沿建筑技术双曲面异形建筑外围护结构，是一种较活跃的类型。这种有着其丰富艺术内涵和美学效果要求极高的建筑外围护，它的艺术价值和生命力是由建筑幕墙这个特定的载体来展示出来的。这对于我们幕墙人来说又是一个展示自我价值的机会。

参考文献

[1] 中华人民共和国住房和城乡建设部．采光顶与金属屋面技术规程：JGJ 255—2012[S]．北京：中国建筑工业出版，2012.

［2］ 余心愿，等．合院之中萌芽的"金属种子"光谷之星中国建筑科技馆幕墙工程解析［J］.幕墙设计．

作者简介

王德勤（Wang Deqin），男，1958 年 4 月生，教授级高工，研究方向：建筑幕墙；北京德宏幕墙技术科研中心主任；研究生导师、中国钢协空间结构分会索结构专家、中国建筑装饰协会专家、中国建筑金属结构协会专家、18 项国家专利发明人。

双曲铝单板三维调节的创新设计与施工

朱晓中

深圳广田方特科建集团有限公司　中国深圳　518108

摘要　本文介绍了珠海横琴新兴际华财富广场（即珠海融创财富中心）幕墙工程横向变截面双曲铝单板装饰条的设计、加工、组装和安装等环节，提出了新颖独特的三维调节创新设计理念，打破了传统的铝单板作为横向装饰线条的常规平面或者二维的设计思路，完美呈现了建筑师超乎想象的横向双曲铝单板装饰线条的视觉效果和建筑美学。

关键词　横向变截面；双曲铝单板；开放式设计；三维调节；单元化加工；现场单元式挂装

1　引言

铝单板作为建筑幕墙外立面必不可少的一种美学装饰材料，越来越多地为建筑大师们所运作，其采购、加工、安装及效果都为幕墙界所公认，但其常规用法不外乎平板标准立面、收边收口、包梁包柱、层间梁位平板、竖向及横向平板线条。将其设计为超乎常规二维状态，转换为三维空间造型，则更能体现铝单板的独特应用，但在放样、加工和安装等环节的难度也相应加大了。为适应双曲面铝单板的三维调节，在其加工和安装环节，势必会带来一些技术上的难题，为此，幕墙深化设计单位，为节约成本、提高效率则要进行创新式设计，努力实现建筑师及业主想要达到的外观效果。

2　项目介绍

2.1　项目概况

珠海新兴际华财富广场项目位于广东省珠海市横琴区，总建筑面积127791.45m²，地面建筑面积98084.51m²，其中地下2层，地上两栋塔楼，分别为24层、29层。地上有商业、办公、平层公寓，业态主要为商业、LOFT办公和公寓。珠海横琴新兴际华财富广场项目幕墙工程主要系统包括构件式玻璃幕墙、开放式铝单板幕墙、全玻幕墙（大堂）、铝单板雨篷、铝合金有框地弹门、不锈钢地弹门、铝合金百叶、蜂窝铝单板吊顶幕墙、观光电梯幕墙、玻璃栏杆幕墙等。项目信息见表1：

名称	主要内容
工程名称	珠海横琴新兴际华财富广场项目幕墙工程（珠海融创财富中心）
工程地点	珠海横琴新区
招标单位	珠海市融创房地产有限公司
建设单位	新兴重工（珠海）投资有限公司
总承包人	广东建星建造集团有限公司

名称	主要内容
监理单位	广东鼎耀工程技术有限公司
设计单位	广东中京国际建筑设计研究院有限公司
幕墙顾问	深圳市中筑科技幕墙设计咨询有限公司
幕墙施工	深圳广田方特科建集团有限公司
幕墙高度	1 号楼 133.4m，2 号楼 132.7m，3 号裙楼 14.2m。
幕墙形式	构件式玻璃幕墙、构件式开放铝单板幕墙（主要幕墙形式）
施工周期	2018 年 1 月—2019 年 5 月

2.2 双曲铝单板分布

横向变截面双曲铝单板装饰线条分布于 1 号、2 号塔楼的层间梁位置，铝单板为空间折线变截面，板块分格较多，尺寸变化较大。合理的设计方案将直接决定此横向变截面铝单板线条的加工、组装及安装等环节。如何做到既节材又省时，还能有效地控制铝单板变形、又能保证铝单板外观的建筑效果，则是幕墙施工单位需重点考虑的工作内容。项目整体效果如图 1 和图 2 所示。

图 1　夜景图　　　　　　　　　　　图 2　鸟瞰图

3　横向变截面双曲铝单板装饰线条——原设计方案

珠海新兴际华财富广场项目横向变截面铝单板装饰线条位置分布于两栋塔楼层间梁位置，为开放式铝单板幕墙系统，内衬 2mm 的表面粉末喷涂铝单板，外侧为 3mm 的表面氟碳喷涂铝单板。横向变截面双曲铝单板装饰线条自结构面悬挑最远距离为固定值 600mm，其线条根部高度为固定 900mm，原设计节点方案图如图 3 和图 4 所示。

此原设计方案中铝单板装饰线条的骨架部分是采用 40mm×40mm×3mm 的铝方通，中间使用 3mm 铝合金角码，二者通过 4-ST4.2×16 不锈钢盘头自攻钉进行连接；此设计方案骨架的加工和安装较为烦琐，为适应其变截面造型，杆件尺寸及类别会比较多，则会导致加工、组装及安装等环节的工作量比较大，且精确度难以控制。

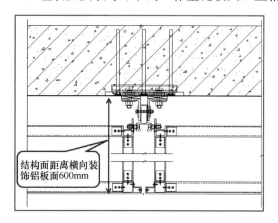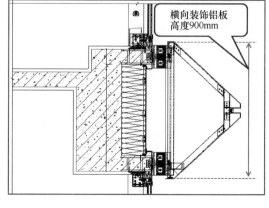

图3　横剖面　　　　　　　　　图4　竖剖图

4　横向变截面双曲铝单板装饰线条——创新设计方案（实用新型专利证书号：ZL 2018 2 1305431.9）

4.1　创新分析

针对此变截面尺寸的横向双曲铝单板装饰线条，重点解决变化尺寸杆件的加工、调节，以及灵活的连接方式，即可实现集成化生产、组装、调节及现场安装。现选取三种变截面尺寸的节点图加以对比和分析，如图5～图7所示。

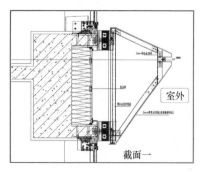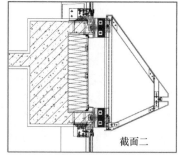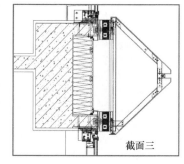

图5　截面一竖剖图　　　　图6　截面二竖剖图　　　　图7　截面三竖剖图

4.2　分析结果

为保证杆件的根部高度为固定值900mm，在不改变原开放式铝单板幕墙设计系统的前提下，只需要解决上、下二支倾斜杆件的尺寸变化规律，即可满足铝单板任意截面尺寸的变化，从而组装出不同变截面尺寸的横向变截面双曲铝单板装饰造型。

4.3　创新设计

为此，在继续保持原杆件选材（40mm×40mm×3mm的铝方通）的情况下，只需要对四个角部位置原设计方案采用4-ST4.2×16不锈钢盘头自攻钉连接的方式加以优化，采用灵活多变的创新连接方式，即可满足上、下二支倾斜杆件任意尺寸调节的需要，使铝单板线条最前端沿垂直方向上下移动，即可实现此变截面，仍然可以保持悬挑固定值为600mm不变，如图8所示。

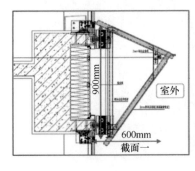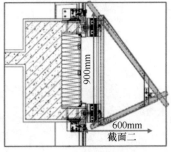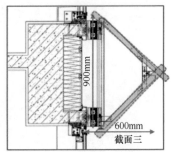

图8　变截面实现原理分析

综合考虑到万向调节的需要，四个角部位置横向通长连接采用φ45×3铝圆通，其外部采用抱箍套装的方式，当上、下二个倾斜杆件尺寸变化时，通过抱箍的转动从而获得变截面铝单板造型。此外，变截面双曲铝单板骨架部分的所有杆件尺寸，通过BIM建模，分析出在每一层每一部位的变化规律后，对每个杆件进行编号定位，即可实现集成化加工。以上创新设计思路如图9和图10所示。

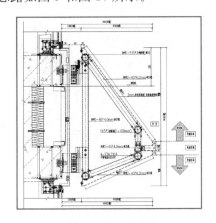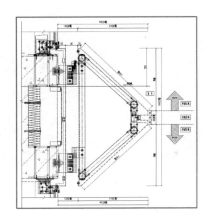

图9　创新设计方案剖面图1　　　　图10　创新设计方案剖面图2

5　横向变截面双曲铝单板装饰线条——BIM模拟

第一步：采用（BIM）技术：利用犀牛＋grasshopper参数化平台，同时结合三维曲面铝板上、下部的玻璃幕墙位置关系，对每个曲面板块的三维曲面值进行分析，提取每个板块的技术化参数，生成工艺表；同时利用BIM技术检查玻璃幕墙与铝单板幕墙的碰撞关系，先通过理论分析来解决，如图11所示。

第二步：模拟安装玻璃幕墙和双曲面铝单板：将平面的玻璃幕墙按照理论先行安装，再安装双曲面铝单板，同时检查是否有问题，如有则继续通过修正CAD图纸和BIM放样来解决，如图12所示。

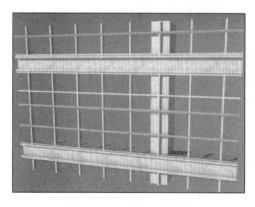

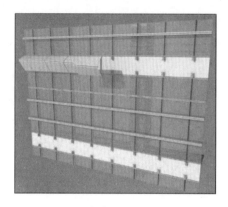

图 11　玻璃幕墙龙骨放样　　　　　　　　图 12　安装完成后的玻璃幕墙

6　横向变截面双曲铝单板装饰线条——加工、组装及安装

6.1　工厂内单元式加工和组装

利用 BIM 模型，分类分层导出变截面铝单板杆件及铝单板的加工图，按照单元构件组装图，在专用操作台上进行分段部分钢架及铝单板的组装，如图 13 和图 14 所示。

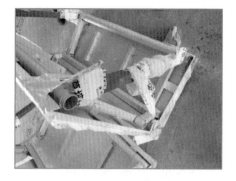

图 13　工厂内组装钢架　　　　　　　　　图 14　工厂内组装铝单板

6.2　工厂内试组合

某一建筑立面，某一个建筑层的分段板块组装完毕后，在工厂内按面按层进行整体模拟拼装，检查变截面实现结果，符合设计要求后则进行连续编号，如图 15 所示。

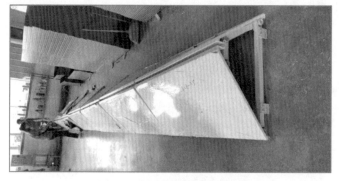

图 15　工厂内整体模拟组合

6.3 工地单元式挂装

塔楼部分层间位置变截面铝单板装饰线条的具体施工安装步骤如下：

第一步：借助总包悬挑脚手架（或者自行搭设吊篮）先行安装玻璃幕墙的骨架及变截面铝单板装饰线条连接件，如图 16 所示。

第二步：先将玻璃幕墙面板安装完毕，隐蔽验收合格，待总包悬挑脚手架拆除后，幕墙施工单位再另行搭设吊篮，即可独立连续地安装已经在工厂组装成型的变截面铝单板线条，如图 17 所示。

图 16 现场安装连接件   图 17 现场挂安装

6.4 安装后效果（图 18）

图 18 现场安装完成后效果

7 结语

从以上创新方法的设计与施工可以看出，任何一个出自建筑师的、无论如何复杂的建筑幕墙项目，都可以通过理论联系实际的创新设计思路，将其完美呈现。在幕墙超级大国——中国，如今的超高层建筑在响应住房城乡建设部政策的前提下，各大城市依然争先恐后，地标性建筑如雨后春笋般拔地而起，为城市上空建造了一道道亮丽的建筑群风景线；幕墙常用材料如玻璃、铝板、石材、GRC、UHPC、铜板、搪瓷钢板、不锈钢板等，在常规立面上的运用，各建筑师及幕墙设计师都早已经得心应手，然后如今的建筑造型均都趋于向独特化、奇异化等方向发展，常规的立面设计已经不能适应当今建筑幕墙形态的新局面。当建筑师将以上各种幕墙材料勾勒为折叠型、曲面型、扭曲型等复杂空间几何体时，作为幕墙设计则要考虑如何利用各种幕墙材料去实现这些独特的造型，同时也要结合材料的特性，考虑其加工、运输和安装等环节的深化设计，并集造价、进度、质量和安全等多维角度于一体，去实现这些造型而努力创新。诸如上述文章所讲的双曲铝单板的三维调节的创新设计和施工，就是解决了以上设计、采购、加工、运输和安装等各环节各项问题和困难，进而顺利贡献出了一栋造型独特、立面新颖的建筑幕墙项目。

作者简介

朱晓中（Zhu Xiaozhong），男，1980 年 11 月生，河南南阳人；副总工程师；研究方向：门窗幕墙的设计施工一体化融合思路；职业资格证书：国家注册一级建造师、注册监理工程师、注册安全工程师；中国建筑学会建筑幕墙学术委员会会员、中国建筑装饰协会建筑幕墙类专家、深圳市装饰行业专家建筑幕墙类专家；拥有多项实用新型发明专利，发表筑幕墙行业相关论文数十篇；工作单位：深圳广田方特科建集团有限公司；联系电话：13925279899；E-mail：375428636@qq.com。

金属与玻璃肋组合结构幕墙设计解析

廖伟靖　曾学岚　文　林

深圳市方大建科集团有限公司　广东深圳　518057

摘　要　本文对深圳前海国际会议中心幕墙进行了整体介绍，结合本项目设计重难点之一的立面大跨度玻璃幕墙，对大跨度钢立柱与玻璃肋组合结构的玻璃幕墙设计思路和方案进行了剖析，以供广大幕墙行业内的工程技术人员探讨或借鉴。

关键词　幕墙设计；大跨度；钢立柱；玻璃肋；组合结构；有限元分析

1　引言

近年来，随着中国城市化进程的快速推进，数量庞大的大型公共建筑、商业楼宇及高端公寓不断涌现，建筑幕墙得到高速发展，幕墙形式和结构体系不断创新，对于大跨度公共建筑，通常会采用玻璃肋支承体系、大钢立柱支承体系、钢桁架支承体系，拉索体系等，本文结合前海国际会议中心项目立面幕墙构造的特点，详细介绍了一种钢立柱与玻璃肋组合结构的玻璃幕墙系统，以期对广大行业内技术人员有所裨益。

2　工程概况

前海国际会议中心（图 1）位于深圳市前海深港合作区，总建筑面积约 4 万 m^2，建筑高度 23.6m，是深圳经济特区建立 40 周年庆祝大会场馆，是前海城市新中心的地标建筑，也是粤港澳大湾区的城市会客厅。"薄如蝉翼轻如纱，彩云追月引绪遐。古韵琉璃焕金甲，

图 1　前海国际会议中心实景图

梦牵岭南是大家。"其建筑设计灵感取自岭南传统建筑形态，将"薄纱"作为设计理念，运用现代造型手法和幕墙材料进行演绎，不仅表达了轻盈飘逸的外立面形态，又体现了对于中国传统民族文化自信，是全国最大也是首个采用现代材料彩釉玻璃来演绎传统屋面的建筑，既有中国传统韵味，又呼应深圳气候特征，符合前海时代特色。

本工程幕墙分为三个部分：南北面屋顶彩釉玻璃单元式屋面系统、东西面彩釉玻璃百叶系统、立面金属与玻璃肋玻璃幕墙系统。南北面屋面系统采用"彩釉玻璃＋铝型材装饰条"的组合，成功营造出了传统建筑屋面鳞次栉比的美感，彩釉玻璃的使用在保证室内采光的同时，有效降低了建筑整体传热系数，实现了节能环保的目的；东西面两侧的彩釉玻璃百叶系统给整座建筑添加了更加大气流畅的线条美，使建筑各个角度的视觉体验更完整，同时对建筑立面有一定的遮阳功能，让室内体验感更舒适；立面大跨度玻璃幕墙采用钢立柱与玻璃肋组合结构的玻璃幕墙系统，突出建筑立面的通透性，配合屋面系统的设计，完美融合中国传统建筑的形和现代建筑的体。

3 大跨度钢立柱与玻璃肋组合结构玻璃幕墙设计

立面玻璃幕墙是建筑的立面周圈围护结构，建筑设计的思想是以玻璃幕墙的形式打造出大气通透的效果，最大化玻璃饰面的面积，尽可能减小立柱的存在感，力求整个立面更加晶莹通透；立柱的呈现形式为细条形，并且在外视面少形成立柱阴影，营造一种纤细立柱的视觉效果。

图 2　立面玻璃幕墙大样

3.1 立面幕墙介绍

本工程立面玻璃幕墙最高处达到 14.83m，最低处 6.8m 高，分格宽度为 2.25m，标准立面玻璃幕墙大样如图 2 所示。立柱最大跨度为 13m，最小跨度为 8.5m，高跨度、大宽度、不设置横梁是幕墙设计的难点之一，要兼顾简洁的幕墙效果，同时满足幕墙结构的安全；经过多次的计算复核和论证，在尊重建筑原创效果的前提下，通过科学的结构计算和合理的节点设计，综合考虑幕墙安全性、经济性以及外观效果，把玻璃肋支承的全玻幕墙和钢立柱点支承幕墙的特点糅合到一起，采用一种钢立柱与玻璃肋组合立柱结构的幕墙系统，如图 3 所示，立面玻璃幕墙室内效果如图 4 所示。

3.2 受力体系分析

本系统分三个部分：一是支承结构部分，由氟碳喷涂钢立柱和 SGP 夹胶玻璃组成；二是面板部分，为钢化中空玻璃；三是点支承装置。面板（钢化中空玻璃）自重由点支承装置直接传递给钢立柱，再由钢立柱向上传递给立柱顶部的主体结构梁。面板（钢化中空玻璃）承受的风荷载、地震荷载由结构胶传递给玻璃肋，再由玻璃肋通过钢销轴传递给钢立柱，最后由钢立柱传至顶部及底部的主体结构梁。

3.3 面板设计

综合考虑面板受力、规范以及经济安全等方面的要求，玻璃面板玻璃选用 15mm＋12A

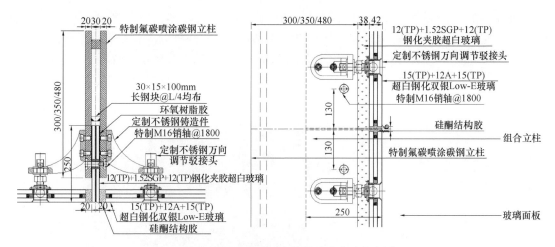

图3 钢立柱与玻璃肋组合结构玻璃幕墙节点详图

图4 立面玻璃幕墙室内实景

+15mm超白钢化双银Low-E玻璃，大面玻璃分格最大尺寸为2.25m×5.4m，局部玻璃分格达到2.25m×6.3m，玻璃按对边支承进行计算，自重由上方点支承装置承担，需对驳接头位置玻璃局部应力进行验算。

3.4 支承结构设计

考虑单一玻璃肋要满足跨层13m的结构受力要求，按传统的肋点玻幕墙，玻璃肋的宽度尺度比较大，玻璃夹胶层数也比较多，成本较高，而且这种玻璃肋加工难度大，生产周期长，对工期有一定的影响；另外，高跨度的玻璃肋存在自爆、后续维护难的问题，考虑以上因素，幕墙设计把玻璃肋和钢板立柱结合起来，设计出新型的钢立柱与玻璃肋组合结构形式，其中钢板立柱采用两块20mm厚钢板、一块30mm×30mm钢块组焊成一个非标准的H形钢立柱（以下简称H形钢立柱），其总宽度为70mm，根据计算立柱的进深最大尺寸为480mm，整体纤细而不失稳重。设计时考虑到焊接量大，会产生较大的焊接变形，为了更好地控制钢立柱平整度，在H形钢立柱腔内设置了30mm×15mm×100mm的焊接支撑钢块，可以增强H形钢立柱整体受力性能，同时减小立柱后端的焊缝总长度，减少焊接带来的变形，有利于钢立柱垂直度的控制；在外观方面，H形钢立柱后端留有30mm×30mm槽口，如图 5 所示，使其形式更新颖，同时保证了建筑的外观效果，让钢立柱看起来更加纤细挺拔。焊接完成后，半成品立柱须经过校直、表面打磨等一系列处理，最后通过喷涂氟碳喷涂面漆构成理想的 H 形钢立柱。H 形钢立柱前端留有玻璃肋安装槽口，玻璃肋为 250mm 宽的 12＋1.52SGP＋12 钢化夹胶超白玻璃，为提高玻璃幕墙的安全性能，夹胶片选用 SGP，可以大幅度提高玻璃肋的承载力，如图 5 示意。

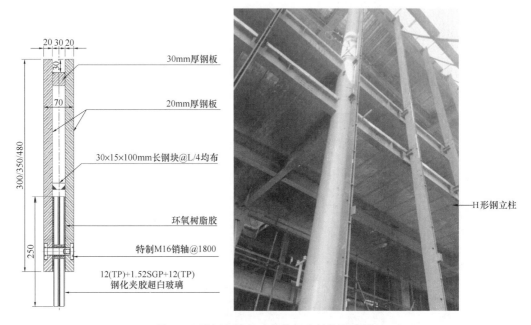

图 5　H 形钢立柱与玻璃肋组合结构示意图

H 形钢立柱和玻璃肋在工地现场组合装配，玻璃肋插入 H 形钢立柱的预留槽口，用 M16 特制销轴固定，玻璃肋孔与销轴之间设置玻璃肋孔位专用的铝套，铝套与玻璃肋孔壁灌注环氧树脂胶，使铝套和玻璃肋形成一个整体。采用钢立柱与玻璃肋组合结构，玻璃肋可以适当分段，每段玻璃肋和钢立柱之间设置两颗销轴固定。玻璃肋分段可以减少大长条玻璃在运输过程中的损耗，减少开孔过多带来的累积误差，提高加工精度，同时玻璃肋适当分段的设计减小了玻璃肋截面的高度，也可减小玻璃肋连接螺栓孔间应力，对两者进行有限元建模分析过程如图 6～图 9 所示。分段式玻璃肋的圆孔边附近应力云图在 23.09～25.98MPa 区间，长条孔边附近的应力云图在 17.32～20.21MPa 区间。通高式玻璃肋圆孔边附近的应力云图在 41.29～46.45MPa 区间，长条孔边附近的应力云图在 30.97～36.13MPa 区间。从上述数据结果分析可知，分段式玻璃肋的做法，其螺栓孔孔边附近的应力值可减小近一倍，从而增加了整个结构体系的安全性。

对钢立柱开孔位进行有限元分析，特制 M16 销轴增加了同钢立柱的孔边接触面积，孔边附近应力云图在 85.7～110.2MPa 区间，钢立柱开孔位置应力集中有较好的控制，如图 10 所示。

为适用大跨度钢立柱竖向位移伸缩，钢立柱底部连接采用长条孔构造，钢立柱竖向位移量包括主体结构的层间压缩量，协调温度及地震作用下的位移量，其中幕墙温差变形量：d_t ＝$\Delta t \cdot \alpha \cdot L$＝80℃×1.2×$10^{-5}$1/℃×11000mm＝10.56mm，主体结构层间变形量：d_d＝1/

550×11000mm＝20mm，考虑地震作用等其他因素影响的预留量：d_e＝2mm。综合上述位移量，钢立柱竖向总位移达到32.6mm，钢立柱长条孔87.5mm，允许调节量±33.8m，满足钢立柱竖向位移伸缩的构造，如图11所示。

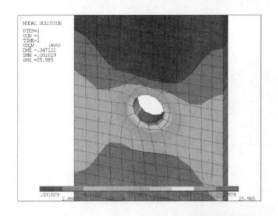

图 6　分段式（2.76m）玻璃肋圆孔区域应力图

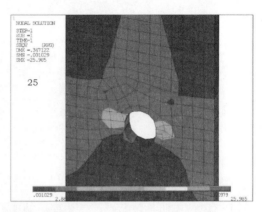

图 7　分段式（2.76m）玻璃肋长条孔区域应力图

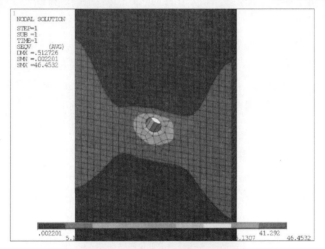

图 8　通高式（11m）玻璃肋圆孔区域应力图

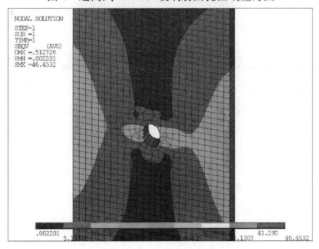

图 9　通高式（11m）玻璃肋长条孔区域应力图

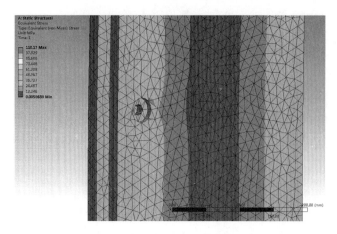

图 10　钢立柱开孔区域应力图

本系统玻璃肋是单肋设计，依据《玻璃幕墙工程技术规范》（JGJ 102—2003）第 7.3.2-2 条玻的璃肋截面高度计算公式，玻璃肋分段使得计算公式中的计算跨度 h 取值减小，ω、l、f_g 和 t 相同的前提下，玻璃肋截面高度 h_r 相应减小。但是考虑到整体的安全性，给玻璃肋受力留有足够余量，最终玻璃肋截面高度取值定为 250mm。玻璃肋分段设计，配合上圆孔下腰孔的开孔形式能释放玻璃肋自身应力，降低玻璃肋自爆率。玻璃肋开孔时，两片玻璃开大小孔，避免合片后不对孔；合片后大孔周圈抹环氧树脂胶，使大孔的有效直径和小孔相同，两片玻璃能均匀受力，如图 12 所示。

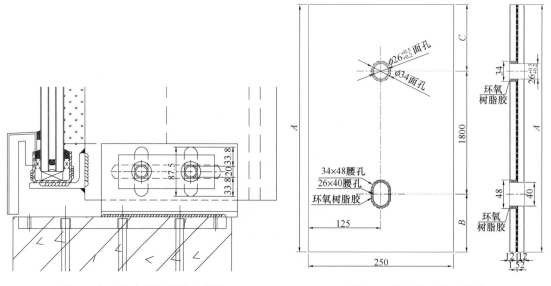

图 11　钢立柱底部长条孔示意图　　　　图 12　玻璃肋开孔示意图

H 形钢立柱的加入大大提高了组合立柱的受力性能，组合立柱的整体宽度为 70mm，相对单一玻璃肋增加不多。H 形钢立柱的表面呈现形式选择性更多，可以通过氟碳喷涂去实现不同的颜色要求，而且金属元素的加入，赋予了全玻璃幕墙通透灵动之外的厚重大气特性；组合立柱设计时，在面板玻璃和钢板立柱之间保留 38mm 缝隙，可以营造隐藏式立柱的效果，外视通透感更强；玻璃肋和面板玻璃采用骑缝式，在不增加玻璃肋的厚度且要满足受力要求的前提下，骑缝式设计增加了硅酮结构胶的宽度，面板所受荷载通过结构胶传递到组合立柱。

3.5 点支承装置

点支承装置由定制弧形不锈钢连接件和不锈钢万向调节驳接头两部分组成，驳接头连接玻璃面板，通过弧形连接件固定到 H 形钢立柱上（图13）；点支承装置的引入，主要是考虑点支承装置可以替代横梁作用，承托面板玻璃的自重，面板横向留 16mm 缝打结构胶，保证玻璃伸缩即可，更加简洁透明。

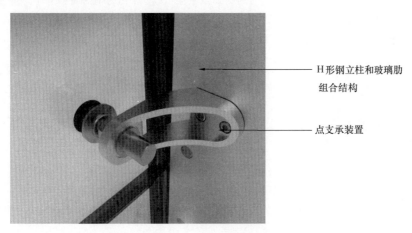

图13　点支承装置示意图

4　结语

随着建筑行业的高速发展，作为建筑外围护结构的幕墙产品在功能、结构、材料上不断丰富；建筑幕墙产品工业化、标准化水平不断提高，并且逐渐呈现出个性化发展趋势，成为体现建筑艺术风格、时尚元素和文化风向的载体。本幕墙工程针对大跨度玻璃幕墙，综合考虑其建筑设计风格、建筑设计思想和整体性，通过精心设计，博采众长，创新融合各种幕墙形式的特点，创新性地采用钢立柱与玻璃肋组合结构体系，完美呈现建筑舒展大气之美。本文对此类大跨度玻璃幕墙的设计及构造进行了详细的经验分析，希望给大家带来一些参考价值。

参考文献

[1] 中华人民共和国住房和城乡建设部. 玻璃幕墙工程技术规范：JGJ 102—2003[S]. 北京：中国建筑工业出版社，2004.

[2] 中华人民共和国住房和城乡建设部. 建筑玻璃应用技术规程：JGJ 113—2015[S]. 北京：中国建筑工业出版社，2016.

[3] 中华人民共和国住房和城乡建设部. 钢结构设计标准(附条文说明[另册])：GB 50017—2017[S]. 北京：中国建筑工业出版社，2018.

[4] 中华人民共和国国家质量监督检验检疫总局，中国国家标准化管理委员会建筑幕墙. GB/T 21086—2007[S]. 北京：中国标准出版社，2008.

［5］ 中华人民共和国住房和城乡建设部 . 民用建筑设计统一标准：GB 50352—2019［S］. 北京：中国建筑工业出版社，2019.

作者简介

廖伟靖（Liao Weijing），男，中级工程师，深圳市方大建科集团有限公司幕墙项目设计师，近十年幕墙从业经验，先后主持设计香港中文大学（深圳）一期幕墙工程、深圳鹿丹大厦、深圳前海国际会议中心、深圳技术大学等项目，所主持项目多次被评选为省优、国优。

曾学岚（Zeng Xuelan），男，中级工程师，深圳市方大建科集团有限公司幕墙项目设计师，有近十年幕墙结构计算设计师从业经验，先后主持设计万科翡翠滨江一期、中国外滩 SOHO、中外运长航上海世博办公楼、深圳前海国际会议中心、腾讯数码大厦等项目，所主持项目多次被评选为省优、国优。

文林（Wen Lin），男，教授级高级工程师，深圳市方大建科集团有限公司总工程师。

精致钢型材幕墙系统设计与生产

罗永增

中建八局装饰工程有限公司　上海　201206

摘　要　随着生活水平的不断提高，人们对建筑也提出了更高的要求，建筑装饰和幕墙越来越往精细化发展。建筑师对钢幕墙的要求也更加精致，伴随着生产工艺的提升，精致钢型材幕墙也越来越多地出现在一些标志性项目上。笔者从精致钢发展的历程，以及存在的问题等方面，结合自身的研究进行了分析和探讨。

关键词　冷弯型钢；精制钢；钢结构幕墙

1　引言

随着城市的发展，建筑越来越向高处发展，钢材也扮演了越来越重要的角色，从混凝土中的钢筋，到主体钢结构。作为"工业之母"的钢材，因为其杰出的结构性能和易加工性，是现代建筑最不可取代的材料之一。

作为建筑的外维护结构的幕墙，铝型材因为其几乎可以挤压成任意希望的形状，以及重量轻，防腐性能好，易于切割加工等优异的性能，成了建筑幕墙最重要的框架结构材料。钢材基本上属于辅助的角色，用在埋件，连接码件，以及不可视部位的结构构件，或者是结构上铝没法做到的部位，比如说雨篷，采光顶的结构部位。

这些年来，由于建筑表现的要求，以及建筑功能性的要求，越来越多的建筑师希望展示钢材的阳刚性，将作为结构的钢材外露，这也推动了钢型材越来越越往"精致"方向发展。钢材的加工精度得到了极大的提升，很多钢材的外观效果已经不亚于铝型材，"精致钢"被越来越多的项目所采用。

2　钢幕墙系统的需求

钢幕墙是根据建筑设计的要求或者结构及功能需求来决定是否使用的，虽然它不能完全取代铝结构，但它在某些方面的性能远超铝结构，可以在铝结构不能满足的方面做到很好的补充。分析下来，主要有以下几个原因：

（1）结构的需求。

普通的幕墙结构是采用铝型材作为支撑骨架的，但是在层高较高，或者跨层没有主体结构的位置，比如说首层大堂，或者一些场馆等对空间要求比较高的建筑上，铝作为幕墙的支撑结构就可能无法满足结构的要求。在这些部位，主要控制的一般不是强度，而是结构的挠度，而钢的弹性模量达到 206000MPa，是铝的三倍（铝的弹性模量是70000MPa），可以很好地降低结构变形程度。这样可以让立柱横梁等框架构件更加纤细，达到更好的建筑效果。

（2）防火的要求

在建筑设计上，由于一些建筑间距、防火空间的需求，经常要求某些部位的幕墙需要采用防火幕墙，来达到防火隔断的要求。在这些部位，铝型材的幕墙就达不到建筑防火时效要求，因为铝的熔点仅为 660℃，燃烧到一定程度就结构失效了。而钢的熔点达到 1500℃，远远超过钢的熔点。基于良好的防火性能，所有具有防火要求的幕墙，基本采用钢框架加防火玻璃及具备防火性能的辅助材料构成。

（3）建筑外观的要求

钢作为建筑中最重要的材料之一，作为主要的受力构件，越来越多的建筑师希望能直接展示钢材的"阳刚之美"。将钢材直接外露，对钢材的加工精度和表面处理有了更多的要求，这也直接促进了钢材的加工厂家开始学习国外的先进经验，对加工工艺、精度和表面处理的提高，达到了更高的标准。

（4）环境的要求

铝在电解过程中，不仅需要消耗大量的能源，还会产生大量的废弃物，这些废弃物如果处理不好，会对环境会造成极大的影响。而钢的冶炼过程产生的主要为铁矿渣，有害物质极少。同样，在铝的挤压成型中所消耗的电量也远远大于精密钢型材制作所消耗的能量。所以，在国家"碳达峰，碳中和"的政策引领下，钢幕墙的运用趋势也会进一步扩大。

除了以上一些原因，钢结构幕墙相对于铝还有两方面的优势：一方面是钢的线膨胀系数仅为 $1.2 \times 10^{-5} 1/℃$，几乎只是铝的一半，这样就能降低温度变形对幕墙系统的影响，可以做得更长，减少接缝；另外一方面是钢的传热系数比铝低很多，铝的传热系数是 $200W/(m \cdot K)$，而钢的传热系数仅为 $50W/(m \cdot K)$，钢幕墙可以比铝幕墙有更好的热工表现。

3 早期铝包钢幕墙系统及缺陷

在之前的大部分项目上，钢材由于加工精度和成本的原因，几乎都是用在不可视的区域，在石材、铝板幕墙上，几乎是采用钢作为主要的结构支撑构件。钢和铝型材组合做法如图 1 所示。在玻璃幕墙部分，几乎都是在外面包铝型材或者铝板，这种做法存在以下缺陷：

（1）成本浪费。

钢铝结合的做法，一般使以钢作为主要受力结构，外包的铝型材或铝板作为装饰材料，这样等于在钢材的基础上，还要加上铝的成本。这会造成成本的极大增加。

（2）造型笨重。

由于安装的空间需要，包的铝的构件宽度比钢结构的宽度至少要增加 50mm，这样就会显得立柱和横梁的框架比较粗重，而在大部分大跨度部位采用钢框架结构

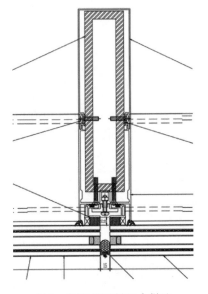

图 1 钢和铝型材组合做法

的目的都是为了让幕墙框架显得更加纤细。这种笨重的造型在一定程度上降低了感官效果。

（3）结合度差。

由于钢和铝的加工精度不一样，常规做法上钢的精度比铝差很多，而且钢材和铝型材在加工过程中自身几乎都会存在弯曲等现象。由于弯曲不是一致的，在组装上必须留有足够的

空间去吸收这种差异。而这些空间也会影响到他们之间的传力效果。虽然设计上会考虑通过设置垫片来使二者结合紧密，但在实际施工过程中很难真正做到，这也导致了二者的结合度很难达到设计期望的效果。

（4）电位差。

钢和铝之间存在电位差，如果表面未做特殊处理直接接触的话，会导致电化学腐蚀现象。

4 国内精致钢幕墙的发展

国内精致钢幕墙发展基本上可以分为以下几个阶段。

（1）进口钢幕墙系统主导阶段

精密成型钢材技术在国外发展得比较早，比较出名的有德国的 WEISER 和瑞士的 JANSEN 等，这两家都有百年以上的历史，早期产品主要是用在汽车方面，后来才逐步运用到门窗和幕墙。真正作为精密钢幕墙产品引进中国的时间是在 2010 年左右，但是由于生产设备和模具的原因，造价居高不下。一套生产设备大约要 6000 万元人民币，而一套模具就要 50 万元人民币左右。由于一套幕墙系统需要将近 10 个模具，这样整体造价就很高，每吨的精密钢型材造价会在 5 万～16 万元，远超铝合金幕墙和普通的铝包钢幕墙的价格。所以只有局部特殊要求的部位才会使用，但这也促进了国内精密钢型材的发展。（图 2）

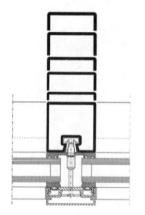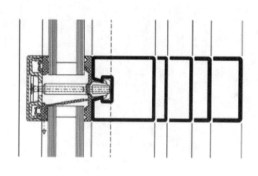

图 2 瑞士 JANSEN 幕墙系统做法

（2）国内精密钢型材的发展。

2012 年，上海宝钢集团投资数亿元联合北京多所知名大学开展钢铁精密复杂成型技术的研发，从德国采购设备与软件，引进北京科技大学的博士，进行精密成型技术的研发。随后几年，国内一些企业也陆续开始了精密成型技术的研发，而且在技术上陆续取得一些突破。2018 年之后，国内精致钢幕墙得到高速的发展，技术上得到了很大的突破，不管是在冷弯薄壁方面，还是在焊接直角方钢管以及异形精致钢方面都得到了很大的发展。

第一类是冷弯薄壁型钢，它主要用于常规的幕墙系统，一般的横竖料壁厚在 2～5mm，采用标准化、规模化生产方式，使用冷轧钢板等材料制作，具有特定几何截面，用作外露的幕墙系统的支撑框架。在这个成型过程中，材料和冷弯成型工艺是重点。钢板通常采用轧辊工艺成型，不改变钢铁成分和特性。但是在个这过程中，容易产生变形和应力集中，成型后容易开裂。

在成型过程中，主要控制两个关键点：一个是 R 角的控制，外露的构件一般要求外 R 角越小越好，但是实现小外 R 角难度极大，而且容易造成开裂，现在进口和国产精密钢型材的外 R 角一半控制在 $0.5\sim2mm$ 之间。（图 3 和图 4）

图 3　R 角控制难度大、易开裂

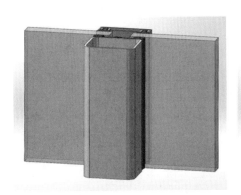

图 4　大小 R 角幕墙系统效果对比

另外一个控制要点是截面的精度，进口的精密钢型材的截面尺寸偏差基本可控制在 $0.2mm$，国产的最好的基本可以控制在 $0.3mm$，一般在 $2.5mm$ 左右。（图 5）

钢幕墙系统的设计和铝幕墙系统既有相通性，也有自己的特点。首先，它的型材不是像铝型材一样挤压出来的，截面厚度可以随意变化，它的厚度基本上是统一的，而且截面局部形状受工艺影响较大。其次，由于钢材较硬，而且普遍较薄，局部厚度不易增厚，所以螺栓连接很受限制，如何设计结构满足又安装方便的系统连接方式是重点。以下为常规钢幕墙系统的一些做法，通常分为隐框和明框两种做法。

明框做法分竖明和横明两种，通常做法是在立柱和横梁做个内凹的槽，然后用螺栓将外压条连接到竖料或横梁上。外装饰扣盖分压条和盖板，分别起到固定玻璃和装饰的作用。（图 6）

隐框做法分竖隐和横隐两种，玻璃面板采用结构胶固定到副框上，然后再把面板和副框

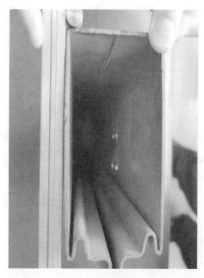

图 5 精密钢型材和普通冷弯型材截面精度对比

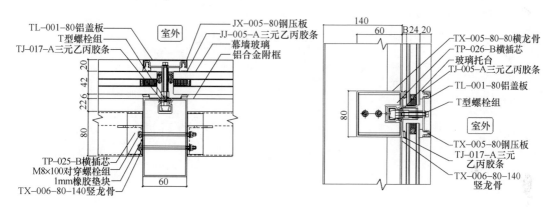

图 6 横竖明框做法示意图

通过压块固定到立柱或者横框上。外侧玻璃面板接缝通常采用泡沫棒加密封胶的做法，来保证气密、水密和结构变形等功能。（图 7）

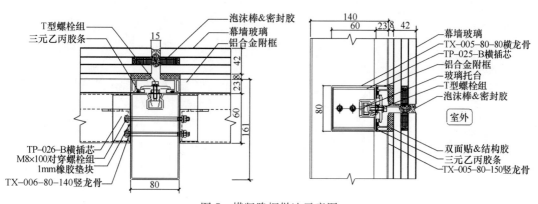

图 7 横竖隐框做法示意图

冷弯薄壁型钢幕墙系统在国内不少大型场馆得到了推广，例如北京大兴国际机场、北京冬奥会、苏州博物馆、雄安新区高铁站等项目都采用了精密钢型材系统。国内厂家做得较好的有湖南省金为新材料科技有限公司等。

第二类是焊接直角方钢管以及异形精致钢，一般来说厚度更大，最大可以达到 60mm。一般选用适合的高精钢板或钢带，通过焊接成型，再通过打磨、校正、消除应力、喷涂等工艺，作为大跨度、异形建筑幕墙造型等的外露支撑构件。

作为外露的幕墙钢结构，与钢结构工程虽然有很多相似之处，但仅满足钢结构的验收标准肯定不能满足外露幕墙构件的要求。在平整度、直线度、R 角等加工精度方面，精致钢构件和普通钢结构工程的区别见表 1。

表 1　精制钢与普通钢结构的精度差别

技术指标	精度范围（单位：mm）	国际 GB 50205《钢结构工程施工质量验收标准》（单位：mm）
直线度	0.5/1000	1/1000
垂直度	≤0.5*	B（H）/200 且不大于 3
平整度	≤±0.2mm	$t≤6.3mm/m$；$6<t≤14$，1.5mm/m；$t>14$，1mm/m
粗糙度	≤25μm	$Ra<50μm$
长度 L	$L<6000$，±1.0；$6000≤L≤1000$，±2.0；$L>10000$，±5	±2.0
截面高度 H，宽 B	B，$H≤100$，±0.5mm；$100≤B$，$H≤200$，±0.8；B，$H>200$，±1	±2.0
壁厚 t	$t<5.0$，±0.45mm；$t>5.0～8.0$，±0.5；$t>8.0～15.0$，±0.55；	
箱型截面对角线差		3.0
弯曲矢高	$L/2000$	柱：$L/2000$ 且不大于 12 梁：$L/2000$ 且不大于 10
扭曲度 V	$V=2+L×0.5/1000$	柱：6 梁：$H/250$ 不大于 10
R 角	直角方管 90°角光滑，线条清晰，R 角≤0.5mm	肉眼可观的转角圆弧
塑材成型	焊接	热轧或冷轧
截面形式	定制灵活，选型丰富，截面复杂，并没将型材截面高、宽、厚固定框死，而是可以随意定制截面形式，板厚，可定制棱形、梯形、三角形等种截面	以型材型号标准化，模数及外观单一
表面处理	优选阿克苏、PPG、佐数等品种防护涂料、氟碳面漆，涂装效果铁美铝合金	镀锌或粉末喷涂
外观效果	无需二次装饰	需要铝包钢二次装饰

这类精致钢比较适用于各种不同造型幕墙交接的构架，在上海图书馆东馆（图 8）、冰

雪世界（图 9）等项目中得到了很好的应用。国内做得较好的厂家有始博实业集团有限公司等。

图 8　上海图书馆东馆精制钢框架幕墙　　　　图 9　冰雪世界精制钢框架幕墙

5　国内精致钢幕墙需要提高的瓶颈

国内虽然通过学习，在部分工艺上已经赶上或者超过了国外的产品，但是在整体上还需要提高，具体体现在以下方面。

（1）系统设计方面

精致钢幕墙作为一个新型的幕墙体系，和铝幕墙有着很大的不同。如何达到气密、水密、结构、位移、保温、隔声等性能要求，除了要在设计上下功夫，设计合理的构件和连接方式，还需要做相应的测试来验证和提高。现在大部分的厂家都是直接抄袭国外的系统，对系统的真正破坏模式完全不了解，而自己本身又没有相应的系统设计能力，这样造成产品的可行性和附加值都比较低。只有做好相应的面板、构件、辅件和连接的设计，并经测试和实际检验，才可能真正做好钢幕墙。

（2）加工生产精度方面

现在国内的精制钢厂家，有少数的加工精度已经达到或接近国外的先进水平，但是大部分的厂家的产品加工精度还比较差。加工生产精度较差不仅会影响外观效果，还可能会严重影响幕墙的气密、水密等各项性能指标。所以，在这方面还是要持续提升工艺，降低缺陷率，确保构件的安全性、实用性和美观性。

（3）抗腐蚀性方面

由于普通钢材抗腐蚀性比较差，而钢幕墙的构件有部分在室内，但还有部分会暴露在室外，这部分的防腐会是钢幕墙成功与否的关键。虽然构件表面可以进行粉末喷涂或氟碳烤漆等表面处理，但是在构件开孔加工和切口的部位就很难保证表面处理能确实到位。所以选择合适的耐候钢可能是钢幕墙系统能真正发扬光大的道路。

（4）生产和验收标准

现在钢幕墙的生产验收没有自己的标准，几乎都是照搬铝门窗幕墙和钢结构的标准，这是很不合理的。钢幕墙的构件精度要求肯定要比钢结构的精度要求高，但是完全用铝的精度标准来套钢材的加工精度标准也是不合适的。好在现在有关钢幕墙的工程和材料行业标准也正在编写中，应该很快就能有钢幕墙自身的生产和验收标准供实际工程使用。

6　结语

研发钢幕墙，不是为了取代铝合金幕墙，而是在建筑和功能上做更好的补充。铝合金幕墙发展到现在，有它不可取代的优势，包括轻质、抗腐蚀、易加工方面，特别适合超高层幕墙。而钢幕墙，则适合大跨、异形，以及有防火功能要求的部位。只有共同发展、百花齐放，幕墙行业才可能发展得越来越好。

论 BIM 及装配式技术在苏州湾大剧院项目中的应用

周 浩

苏州柯利达装饰股份有限公司 江苏苏州 215011

摘 要 本文旨在通过实际工程案例探讨 BIM 建模技术以及装配式技术在异形曲面建筑中的应用。

关键词 BIM 建模；装配式技术应用

Abstract This article aims to discuss the application of BIM modeling technology and assembly technology in special-shaped curved surface buildings through practical engineering cases.

Keywords BIM modeling；assembly technology application

1 引言

本工程坐落于东太湖之畔的苏州湾，总用地面积约 10.7 公顷，总建筑面积 19.8 万 m^2，包括北部苏州大剧院及南部吴江博览中心两个项目。其中，苏州大剧院共 9.5 万 m^2，主要功能为大剧院、小剧院及一个 IMAX 厅和若干电影放映厅，外装饰最大高度 53.912m。吴江博览中心共 10.3 万 m^2，主要功能为博物馆、城市规划展示馆及会议中心，外装饰最大高度 54.705m。

2 工程亮点

本工程最大的亮点为贯通北部大剧院与南部吴江博览中心的阳极氧化铝板飘带，整体飘带为空间三维结构，飘带结构体系为空间弯扭钢结构，大剧院和博览中心通过铝板飘带连接贯通，铝板飘带呈不规则空间弧形。按标高飘带分为上飘带和下飘带。（图 1）

图 1 上飘带和下飘带

整体飘带系统中包括阳极氧化铝单板、穿孔铝板、低辐射 Low-E 夹层中空玻璃、消防救援窗等。由于飘带外形为扭转弧形，分格单元为三角形平板，总面积约 4 万多平方米。铝板飘带节点图如图 2 所示。

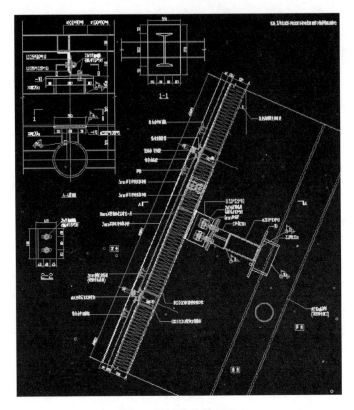

图 2　铝板飘带节点图

铝板饰面为不规则的连续渐变外形，采用三角形来适应外表面变化。三边设置闭合的铝副框，采用机械螺钉连接于次钢龙骨；板之间接缝采用硅酮密封胶密封。面板采用 3mm 厚5005H18 阳极氧化铝单板，铝板采用连续氧化工艺制作，表面无肉眼可见的明显色差，颜色及安装方向须满足建筑师的要求。

主受力龙骨，采用镀锌钢方通，龙骨布置方向与铝板分格相一致，横向钢龙骨与竖向钢龙骨交接处采用焊接连接。

由于整幅铝板幕墙（即建筑立面上的铝板飘带）为弧形，因此考虑到材料加工及现场安装的可行性，单块铝板为三角形平板，相邻板片间通过铝副框前端的弧形部分调节方向飘带每块铝板的朝向，需借助 BIM 模型进行空间定位后再现场安装。

整体飘带系统中包括阳极氧化铝单板、阳极氧化穿孔铝单板、低辐射 Low-E 夹层中空玻璃等。

该系统为封闭式系统设计（接缝由硅酮密封胶密封）。除仅用于外饰的飘带外，作为建筑围护结构的铝板幕墙需在后部设置 2mm 厚的防水铝板层和保温岩棉。对于装饰性作用的铝板饰面，可不设置背板和保温岩棉。

除飘带主体钢结构外，其他所有用于安装外饰面的次钢结构均属于幕墙工作范围。次钢要用热浸镀锌处理。

在指定位置设置固定玻璃，玻璃采用夹胶中空玻璃（不可开启位置采用夹胶玻璃），玻璃板块通过结构胶固定的铝副框连接在主框架龙骨上。

铝板表面色差处理：铝板应采用连续氧化工艺制作，表面无肉眼可见色差，如有必要氧化方向应一致。

由于铝板飘带为空间不规则弧形，须同时结合 3D 模型及二维施工图进行飘带形状、规格确定、现场施工定位等工作。

3 金属飘带 BIM 建模及装配式技术特点

（1）金属飘带 BIM 建模技术特点

根据设计的飘带 CAD 图纸，建立出 BIM 飘带模型。进一步确认设计的飘带空间关系，对设计进行检验，进行各专业间的碰撞检查，进行优化设计后，将飘带铝板系统分割成标准的单元板块，每一个单元板块必须包含与主体连接构件的详细参数，此阶段进行优化的单元板块方案，对建筑物最终的竖向设计空间进行检测分析，并给出最优的单元板块布置。使得建筑信息化模型（BIM）较为准确，并能提供各专业的工程量明细，从而满足其在加工、施工阶段的技术要求。使用软件为 REVIT 及 RHINO。（图 3）

理论模型完成后，再根据测量技术结合模型的应用，将飘带铝板高空坐标转化为地面坐标，采用全站仪直接由控

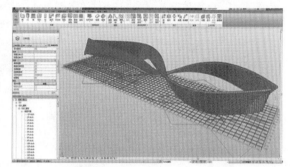

图 3 飘带单元设计阶段 RHINO 模型

制点进行三维放样，可达到很高的精度效果，减少其他仪器多次测量引起的累计误差。高程控制网的基本网和加密网精度保持一致，其精度根据规范确定。复测精度与建网精度相同，钢结构卸载后采用激光扫描仪对钢结构进行激光扫描。激光扫描仪采取非接触式激光扫描，基于点云获取三维数据。通过全站仪与三维激光扫描仪进行配合，使三维激光扫描仪获取的点云坐标与模型坐标进行匹配转换。利用扫描后的点云模型与 BIM 理论模型进行合并，分析现场实际构件与理论模型的位置误差，对误差超限的区域模型进行修正，满足建筑外观并对超限区域圆滑过渡。（图 4 和图 5）

图 4 现场三维扫描

图 5 3D 扫描点云模型示意

利用建筑信息化模型（BIM）系统软件创建飘带铝板深化模型。在制作深化模型过程中，利用软件协同工作，检查与其他专业之间的相对位置关系并作相应的调整。本项目采用装配化单元式体系，根据 Revit 软件分析得出，纵向铝板骨架不弯弧，横向根据造型进行弯弧扭转，因此，本工程飘带铝板单元设计以纵向一体化，即纵向一整排可在地面进行拼装，横向分析得出可以在不超过 3 块铝板板宽的长度下进行地面拼装而不影响整体造型的实现，根据计算分析，最大单元板块为（纵向 28m×横向 7.5m）。考虑到整体框架的稳定性，纵向分为三个小单元进行吊装。（图 6）

以标准模块的形式创建，绘制符合生产工艺要求的深化图纸及明细表，对每一块铝板、构件进行编号，并对其定位坐标、颜色、材质、加工尺寸和到场时间等信息进行统计梳理，可以方便快捷地导出板块清单、材料清单。（图 7～图 9）

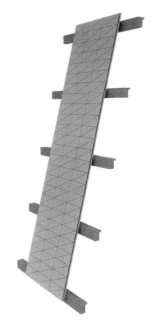

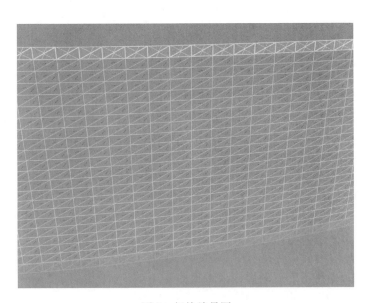

图 6　最大单元板块示意效果图　　　　　　　图 7　板块编号图

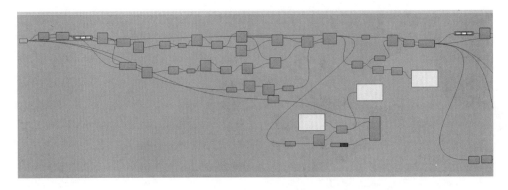

图 8　利用 Grasshopper 电池组编程自动导出材料规格

序号	金属板编号	金属板名称	金属板尺寸 A	B	C	数量块	加工图	其他加工参数	总面积m2	工艺要求	颜色	送货地点车间/现场	备注
1	A-1-S-1	3.0mm阳极氧化铝板	1754	1366	2145	1	AL01-001		1.2	JT3Aup系列	同封样	工地	
2	A-1-S-2	3.0mm阳极氧化铝板	1811	1360	2184	1	AL01-001		1.23	JT3Aup系列	同封样	工地	
3	A-1-S-3	3.0mm阳极氧化铝板	1868	1354	2224	1	AL01-001		1.26	JT3Aup系列	同封样	工地	
4	A-1-S-4	3.0mm阳极氧化铝板	1926	1348	2265	1	AL01-001		1.29	JT3Aup系列	同封样	工地	
5	A-1-S-5	3.0mm阳极氧化铝板	1984	1342	2309	1	AL01-001		1.33	JT3Aup系列	同封样	工地	
6	A-1-S-6	3.0mm阳极氧化铝板	2045	1335	2356	1	AL01-001		1.36	JT3Aup系列	同封样	工地	
7	A-1-S-7	3.0mm阳极氧化铝板	2106	1329	2406	1	AL01-001		1.4	JT3Aup系列	同封样	工地	
8	A-1-S-8	3.0mm阳极氧化铝板	2169	1322	2459	1	AL01-001		1.43	JT3Aup系列	同封样	工地	
9	A-1-S-9	3.0mm阳极氧化铝板	2233	1314	2514	1	AL01-001		1.46	JT3Aup系列	同封样	工地	
10	A-1-S-10	3.0mm阳极氧化铝板	2297	1307	2572	1	AL01-001		1.5	JT3Aup系列	同封样	工地	
11	A-1-S-11	3.0mm阳极氧化铝板	2042	1299	2361	1	AL01-001		1.32	JT3Aup系列	同封样	工地	
12	A-1-S-12	3.0mm阳极氧化铝板	2220	1293	2499	1	AL01-001		1.43	JT3Aup系列	同封样	工地	
13	A-1-S-13	3.0mm阳极氧化铝板	2220	1286	2503	1	AL01-001		1.43	JT3Aup系列	同封样	工地	
14	A-1-S-14	3.0mm阳极氧化铝板	2221	1280	2508	1	AL01-001		1.42	JT3Aup系列	同封样	工地	
15	A-1-S-15	3.0mm阳极氧化铝板	2221	1275	2513	1	AL01-001		1.41	JT3Aup系列	同封样	工地	
16	A-1-S-16	3.0mm阳极氧化铝板	2221	1270	2518	1	AL01-001		1.41	JT3Aup系列	同封样	工地	
17	A-1-S-17	3.0mm阳极氧化铝板	2222	1267	2521	1	AL01-001		1.22	JT3Aup系列	同封样	工地	
18	A-1-S-18	3.0mm阳极氧化铝板	2222	1263	2524	1	AL01-001		1.22	JT3Aup系列	同封样	工地	
19	A-1-S-19	3.0mm阳极氧化铝板	2223	1260	2526	1	AL01-001		1.22	JT3Aup系列	同封样	工地	
20	A-1-S-20	3.0mm阳极氧化铝板	2223	1257	2529	1	AL01-001		1.22	JT3Aup系列	同封样	工地	
21	A-1-S-21	3.0mm阳极氧化铝板	2224	1255	2532	1	AL01-001		1.21	JT3Aup系列	同封样	工地	
22	A-1-S-22	3.0mm阳极氧化铝板	2225	1252	2535	1	AL01-001		1.21	JT3Aup系列	同封样	工地	
23	A-1-S-23	3.0mm阳极氧化铝板	2225	1250	2538	1	AL01-001		1.21	JT3Aup系列	同封样	工地	
24	A-1-S-24	3.0mm阳极氧化铝板	2226	1249	2541	1	AL01-001		1.21	JT3Aup系列	同封样	工地	
25	A-1-S-25	3.0mm阳极氧化铝板	2227	1248	2543	1	AL01-001		1.21	JT3Aup系列	同封样	工地	
26	A-1-S-26	3.0mm阳极氧化铝板	2228	1246	2545	1	AL01-001		1.39	JT3Aup系列	同封样	工地	
27	A-1-S-27	3.0mm阳极氧化铝板	2228	1245	2546	1	AL01-001		1.39	JT3Aup系列	同封样	工地	
28	A-1-S-28	3.0mm阳极氧化铝板	2229	1244	2546	1	AL01-001		1.39	JT3Aup系列	同封样	工地	

图 9　自动导出的材料清单

（2）装配式施工技术特点

采用单元板块化安装的方式进行加工组装，在地面进行单元板块的拼装，减少高空作业量。考虑到单元板块尺寸为 7.5m×28m，现场铝板单元的拼装场地尺寸要求大致为：长 30m×宽 10m＝300m²。由于现场铝板飘带体量巨大，考虑到本工程的实际需要，为保证施工工期，计划现场布置 8 块单元拼装场地。

（3）单元板块拼装步骤顺序

第一步：飘带铝板单元板块高空转接件的制作（图10）

第二步：飘带铝板单元板块骨架的安装（拼装场地拼装）（图11 和图12）

第三步：飘带铝板单元板块镀锌钢板的安装（图13 和图14）

第四步：飘带铝板单元板块保温棉的铺设（图15 和图16）

第五步：飘带铝板单元板块防水铝板的安装（图17 和图18）

第六步：飘带铝板单元板块铝单板面板的安装（图19 和图20）

第七步：飘带铝板单元板块的吊装（图21）

本工程飘带铝板单元板块在垂直运输时，由于单元板块面积较大，且刚度不足，提升时容易引起变形，因此，在垂直运输吊装时，将采用吊装绳索禁锢绑扎。同时，板块下方需加设缆风绳，用以控制板块在提升过程中的姿态，防止发生碰撞。

第八步：相邻单元板块的衔接安装及误差调整（图22）

1）总体安装工艺流程

主结构复测→定位放线→单元板块制作→单元板块安装→单元间补杆（板）→安装后续板材→区域内安装误差测量→调整→清洗。

2）多个单元吊运安装就位后，会产生误差，通过全站仪对特征观测点进行空中坐标的复核与 BIM 模型相对照，确保误差控制在允许范围内。误差通过支座部位连接件螺栓的长圆孔进行微调。

图 10　钢桁架上焊接转接件

图 11　飘带铝板单元板块骨架的安装示意图

图 12　飘带铝板单元板块骨架的安装现场图

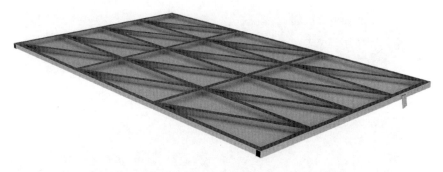

图 13　飘带铝板单元板块镀锌钢板的安装示意图

图 14　飘带铝板单元板块镀锌钢板的安装现场图

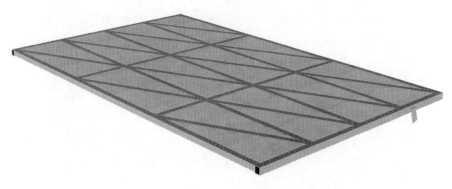

图 15　飘带铝板单元板块保温棉的铺设示意图

图 16　飘带铝板单元板块保温棉的铺设现场图

图 17　飘带铝板单元板块防水铝板的安装示意图

图 18　飘带铝板单元板块防水铝板的安装现场图

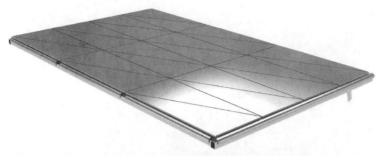

图 19　飘带铝板单元板块铝单板面板的安装示意图

图 20　飘带铝板单元板块铝单板面板的安装现场图

图 21　单元板块整体吊装现场图

图 22　相邻单元板块之间预留补差板块

4　结语

　　本工程的飘带铝板采用工厂加工、现场装配式单元安装的加工安装方式，材料运输快捷、安装工艺方便、整体美观度高，并在现场工期紧张时，不受天气影响，能快速满足施工时间上的要求。在造型复杂时，确保飘带铝板安装精度，同时施工人员的安全及下方施工人员的安全更能得到保证，比采用高空车零散安装节约施工时间及项目措施费。

作者简介

　　周浩（Zhou Hao），男，1980 年 2 月生，高级工程师。研究方向：项目管理；工作单位：苏州柯利达装饰股份有限公司；地址：江苏省苏州市高新区运河路 99 号；邮编：215011；联系电话：13962121590；E-mail：113192487@qq.com。

浅谈幕墙双支座体系变形分析

郑宗祥　刁宇新　张新明

深圳市方大建科集团有限公司　广东深圳　518057

摘　要　本文结合深城投湾流大厦项目探讨了幕墙立柱采用双支座体系时，四性试验抗风压性能变形检测立柱实际变形值与理论变形值产生差距的原因，以及解决该问题的办法。

关键词　单元式幕墙；超静定；支座位移；四性试验抗风压性能变形检测；分析

1　引言

随着建筑幕墙工程的发展，降低工程成本、避免材料浪费、创造更加低碳的生活越来越成为今后发展的趋势。在幕墙设计过程中，通过幕墙结构的巧妙设计就可以减少建筑材料的浪费，进而达到环保节能的目的，比如在大跨度位置采用双支座体系。本文以深城投湾流大厦项目双支座体系为例，分析四性试验抗风压性能变形检测时立柱实际变形值与理论变形值产生差距的原因，以供广大工程技术人员借鉴。

2　工程概况

深城投湾流大厦项目位于广东省深圳市宝安中心区滨海片区 A002－0068 地块，北侧为香湾三路，南侧为海天路，西侧为规划支路，东侧为宝兴路。本项目总用地面积 5086.32m²，总建筑面积 44857.33m²，其中地上 32052.09m²，地下 12805.24m²，建筑高度 107.85m，属一类高层公共建筑，地下 3 层，功能为机动车停车库、设备用房及人防，地上 22 层，主要功能为商业、办公等，幕墙体系主要为竖明横隐单元系统。（图 1 和图 2）

图 1　建筑效果图　　　　　　　　图 2　计算位置索引

3 计算位置立柱挠度理论分析计算

项目计算基本参数：基本风压0.75kPa，地面粗糙度C类，标准层计算高度55m，负压墙面区，风荷载标准值依据《广东省建筑结构荷载规范》（DBJ 15—101—2014）计算可知为2.19kPa。标准幕墙分格1.43m×8.8m，幕墙采用双支座，双支座间距为900mm。计算位置大样、节点图分别如图3和图4所示。

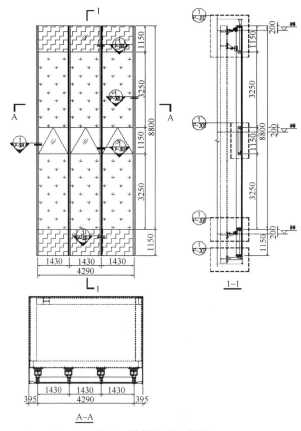

图3 计算位置大样图

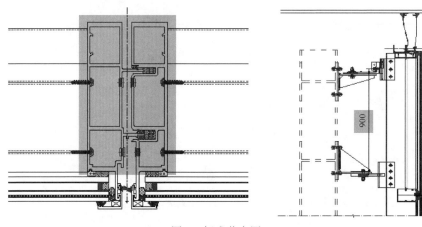

图4 标准节点图

单元立柱采用叠合截面，立柱截面属性如图 5 所示。

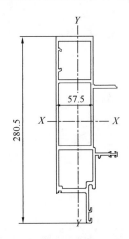

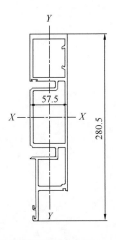

截面几何参数表

A	3704.6538	Ip	26732559.0000
Ix	24385467.0000	Iy	2347092.0000
ix	81.1319	iy	25.1705
Wx(上)	190961.0813	Wy(左)	69336.3827
Wx(下)	159568.1678	Wy(右)	39680.8453
绕X轴面积矩	133267.6319	绕Y轴面积矩	42005.5172
形心离左边缘距离	33.8508	形心离右边缘距离	59.1492
形心高上边缘距离	127.6986	形心高下边缘距离	152.8216
主矩I1	24410533.399	主矩1方向	(0.999,0.034)
主矩I2	2322025.601	主矩2方向	(-0.034,0.999)

截面几何参数表

A	3608.9568	Ip	25245014.5000
Ix	23654805.0000	Iy	1590209.5000
ix	80.9597	iy	20.9912
Wx(上)	188927.5057	Wy(左)	54369.1453
Wx(下)	152302.5928	Wy(右)	56266.0490
绕X轴面积矩	129250.7901	绕Y轴面积矩	34677.9732
形心离左边缘距离	29.2376	形心离右边缘距离	28.2623
形心高上边缘距离	125.2057	形心高下边缘距离	155.3145
主矩I1	23661877.346	主矩1方向	(1.000,-0.018)
主矩I2	1583137.154	主矩2方向	(0.018,1.000)

图 5　立柱截面属性

叠合截面之间不加任何连接，仅从构造上保证两者同时受力。发生弯曲变形时，在接触界面间，两者会产生相互错动，亦即叠合截面不符合"平截面假定"条件。在正常受力情况下，型材变形在弹性范围内，因此两者各自沿自身截面中和轴产生挠曲，且两截面未脱开，两者有着共同的边界约束条件，故两者挠度相等，则叠合立柱抵抗挠曲的刚度等于单元立柱两者刚度之和。采用 3D3S 整体建模分析立柱挠度，风荷载标准值 2.19kPa，双向板导荷载，立柱截面采用等效正方形截面（按照单元公母立柱 X-X轴惯性矩等效，等效正方形边长 a 为 154.95mm，等效过程不赘述）。（图 6）

根据计算可知，立柱在 2.19kPa 的风荷载标准值作用下，最大挠度值为 21.852mm，中间支座支座反力为 39.144kN。

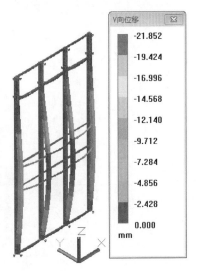

图 6　立柱在风荷载标准值作用
下的变形图

4　计算位置立柱四性试验（抗风压性能）实际挠度值

正压即＋2.19kPa 作用，最大挠度值＋29.16mm；负压即－2.19kPa 作用，最大挠度值－39.12mm。实测值正负压差距 34.16%，且与理论值误差为 79.02%。根据现场位移传感器显示（位移传感器放置在支座码件上），1a号测点正压作用时产生了＋3.51mm的位移，负压作用时候产生了－8.39mm位移。（图7~图9）

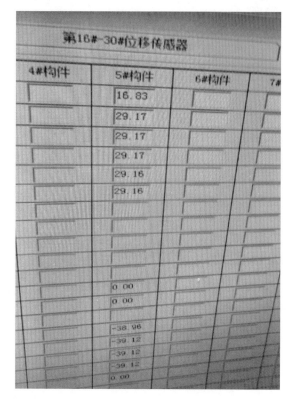

图7　实验室实测立柱挠度数据

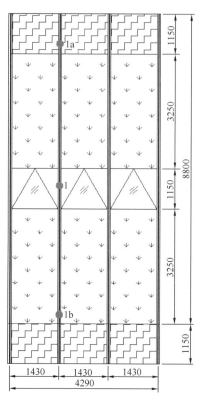

图8　立柱测点分布

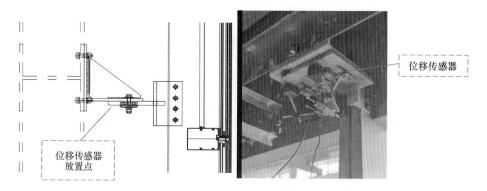

图9　中间支座位置1a位移传感器分布

5　支座位移时双支座体系立柱分析

超静定结构有一个重要特点，就是无荷载作用时，也可以产生内力。支座移动、温度改变、材料收缩、制造误差等所有使结构发生变形的因素，都会使超静定结构产生内力，即自内力，采用力法计算，力法基本原理如下。

力法是计算超静定结构的最基本方法。主要特点是：把多余未知力的计算问题当作解超静定问题的关键问题，把多余未知力当作处于关键地位的未知力，称为力法的基本未知量。把原超静定结构中去掉多余约束后得到的静定结构称为力法的基本结构，把基本结构在荷载和多余未知量共同作用下的体系称为力法的基本体系。多余未知量 X_1 以主动力的形式出现。基本体系本身是静定结构，却可以通过调节 X_1 的大小，使的他的受力和变形形状与原结构完全相同。

双支座立柱，如果支座 B 有微小位移，移至 B'，梁的轴线将变成曲线，产生内力。实际上，如果去掉支座 B，梁仍是几何不可变体系，不能发生运动。要使梁与沉降后的支座相连，必须使梁产生弯曲变形，因而在梁内产生内力。（图10）

取支座 B 的竖向反力为多余未知力 X_1，基本体系为简支梁，如图11所示。变形条件为基本体系在 B 点的竖向位移 Δl 应与原结构相同。由于原结构在 B 点的竖向位移已知为 a，方向与 X_1 相反，故变形条件可写出如下：

$$\Delta l = -a$$

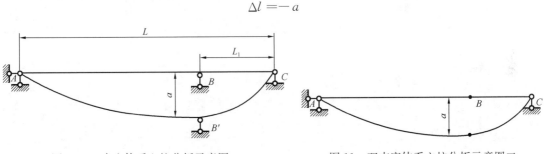

图 10　双支座体系立柱分析示意图一　　　图 11　双支座体系立柱分析示意图二

根据变形条件方程式可以计算出多余未知量，从而计算出梁单元内力及变形值，现阶段计算，采用结构计算软件，软件依托力学原理对结构体系进行计算。

以下为整体计算模型基础设置：①立柱采用梁单元计算，计算单元采用 beam188，立柱总跨度 8800mm，短跨间距 900mm，B 点约束 UX/UZ 两个方向，C 点约束 UX/UZ 两个方向，D 点约束 UX/UY/UZ 三个方向，整个梁单元约束 RY，立柱截面采用边长为 154.95mm 正方形实心铝材；②对梁单元施加荷载值 2.19×1.43×8.8＝27.56kN 集中荷载（软件会将此荷载均匀分布于整个杆件）。（图12和图13）

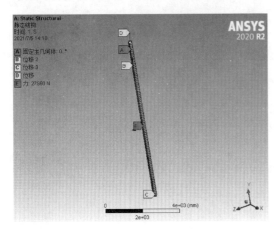

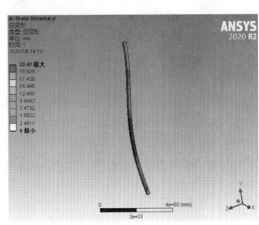

图 12　软件建模基础设置　　　　　　　图 13　立柱变形图

根据上述位移传感器得出支座位移，将中间支座位移值施加于计算模型，计算结果如图 14 和图 15 所示。

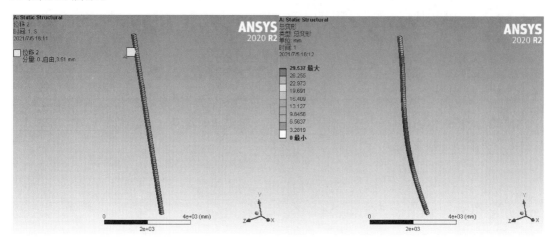

图 14　正压支座位移＋3.51mm 立柱挠度值

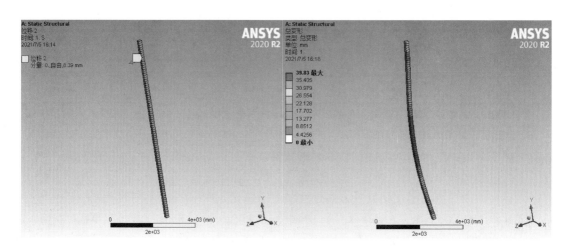

图 15　负压支座位移＋3.51mm 立柱挠度值

正压计算值为＋29.537mm，与实测＋29.16mm 误差为 1.3%，负压计算值为－39.83mm，与实测－39.12mm 误差为 1.8%。误差较小试验与计算值吻合。

图 16　中间支座挂接位置现场详图

6　支座位移产生的原因

（1）支座挂接位置存在间隙（图 16）

现场实测该处间隙达到 5mm。

（2）实验钢梁翼缘板薄弱（图 17）

根据上述计算可知，在风荷载标准值作用下，中间位置反力为 39.144kN，反力较大，而翼缘板仅 10mm 厚度，在此荷载作用下，翼缘板可能发生变形。

（3）挂接螺栓没有连接好（图 18）

图 17　中间支座挂接位置现场详图

图 18　中间支座挂接位置现场详图

7　解决方案

（1）挂接位置间隙处敲入钢板（图 19）

图 19　中间支座挂接间隙处理措施

（2）钢梁位置翼缘增加钢肋板，提高翼缘刚度（图 20）

图 20　中间支座钢梁增加钢肋板

原方案位移传感器仅设置在立柱支座上，无法监测主体结构梁变形，在主体钢梁位置增加位移传感器（1♯点位），监测主体结构梁翼缘变形，支座码件位移传感器（25♯点位）。

（3）螺栓位置严格按照设计对孔，提高耳板焊接质量（此项由于试验时间关系没来得及整改）

通过前两项整改，再次进行试验，试验结果如图 21 所示。

正压即＋2.19kPa 作用，最大挠度值＋28.29mm；负压即－2.19kPa 作用，最大挠度值－26.12mm。

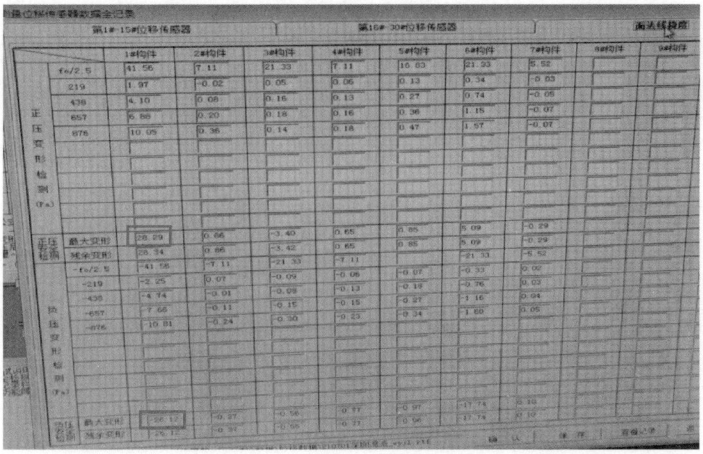

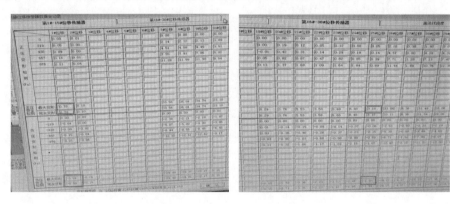

图 21　立柱实测挠度值

1♯点位（主体结构梁）正压作用下移动＋0.78mm，负压作用下移动－0.59mm，25♯（立柱支座）点位正压作用下移动＋3.18mm，负压作用下移动－1.93mm，主体结构梁翼缘板增加了加劲肋之后移动值较小，对整体挠度影响较小，则主要的支座位移还是由于立柱支座的变形产生（此处认为可能是连接螺栓耳板位置焊接质量不达标导致）。（图 22）

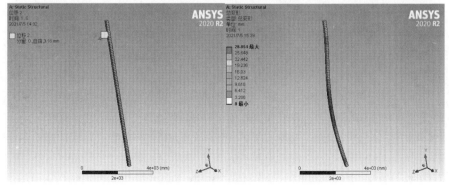

图 22　1♯、25♯点位位移值

采用软件分析支座移动＋3.18mm 和－1.93mm 时，立柱挠度值分别如图 23 和图 24 所示。

图 23　正压支座位移＋3.18mm 立柱挠度值

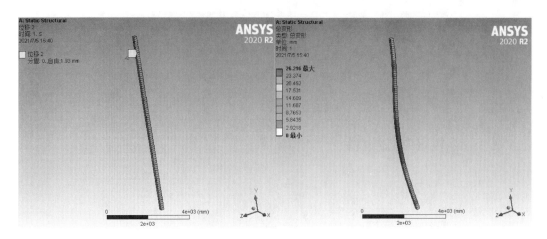

图 24　负压支座位移－1.93mm 立柱挠度值

正压计算值为＋28.854mm 与实测＋28.29mm 误差为 2%，负压计算值为－29.296mm 与实测－29.12mm 误差为 0.6%。误差较小，试验与计算值吻合。

8　结语

根据上述的分析，可以得出以下结论：

（1）幕墙双支座模型属于超静定体系，支座位移会产生附加变形；

（2）当试验结果与理论计算模型误差较大时，应该分析误差产生的原因，应该考虑计算模型简化是否合理；

（3）双支座体系幕墙，当幕墙立柱跨度较大且短跨较短时，由于第二支座反力较大，应加强幕墙立柱与主体结构的连接以及幕墙支座与幕墙立柱的连接；

（4）支座系统对于幕墙系统的安全起决定性作用，实际工程中，必须严格按图施工；

（5）实验室提供的试验钢梁与真实项目主体结构不一致，在做抗风压性能试验时，设计师应该判断试验钢梁刚度是否满足要求，可以通过多增设位移传感器来监测各点位移值。

参考文献

[1]　王新敏．ANSYS 工程结构数值分析[M]．北京：人民交通出版社，2007．

[2]　龙驭球，包世华．结构力学[M]．北京：高等教育出版社，2011．

[3]　广东省建筑结构荷载规范：DBJ 15—101—2014[S]．北京：中国建筑工业出版社、中国城市出版社，2015．

[4]　国振喜，张树义．实用建筑结构静力学计算手册[M]．北京：机械工业出版社，2009．

作者简介

郑宗祥（Zheng Zongxiang），男，1990 年 6 月生，中级职称。研究方向：建筑幕墙设计；工作单位：深圳市方大建科集团有限公司；地址：广东省深圳市南山区高新南十二路方大大厦 20 楼；邮编：518057；电话：13670791587；E-mail：412527937@qq.com。

刁宇新（Diao Yuxin），男，1990 年 11 月生，中级职称。研究方向：建筑幕墙设计；工作单位：深圳市方大建科集团有限公司；地址：广东省深圳市南山区高新南十二路方大大厦 20 楼；邮编：518057；电话：13610308047；E-mail：709790798@qq.com。

张新明（Zhang Xinming），男，1990 年 11 月生，中级职称。研究方向：建筑幕墙设计；工作单位：深圳市方大建科集团有限公司；地址：广东省深圳市南山区高新南十二路方大大厦 20 楼；邮编：518057；电话：18666824902；E-mail：1239735340@qq.com。

有支承结构的新型砌筑砖墙技术

闭思廉 刘晓烽

深圳中航幕墙工程有限公司 广东深圳 518109

摘 要 本文介绍一种背面有支承钢架的砌筑陶土砖装饰墙，墙体采用烧结空心陶土砖，通过低碱性砂浆砌筑，墙体自重由楼层间主体结构飘板承托，在高度方向间隔一定距离设置通长的水平拉接网片，网片与支承钢架连接，支承钢架的立柱与主体结构之间通过钢连接件与主体结构预埋件焊接，将支承钢架固定在主体结构上。

关键词 砌筑装饰墙；空心烧结陶土砖；低碱性水泥砂浆；拉接网片；支承钢架；抗风抗震

1 引言

砌筑的砖墙是中国的一种传统建筑墙体，其功能既是承重结构又是围护结构。随着现代建筑方法的流行，因其结构性能难以满足现代建筑的要求而逐渐退出主流市场。但由于红色陶土砖的材质特性和颜色特点仍有其独特的文化魅力，并且在材质特性上具备耐腐蚀、耐风化、吸声、透气等优点，还是受到部分建筑师和业主青睐。所以特定的项目仍然需要此种外观形式的墙体。（图1）

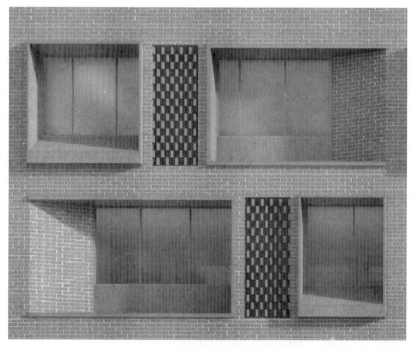

图1 常见陶砖的外观

为满足这类需求，将传统的砌筑砖墙进行技术改造，让传统技艺和现代科技结合无疑是一条很好的途径。当然，要想让传统的砌筑砖墙应用到现代建筑中，还要在减重与解决其结构支承的可靠性上做文章。出于节材的需要，砖块厚度尽可能小并采用空心构造，并设置钢结构水平支承，使墙体满足抗风和抗震要求。这种采用传统的砌筑方式并增加水平支承钢架的复合维护结构形式就可以实现，此种有支承钢架的陶土砖砌筑装饰墙也称为"砌筑与支承钢架复合的陶土砖装饰墙"。

2　系统简介

目前所见的有支承钢架的砌筑陶土砖装饰墙，均采用烧结空心陶土砖，并通过低碱性水泥砂浆砌筑。一般情况下，在主体结构楼层间设置飘板或支撑钢架整层承托墙体自重，在高度方向上间隔约 8 皮砖的间距设置通长的水平拉接网片，不锈钢网片的作用类似于传统墙体的拉结筋，进行分段拉结，拉接网片与支承钢架通过连接件进行连接，钢架通过支座固定在主体结构上，支承钢架的立柱通过钢连接件与主体结构预埋件焊接。由于采用了与建筑幕墙类似的支承体系，这种复合墙体与传统砌体墙相比，抗风压性能和抗震性能更好。对这个砌筑墙体而言，这里的挑板相当于地基基础，立柱相当于构造柱，网片起到了圈梁拉结的作用。

3　系统主要材料简介

3.1　红色多孔烧结陶土砖

红色多孔烧结陶土砖，以红色黏土或陶土为主料，石英、长石为骨料，通过模具成形，高温烧结而成。可以通过调整炉温（一般为 1200～1300℃）及炉内停留时间（一般为 42～48h），烧出不同深浅红色的陶土砖。为控制墙体单位面积重量，墙体不宜太厚，通常取 80～120mm，砖块规格尺寸一般为 80mm×240mm×50mm～120mm×240mm×50mm。（图 2）

多孔烧结陶土砖的技术要求可按《烧结多孔砖和多孔砌块》（GB/T 13544—2011）执行。由于这类建筑的墙体一般较高，陶土砖承压强度建议取较高的强度级别，一般取 MU20 级，其抗压强度不低于 20MPa。另外，作为幕墙类外围护结构的陶土砖吸水率不能太大，建议控制在不大于 6%～8%。

图 2　常见空心陶砖的外观照片

3.2　支撑钢型材

由于砌筑墙体完成后，支承钢架处在封闭状态，使用过程中不便于维护，因此对钢架的防腐要求非常高，一般情况下，支承钢架采用 Q235B 钢材，所有不外露的钢材表面采用热浸镀锌处理，镀锌层厚度应满足设计要求且不小于 85μm；所有外露钢材表面采用氟碳面漆处理，钢材先进行喷砂或抛丸除锈，涂环氧富锌底漆、环氧云铁中间漆和氟碳面漆。沿海地区重要建筑，支承钢架建议采用高耐候钢并进行热浸镀锌处理。

3.3 不锈钢网片

不锈钢网片是用于砌体墙向支撑钢构传递水平荷载的关键零件，其砌筑在砖缝之中，形状类似一榀平行弦桁架，其弦高小于墙体厚度，以便于砌筑上下在两层陶砖之间。网片不锈钢的直径为 $\phi4mm$，其材质采用 316 不锈钢，焊接成带状网片。（图 3）

图 3 不锈钢网片及连接

4 结构设计和构造设计简介

4.1 结构设计思路及原则

这种新型的砌筑陶土砖装饰墙在设计思路上是将墙体自重直接传递到建筑主体，而风荷载则是通过不锈钢网片及水平连接件传递到墙体后面的支撑钢构。这样一来，墙体就可以用于较大跨度的层高。按照经验数据，墙的高度厚度比建议控制不大于 403200mm 跨度的墙体厚度一般不小于 80mm，4800mm 跨度的墙体厚度一般不小于 120mm。具体应用时，一般每层楼设置飘板，将墙体砌筑在飘板之间。当层高较高的时候，需要在墙体后侧的钢结构上增加水平支托，以分割墙体的跨度，并承担该跨内墙砖的自重荷载。（图 4）

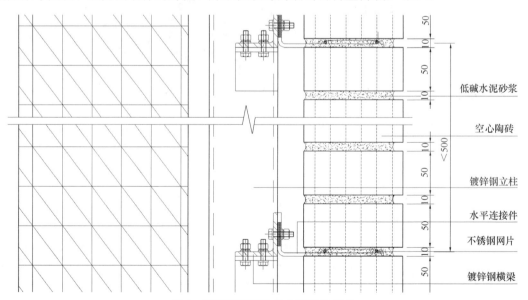

图 4 砌筑陶砖墙体的水平拉结节点

砌体墙面的水平承载能力与自重、厚度等诸多因素有关，事实上也很难算清楚。所以一般按每5～10皮砖，高度间隔建议不大于500mm设置水平拉结网片，将水平荷载传递到其后的支撑钢架上，以增加陶砖系统整体的稳定性。

墙体的水平荷载依靠水平方向插入墙体缝隙的不锈钢网片、砂浆的粘合力及摩擦力传给钢结构。由于摩擦力的分析实在复杂，只能通过试验确定。

与建筑幕墙相比，由于砌筑砖墙厚重、刚性较大，风荷载及地震作用下允许变形较小，钢架在水平荷载作用下挠度值控制应比建筑幕墙的要求更严，建议取1/500，立柱计算时一般不考虑墙体自身对风荷载的承载能力，这是偏安全的做法。

4.2 构造设计思路及原则

陶砖砌筑采用低碱水泥砂浆粘接，接缝一般采用凹缝处理。由于砌筑连接属于刚性连接，可靠度较低。在跨度大、抗震要求高的情况下，陶砖砌筑时，还要在陶砖的竖向孔中加钢筋加强，以提高其连接可靠性及承载能力。但竖向孔在加钢筋时对安装带来很多不便，所以最理想的是将竖向钢筋按照横梁间距截短并两端套螺纹，每一节高度的陶砖砌好后，用螺套连接下一节钢筋。到了顶部如果没有后装的封顶，要预留1～2皮砖的高度做钢筋收尾处理。

支承钢结构的构造设计采用立柱、横梁构造。陶砖砌筑在主体结构挑板上时，立柱最好采用下承式的连接构造，以使砌筑墙体与支撑钢构的热膨胀方向一致，简化水平连接构件的受力状况；陶砖砌筑在支承钢架的水平支托上时，立柱就可选择上悬或下承的支撑方式。（图5）

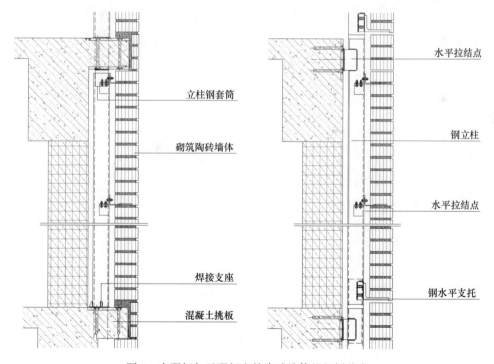

图5　有飘板与无飘板砌筑陶砖墙体的竖剖节点

横梁布置的跨度一般是5～10皮砖（不大于500mm），横梁通长布置，并以500mm左右的间距设置水平连接件。水平连接件与不锈钢网片采用卡接的连接方式，通过在水平连接件上冲切出两组卡扣，用以镶嵌不锈钢网片。这种连接方式易于操作，并且避免了焊接对不锈钢网片的影响。

墙体背部的空气层要有空气流通设计，避免潮气，底部应设置披水板、集水槽和泄水孔，避免积水，从而避免钢构件生锈及内墙体发霉的问题。除此之外，钢架背部的墙面要做批荡防水处理。也可以在支承钢架的外侧安装防水背板，材质可选用镀锌板或铝板，使支承钢架不受雨水侵蚀，墙体的防水性能更有保障。

4.3 新型砌筑陶土砖装饰墙的抗震性能

传统的砌体墙抗震性能差的主要原因是砖体之间的粘接构造属于刚性连接，其对位移和角变位适应能力很差。当墙体的跨度较高时，在地震作用下产生的变位量就会急剧放大，超出其承受能力后就会产生连接破坏。

新型的砌筑构造增加了支承钢架，水平支承构造相当于将砌筑墙体的跨度大大降低，所以其在地震作用下的变位也大幅降低，因为此类砌筑墙体的抗震性能是有保障的。

参考资料中，广州大学工程抗震研究中心的一份相关测试报告就很能说明问题。其测试模型为两组对照砌体墙：平面形状均为槽型，长边3m，短边1m。墙体高度均为3.85m。所不同的，第一组水平连接件按照5皮砖的跨度进行布置，第二组水平连接件按照10皮砖的跨度进行布置。(图6)

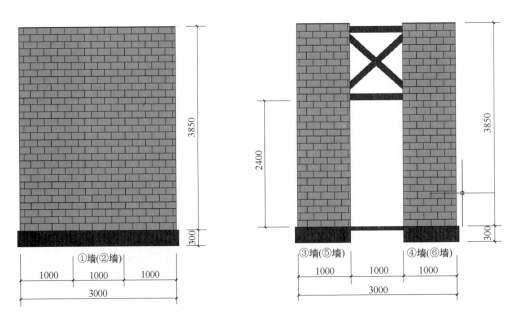

图6 抗震测试模型大样

第一组在8度罕遇地震作用下，陶砖砌体墙及连接未见裂缝；第二组在8度罕遇地震作用下，砌体墙未见裂缝，仅在底部砖墙与钢梁交界处出现裂缝。该试验证明了带有支承钢架的砌筑陶土砖装饰墙具有良好的抗震性能，并且墙体的抗震能力与水平连接件的竖向跨度关系密切。因此，抗震要求高的情况下，水平连接件的设置跨度建议宜在5～10皮砖之间。(图7)

图 7　抗震测试模型照片

5　结语

对于建筑行业而言，幕墙专业其实是最接近工业化和装配化的。但当建筑工业化如火如荼大发展的时候，幕墙行业的拓展却有些缓慢。事实上只要是维护结构，以幕墙行业多年来沉淀出来的技术能力和丰富经验，都可以拓展出新的方向、新的做法。

本文所介绍的传统的砌筑砖墙与支撑钢构的结合方案解决了此类建筑元素在现代建筑中的应用问题，但距离工业化及便于施工维护的目标仍然相去甚远，比如砌筑工艺耗时费力，现有支撑构造及砌筑墙体的总厚度过大，占用宝贵的室内空间；同时，黏土资源保护、节材、节能方面也存在诸多问题。所以，在现有基础上进一步提升和改进仍大有空间。希望业界同仁进一步挖掘和完善，形成标准化和规范化，丰富幕墙产品的应用场景。

参考文献

[1]　陈峻. 石材新工艺在文化建筑外立面上的应用[C] // 董红. 建筑幕墙创新与发展(2016 年卷). 北京：中国建材工业出版社，2017.

单元板块背板区结露问题初探

黄杨义

深圳中航幕墙工程有限公司　广东深圳　518109

摘　要　单元式幕墙背板区的排气孔不仅保持气压平衡，而且对该区域的排水、防潮起到关键作用。本文结合某个项目的生产情况，探讨排气孔不同设置方式下对背板区排水和防潮功能的影响，并提出排气孔位置选择的建议及相关幕墙断面设计应考虑的细节。

关键词　背板区；垫框；结露；排气孔；除湿；渗水；排水

1　引言

随着建筑工业化的快速推进，单元式幕墙的占比越来越大。但就其标准化程度而言，仍不是很高。以我们近两年所生产的单元式幕墙产品为例，几乎每一个项目都是重新设计的。虽然这是满足个性化需求的一种无奈，但是也确实带来不少潜在缺陷及工艺性问题的困扰。

单元式幕墙在背板部位由于是一个密封严密的封闭区域，受阳光照射时区域温升很高，所以必须开排气口。这本来是一个非常简单和普通的工艺措施，但我们所生产的一批板块却在养护期出了问题：不少板块在背板区域的玻璃出现起雾甚至水汽结露的现象。通过分析和处理，发现是排气孔的工艺设计存在缺陷。我们随即采取了措施并完善了排气孔的工艺设计，通过一段时间的追踪观察，上述质量问题再未发生，证明相关工艺改进是成功的。

在此基础上，我们对近几年所生产的单元式幕墙产品逐一做了专项分析，发现排气孔的设置五花八门，没有形成一个统一的标准。由此，应公司要求，我们对排气孔的设计做了进一步的分析和试验，初步形成一些思路，并准备将其标准化，用于今后的设计及生产之中。

2　问题的提出及分析

在前述的质量事故中，库存单元板块有近 10% 的比例出现玻璃起雾甚至水汽凝结成水珠的情况。对此我们的第一反应就是背板区域的密封处理存在缺陷，导致板块在存放过程中遭遇雨水渗入背板区域。

由于铝背板周边是打胶密封的，而面层玻璃也是周边打胶密封的，所以渗入到该区域的雨水在阳光作用下就会升温并蒸发为水蒸气。而太阳落山后，铝背板因为后衬保温棉，温度下降较玻璃更为缓慢，所以水汽就凝聚在玻璃表面（图1）。但这个推断引出了两个问题：

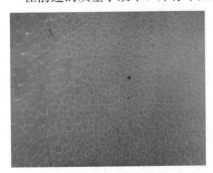

图 1　背板区玻璃表面结露

2.1　雨水由什么途径渗入幕墙背板区域内部?

针对这个问题,我们解剖了一个结露严重的单元板块,将保温棉及背衬铝板拆除后,把板块投入浸水池中做浸水试验,结果未发现有渗漏情况;接下来我们又拆了一个单元板块做同样的浸水试验,也未发现问题。直到后来采用了加大浸水深度和延长浸水时间两项措施后,才出现了新情况:

在加大浸水深度时,意外发现排气孔开始进水,说明此时的浸水深度已经超过排气孔高度了。我们突然意识到排气孔也是可能的雨水渗漏途径。检查了图纸,发现排气孔位于幕墙立柱的外侧型腔,且位置靠后。当单元板块玻璃面朝上平放时,只要外侧型腔内部进水,就很有可能通过排气孔流入背板区域。

为了验证这一问题是否可能发生,我们用水管往立柱型腔内注水,明显可见水流自排气孔大量涌出。但后来意识到此种试验方式与实际情况不符,随改用喷头模拟下雨状态,则发现排气孔是否渗水与板块放平状态有关:如果板块头部低于尾部,则一段时间后排气孔开始渗水;反之,则并没有水渗出。在对比了幕墙相关图纸后发现,该排气孔位于幕墙立柱的外腔,并且位置靠后。所以当单元板块平放后,排气孔就位于幕墙立柱外腔的低水线区域。因此当单元板块头部低于尾部时,立柱腔体就会积水,并有可能从排气孔渗入背板区域。(图2)

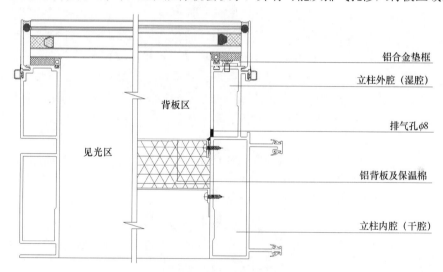

图 2　排气孔位置示意图

在标准深度(10cm)的浸水试验中,当将浸水时长延长后,所拆解的两个单元板块都先后发现背板区域的垫框角部接缝出现轻微渗水,但一横梁之隔的见光区域则没有任何渗漏。显然,问题出在垫框上。由于该单元板块背板区域玻璃比见光区域玻璃厚度薄 4mm,所以要靠垫框来调节玻璃面高度。垫框与幕墙立柱之间存在复杂的卡接沟槽,且其周圈密封胶也不好施工,容易出现密封缺陷。在单元板块的养护过程中,板块平放,玻璃护边底部的"排水孔"就有机会成为"进水孔",所以雨水就可能会渗入到幕墙内部,并聚集在垫框周边。在质量事故发生的那段时间,几乎每天都下雨,造成垫框区域始终处于积水状态,因而,即便是存在微小的缺陷,最后也都可能导致发生轻微渗漏。(图3)

2.2　排气孔为什么未能将水蒸气排出?

从理论上讲,排气孔除了能保持背板区域的空气压力平衡外,还能实现该区域的通风作

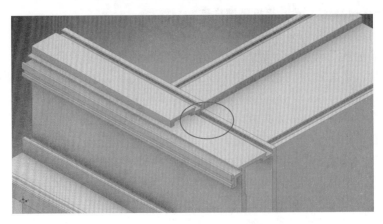

图 3　垫框卡接沟槽示意图

用，从而将潮气排出。但库存的起雾单元板块似乎并没有因为时间的作用解决起雾问题。为了防止排气孔及垫框区域仍有积水，我们将单元板块立起来控干积水后再观察了一天，结果仍然没有改善。于是我们又进行了如下试验：

甲组，采用压缩空气向一侧立柱腔体内吹气。为形成足够的压力，我们对立柱下端端口用碎布进行了封堵，以保证该侧排气孔有干燥空气灌入。从理论上讲，强制通风应该会立竿见影地解决问题，但经过了近 12h 的持续吹气，背板区域起雾现象才完全消除。

乙组，同样采用再一侧立柱腔体内吹气，但将背板区上方铝背板与上横梁之间的密封胶切掉一小段，结果大概只要了半个小时背板区域起雾的情况就消失了。同样作为对照的未经任何处理的板块在室外存放两天后也仅有极其轻微的改善，基本可以得出该条件下排气孔不能有效进行通风换气的结论。

对于这一奇怪的现象我们给不出专业的解释和数据，只能凭结果反向推测出两个假设：

（1）当腔体的容积与排气孔的尺寸相差较多的时候，从一侧排气孔进入的空气倾向于沿最短路径由另一侧排气孔排出，两排气孔连线以外区域的空气很少被带动而形成循环。

（2）一个小尺寸封闭腔体内的空气自然流动主要是依靠压力差，当排气孔位于同一水平位置时，不会因为冷热空气密度不同而产生压力差，所以也就不能形成持续性的空气流动。

基于这种假设，相关试验现象就可以解释得通：排气孔位于背板区域的底部，即便采用强制通风，气流也只在底部两个排气孔之间的直线区域流过，而其他区域的空气甚少受到影响，所以水蒸气也无从排出。而要想将背板区域封闭空间内的潮气排出，就必须让排气路线尽可能地覆盖更大的区域，并且要利用空气密度差形成持续性的空气自然流动。

3　"背板区域玻璃起雾问题"对幕墙设计、生产工作带来的启示

3.1　要重视垫框构造自有的渗漏隐患

垫框构造本是解决同一单元板块上安装不同厚度玻璃的无奈措施。基于垫框的安装可靠性方面的考虑，垫框与幕墙主龙骨的连接构造一般采用卡接或卡接加螺钉固定的连接方式。但卡接连接构造的接缝既小且复杂，难以用密封胶填充，很难处理到完全无缺陷。所以理想情况下，最好保持同一个单元板块内只使用一种总厚度的中空玻璃，或是通过中空玻璃结构胶及中空玻璃与幕墙龙骨之间结构胶的厚度进行高度调节，完全不使用垫框。如果必须使用

垫框，也建议采用端部"清根"或45°拼接的方式，这样可以周圈完整地连续密封胶道。有相关文献介绍，如果在垫框对应部位的卡槽上铣出一小段缺口，并用密封胶填充以阻断卡槽内可能存在的渗水缝隙，基本上就可以消除渗漏隐患。

3.2 排气孔的位置选择

在出现背板区域玻璃起雾的质量问题后，我们也在反思是否排气孔的工艺设计存在缺陷。为此，我们对比了近几年来不同项目的排气孔设计，结果发现：从分布位置上来讲，既有在外腔的，也有在内腔置的；排气孔尺寸最大的10mm，最小的6mm；排气孔数量有的设置一个，有的设置两个（图4），没有什么规律，说明大家对这个小小的工艺构造并没有引起重视。

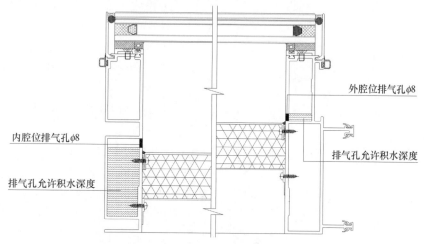

内腔位排气孔φ8

排气孔允许积水深度

外腔位排气孔φ8

排气孔允许积水深度

图4　两种排气孔位置对比示意图

从这次质量问题的处理过程，我们意识到排气孔不仅起到了气压平衡的作用，还是背板区域排除潮气的重要途径。根据几次试验的情况，我们总结出排气孔位置选择的两条经验：

第一条经验：排气孔尽可能设置到立柱的内腔。在单元板块平放状态下时，位于外腔的排气孔在低水线位置，而位于内腔的排气孔在高水线位置，所以排气孔位于内腔时，由排气孔进水的概率就会小很多。

其实，单元板块在工作状态下，外腔也有进水的可能性。这是因为单元幕墙常见的内部积水直排方案常常导致雨水倒灌。所以目前多是通过立柱前腔排水的改进方案。在这个方案中，上横水槽内的积水通过其外侧的横向导水槽引导至立柱的前腔，并从立柱下端的开口排到室外。所以业内也形象地将外腔称为"湿腔"，将内腔称为"干腔"。可以想象，如果在立柱的"湿腔"设置了排气孔，那么上横水槽中的积水完全可能顺其流入背板区域。（图5）

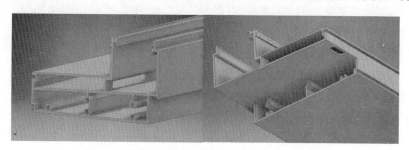

图5　上横梁水槽排水孔及导水槽排水孔示意图

所以在单元幕墙的型材设计时，要考虑立柱插接位置与背板的关系。一般来说，板块的立柱插接位置要在背板外侧，这样就可以将排气孔设置在内腔。但如果条件不允许，立柱插接位置位于背板后侧时，也还可以通过在横梁上设置集水槽，将排气孔向后引导到内腔。事实上这种设计是非常成功的，其不止是不容易进水，还是快速排水的典范。另外，外观效果也较排气孔外露的观感更好，值得推广。（图6）

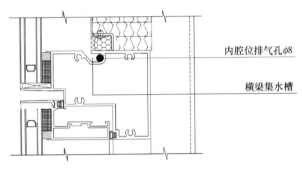

内腔位排气孔φ8

横梁集水槽

图6 利用集水槽将排气孔布置到干腔

当然，排气孔也不是完全不能设置在"湿腔"。单元板块的养护期间只要做好防护遮蔽，就可以避免立柱内腔进水。而在幕墙使用过程中，如果仿照前例，在横梁上设置下沉的集水槽，并将排气孔设置在集水槽底部，那么即便排气孔处有水倒灌，也不会有太大问题，因为积水会自然排出。另外，在排气孔上安装一节带有弯头的导气管，也能避免流经立柱前腔的

水通过排气孔倒灌。当然，相对于将排气孔设置在后腔的做法，这个还是更麻烦了一些。

第二条经验：排气孔尽可能设置4个，在背板区域的四个角各设置一个，且排气孔直径不宜低于8mm。事实上，对于这条经验我们在内部也有异议，主要的担心是排气孔位于背板区上端时，在室外侧有可能被看到，影响观感。所以也有建议背板上端的接缝不打密封胶，用于和下端的排气孔形成空气对流关系。但这个方案有无可能会导致背板后侧的保温材料受潮？是否会在火灾状态下导致防烟封堵失效？这些似乎都是更加棘手的问题，在此不敢妄下结论，只能寄希望于行业前辈和专家们予以解惑了。

3.3 重视单元板块生产工艺评审与定型

事实上那批问题板块在返修时花费了很大精力，事后统计返修所用的工时几乎与重做相当。这说明对于单元式幕墙这种工业化程度很高的产品而言，对缺陷的容忍度实际是非常低的。所以在单元式幕墙正式生产前，需要进行周密、严格的工艺评审和定型实验。这类评审和实验是有别于工程验收或四性试验，其更重要的是关注过程结果而非最终结果。比如从前述的浸水试验可以看到，常规的浸水试验其实是很难发现潜在隐患的。因为背板区域渗漏情况不能被直接观察到（受到背板及保温棉阻挡），轻微渗漏隔着一层玻璃也不见得可以发现。所以在这种情况下，如何能找出潜在的工艺缺陷？但如果其工作流程是对每项工艺进行评审和验证，如在验证组框密封工艺时，就会设计一套针对垫框安装密封工艺的试验验证方案：一组垫框采用45°拼接工艺，另外一组采用直角拼接，但将长边卡扣的端部要清根。然后制做一批将垫框周边密封情况完全暴露出来的试件，以比现有浸水试验更加严格的标准进行对比测试，统计相关数据，进行评估，最终确定所要采用的生产工艺。显然，这种试验更直接、更准确，比现有的单元板块浸水试验更有效，也更容易发现问题。工艺评审与试验的最终目的是要对相关的工艺方法、工艺参数、工艺标准进行固化，形成生产标准。毕竟我们不能寄希望于通过检验手段来控制质量，标准化、规范化的生产才是保障质量的王道。

特别需要说明的是，所有的评审工作的前提是对潜在问题的识别。所以在进行设定评审内容时，要覆盖加工、存储、运输、安装的各种状态及需求。

4 结语

一个小小的排气孔缺陷就能引发出大的质量问题，不难看出工艺设计的重要性。往往一个工艺细节会直接关乎到产品的质量及最终使用体验。与可以灵活拆装的构件式幕墙不同，工厂化生产的单元幕墙产品一旦出现缺陷就很难弥补。所以其设计、生产就要按照工业化生产的需求考虑方方面面的影响，坚持走标准化和规范化的道路，以实现稳定可靠的品质保障。

作为一名设计人员，掌握一定的工艺知识是必须、必备的，但更重要的是要遵循规律、尊重科学。这体现在相关的设计工作中尤其是工艺设计时，就是要杜绝似是而非和随心所欲，要采用成熟可靠的技术，坚持标准和规范的工作流程，为生产出安全可靠的产品奠定基础。

关于超低能耗建筑的适用性分析

李江岩 李冠男

上海茵捷建筑科技有限公司 上海 201900

摘 要 我国是多气候区域，地区之间差异明显，分严寒、寒冷、夏热冬冷、夏热冬暖地区，因此不能生搬硬套德国的指标，但他们提出建筑能耗应保证室内热舒适度的两条准则原理是应当借鉴的，并根据这两条准则原理，结合我国的区域特点，提出建筑设计的依据。

关键词 环境温度；热舒适度；相对湿度；结露点；传热系数；适合国情的标准

1 引言

节能减排是国家经济发展必由之路，建筑的节能是全社会节能减排的重要组成部分，不仅在我国，西方发达国家也在积极推进建筑的节能工作。国家提出 2030、2060 年实现碳达峰和碳中和目标，建筑节能要实现 80%～95% 的目标，其中建筑节能是重点，并已提出强制推广使用超低能耗建筑。

早在 20 世纪 80 年代，由瑞典隆德大学教授波·阿德姆森等人就提出被动房理念，即在不设传统采暖设施条件下，仅靠太阳能幅射、室内灯光、电器散热、人体散热等自然得热方式条件下，建造冬季室内温度能达到 20℃ 以上，具备良好的舒适度的房屋。根据以上理念，提出超低能耗建筑，既节能又能满足舒适环境的需求，主要通过三个方面来实现。

（1）建筑围护结构做到高性能。良好的保温、隔热的外围护结构，包括薄弱环节的高性能门窗配套。

（2）有效地大幅提升所有建筑节能系统的效率。

（3）利用再生能源，如合理利用及回收太阳能、水资源，有效减少化石能源的消耗。

具体来说，就是采用各种节能技术，采用最佳的建筑围护结构和室内舒适环境，最大限度地提高建筑保温、隔热性能，使建筑物对采暖和制冷需求降到最低，并通过各种技术手段如新风系统的应用、采光太阳能利用、水循环系统的利用及回收等，实现室内舒适环境要求，最大限度地降低传统式的采暖和制冷系统的依赖，或是完全取消这类设施的解决方案（图1）。

由于我国的气候条件地理环境与德国不一样，不能完全照搬德国的相关技术指标，要根据我国的气候状况来建造超低能耗建筑，并制定适合我国国情的相关标准，满足不同区域超低能耗建筑节能要求。

2 超低能耗建筑性能确定的依据

2.1 人体对环境温度的反应

研发超低能耗建筑的设计，首先要讨论室内居住环境以满足人们工作、生活所需求的舒适度为重点，其影响因素主要是空气温度、相对湿度、气流速度及平均辐射温度。其核心点

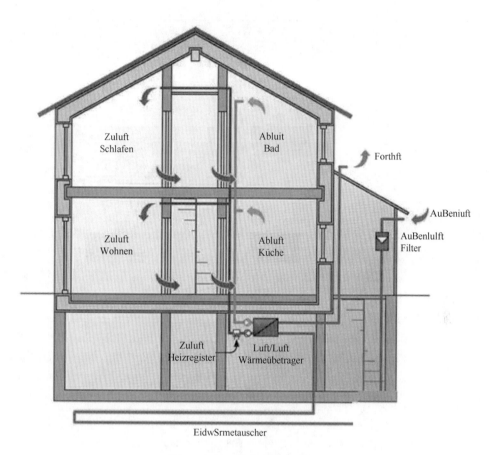

图1 新风系统热交换示意图

是室内环境，使人在休息时能保持体温在37℃左右，超过或低于2℃时，在短期内还可忍受，若持续时间太长或体温升降偏差太大时，就会损害健康，甚至危及生命，因此，在人类赖以生存的条件范围内，有一个较小的区间定为"舒适区"，在此条件下，人体热调节机能的应变最小。因此对建筑设计中的墙体厚度及保温、屋面保温和排水、门窗保温及安装方式、遮阳、水电气的节能要求来实现（表1）。

早在40多年前，美国耶鲁大学盖奇等人就提出了人体热感觉与环境、健康状态的关系。

表1　温度与体感舒适的关系

温度℃	热感觉	不舒适程度	人体温度调节	健康状态
		难以忍受	皮肤不能蒸发水分	
40				
	很热	很不舒适		中暑的危险增加
	热	不舒适		
35				
	暖和	稍不舒适	血管扩张，排汗增加	
30				
	稍暖和			

续表

温度℃	热感觉	不舒适程度	人体温度调节	健康状态
25			无明显排汗	
	中和	舒适		正常健康状态
	稍凉爽		血管收缩	
20				
	凉爽	稍不舒适		口干舌燥
15			行为改变	
	冷			全身循环受到削弱
			开始寒颤	
10	很冷	不舒适		

2.2 超低能耗的概念

2009 年德国提出的建筑采暖能耗限额小于等于 45kW·h/(m² · a)（即每平方米年能耗量），关于超低能耗建筑采暖限额小于等于 15kW·h/(m² · a)，制冷能耗小于等于 15kW·h/(m² · a)，这是建筑能耗最高标准，基本可以实现零能耗的建筑指标，这些标准可以参考，并针对严寒地区。

2.3 室内环境热舒适度准则

由于门窗是外围护结构的薄弱环节，其传热系数难以达到外墙等外围护结构水平，而且外窗是直接影响室内环境的主要因素，故提出室内环境热舒适度准则，使外门窗能够达到这些要求。因此德国在建造超低能耗建筑时，提出对建筑总能耗保证热舒适度的两条准则，应是我国建造超低能耗建筑设计的基本依据，具体如下：

第一，无论室外空气温度是多少，在控制能耗的情况下，应保持室内温度为 20℃，室内表面平均温度在设计条件下，高于 17℃，否则在地面可能形成冷气层，在窗边会感觉不舒适。

第二，为了防止细菌生长，室内空气相对湿度，人体感到舒适范围内，即 30%～65% 之间，即要求室内温度为 20℃ 时，室内表面在相对湿度为 65% 时不产生结露，这时露点温度为 13.2℃，因此，内表面温度最低点位置应保持在 13℃ 以上。（图 2）

图 2　房屋示意图

3　超低能耗建筑外围护结构性能分析

我国是多气候区域，各地区气候差异很大，并分为严寒、寒冷、夏热冬冷、夏热冬暖地区，德国的气候比较单一，因此不能生搬硬套德国的指标，对建筑节能提出能耗应保证室内热舒适度的两条准则原理是应当借鉴学习的，根据这两条准则原理，结合我国的实际情况，以作为建筑设计的依据。从建造室内舒适小环境方面简单地讲，可分为两种作用的性能。一种是根据外界环境制定的性能指标，如传热系数 K 值及抗风压性能，它控制室内小环境的热舒适度和安全；另一类是对室内小环境舒适度的保证，如抗风压、气密、水密、隔声、防火、抗冲击、抗震、太阳能热量获得率及使用寿命等可作为定值的择优确定，因此除抗风压性能和传热系数 K 值要根据我国的气候异常条件确定外，其余可基本采用德国的性能数据，包括窗的加工和安装上墙要求。

针对抗风压性能按常规计算取值即可，而保温性能则按热传导的基本原理，即可推导出我国各地区的传热系数指标，其中针对寒冷和严寒地区主要是防寒，夏热冬暖地区是防热辐射、防潮湿和结露，而夏热冬冷地区则二者兼顾。

以严寒地区为例，大家都会有共同感觉是气候干燥，而南方冬天因潮湿，其温度虽然在零上 10℃ 以内，还是觉得很冷，但北方同样温度下，就不像南方那样感觉很冷。因此在吸取德国两条舒适度准则中，我们认为采用温度为 20℃，由于室内空气干燥，窗内表面温度可低一些取 16℃ 也不会有冷辐射感觉，其相对湿度取 30％～55％ 以满足舒适度为准，减少了过度的要求。

按以上意见，准则确定后，按稳定传热条件来计算，即可推导出建筑外窗传热系数 K 值。即外窗的传热系数和防止结露的最低温度表面的传热系数，按此两个指标和与其配套的性能的保证指标，即可设计出超低能耗建筑用外窗的依据。（图 3）

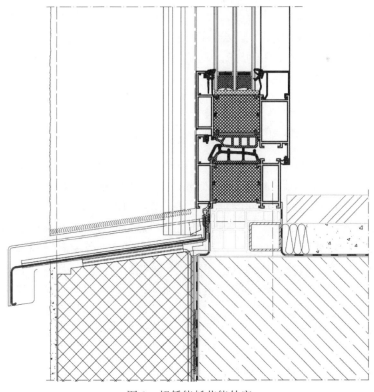

图 3　超低能耗节能外窗

现举严寒地区为例：

设室外温度为 t_0，室内温度 t_i 为 20℃，窗内壁平均温度 t_{ib} 为 16℃，相对湿度为 55% 计算，则室内结露点温度为 10.7℃，这样窗内壁最低点温度取 ≥11℃，则可求出 K 值，以满足外界温度的要求。

$$K_w \leqslant [(t_i - t_{ib}) \cdot h_i] / (t_i - t_0)$$

式中　K_w——窗的传热系数，$W/(m^2 \cdot K)$；

　　　t_i——室内温度，取 20℃；

　　　t_0——室外温度；

　　　h_i——窗内表面换热系数，取 $8W/(m^2 \cdot K)$；

　　　t_{ib}——窗内壁平均温度，取 16℃。

若严寒地区某城市，冬季室外最低温度为 $t_0 = -35℃$，即可求出整窗的传热系数 K_w 值。

$$K_w \leqslant [(20-16) \cdot 8] / [20 - (-35)] \leqslant 0.58 W/(m^2 \cdot K)$$

窗的薄弱环节部位的传热系数 K_L，应保证内壁薄弱点的温度 >11℃。

则 $K_L < [(20-11) \cdot 8] / [20-(-35)] < 1.3 W/(m^2 \cdot K)$

其他地区也可按照以上原则，采用本地区热舒适度取值，以确定窗的性能指标。

4　墙体和屋面保温

墙体和屋面的保温是很重要的，它做好了，可实现模块化设计和安装，并且能够保证屋面和墙体厚度，实现保温厚度应大于 300mm，对降低冬季采暖和夏季空调用电会有很大帮助，门窗作为外墙围护中的重要组成部分，外门窗性能要求将更好地保证，根据目前国情，建议高层住宅建筑外窗安装在洞口边部，不建议采用外挂式的安装，低层建筑高度不超过 20m 的可以采用外挂式安装，通过节能附框与窗框连接，施工人员可以在室内施工，以降低施工的安全风险。

5　门窗的要求

超低能耗节能外门窗不同于常规门窗产品，外门窗的结构设计和选材很重要，干法施工需要室内外的防水透气膜、EPDM 板和室外窗台板、窗套必不可少，防水和防结露各个区域都需要，由于我国地域辽阔，不同的地域存在差异，门窗要求也有差异，针对极端气候变化的适应性更要考虑，以保证建筑外门窗、幕墙要与建筑同寿命，从而减少建筑垃圾，对减少碳排放有帮助，所以要因地制宜结合不同区域气候来满足超低能耗建筑外窗节能指标，对于门窗节能指标，应当看型材断桥的宽度和高度和隔热材料的导热系数，并要求型材的传热系数与建筑外门窗配置的玻璃、胶条的导热系数和传热系数，只有这样才能更好的解决门窗的传热系数，测试数据更真实。

1. 我国区域辽阔，气候区域分布广泛，要针对严寒地区、寒冷地区、夏热冬冷地区、夏热冬暖不同地区建议提高整窗的传热系数要求：

夏热冬冷地区建议为 1.00～1.30W/($m^2 \cdot K$)，考虑遮阳；

严寒地区和寒冷地区建议为 0.80～1.00W/($m^2 \cdot K$)；

夏热冬暖地区建议为 $1.30 \sim 1.50 W/(m^2 \cdot K)$，考虑遮阳；

四季温暖地区为 $1.50 \sim 1.80 W/(m^2 \cdot K)$。

2. 气密性能建议小于或等于 $0.3 \sim 0.15 m^3/(m \cdot h)$，气密性能直接影响保温性能和安全性及舒适度。

3. 在防水性能中，建筑外窗户建议增加节能附框，实现干法安装施工，增加室外侧窗套和窗台板，提高窗体保温及防水、防渗漏、防腐等功能，与节能窗成为完整体系，材料选用 3.0mm 铝合金型材或铝板成型，并在规范中强制执行，并处理好沿海地区抗台风、针对极端天气对门窗的要求。

4. 对窗户的防盗和抗冲击性能要求应加强，型材、玻璃、五金件与窗，成品窗与洞口的连接配合中的使用，提高型材壁厚，建议塑窗型材壁厚大于 3.0mm，同时腔体填充硬质发泡，复合型材的拉伸和剪切应力应大于等于 50N/mm，铝型材节能窗壁厚提高 2.0 ~ 2.2mm，材料质量保证 50 年以上或与建筑使用寿命同步。

5. 防火窗是要考虑，有逃生通道或房间的独立设计。

6. 门窗检测不应只对送样负责，要对项目及产品负责，检测方法要与实际相结合，对产品负责就是对用户负责。

6　太阳能和雨水的利用

太阳能光伏板在建筑上已有应用，主要解决住宅用电问题，降低煤炭（石化）发电用量，对节能降耗作用贡献很大，须大力推广。

雨水处理和废水再利用技术根据目前国内环保要求，已在国内工厂广泛应用，但雨水和废水的处理和再利用在建筑住宅方面推广不够，需加强技术创新和推广应用。

7　新风的应用

由于超低能耗建筑的保温性能和气密性能特别好，需要通过新风系统解决室内舒适度问题，通过新风过滤、灭毒、杀菌、增氧、预热（冬季）来保证室内的空气清新，同时保证减少热量损失，实现室内温度、湿度、空气质量的适宜，新风系统的配置如图 4 所示。

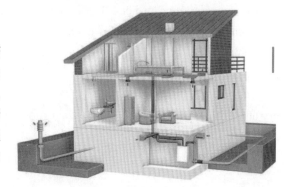

图 4　新风系统的配置

8　结语

超低能耗建筑已成为我国建筑节能发展方向，而建筑绿色节能设计制造也是其关健，我国超低能耗建筑已建成许多项目，如秦皇岛的在水一方，哈尔滨的"辰能·溪树庭院"，以及节能改造项目和特色乡村新民居超低能耗建筑的应用，积累了些经验。为更广泛推动超低能耗建筑的发展，实现碳达峰和碳中和的目标，需要更多方面努力并做出适合我国国情的超低能耗建筑及产品。

BIM 技术和装配式技术在异形项目中的应用

周 浩

苏州柯利达装饰股份有限公司　江苏苏州　215011

摘　要　近年来，作为建筑信息技术新的发展方向，BIM 技术和装配式技术从一个理想概念成长为如今的常用的应用技术手段，给整个建筑行业带来了多方面的机遇与挑战。如何为工程项目的建设营造一个集成化的沟通和相互协调的环境，提高工程项目的建设效益，已成为国内外工程管理领域的一个非常重要而迫切的研究课题。BIM 技术和装配式技术的成熟应用，能极大提高建设施工和管理的工作效率，降低建设成本，同时也能有效提高建筑工程的质量。

关键词　BIM 技术；装配式技术；异形曲面；曲面优化

Abstract　In recent years，as a new development direction of building information technology，BIM Technology and assembly technology have grown from an ideal concept to today's common application technology means，which has brought many opportunities and challenges to the whole construction industry. How to create an integrated communication and coordination environment for the construction of engineering projects and improve the construction benefits of engineering projects has become a very important and urgent research topic in the field of engineering management at home and abroad. The mature application of BIM Technology and assembly technology can greatly improve the work efficiency of construction and management，reduce the construction cost，and effectively improve the quality of construction projects.

Keywords　BIM technology；assembly technology；special-shaped surface；surface optimization.

1　引言

本文以苏州大剧院和吴江博览中心两个项目中的异形铝板飘带为案例，针对 BIM 技术和装配式技术在建筑外装饰幕墙设计、施工阶段的应用做简要分析。着重介绍 BIM 技术在外装饰幕墙设计、施工中的应用和装配式技术在施工阶段的应用。

2　工程介绍

2.1　工程概况

本工程坐落于东太湖之畔的苏州湾，总用地面积约 10.7 万 m^2，总建筑面积 19.8 万 m^2，包含北部苏州大剧院及南部吴江博览中心两个项目。其中，苏州大剧院共 9.5 万 m^2，

主要功能为大剧院、小剧院及一个 IMAX 厅和若干电影放映厅，外装饰最大高度为
53.912m。吴江博览中心共 10.3 万 m²，主要功能为博物馆、城市规划展示馆及会议中心，
外装饰最大高度为 54.705m。

2.2 工程重点、难点

本工程最大的重点为贯通北部大剧院与南部吴江博览中心的阳极氧化铝板飘带，整体飘
带为空间三维结构，飘带结构体系为空间弯扭钢结构，大剧院和博览中心通过铝板飘带连接
贯通，铝板飘带呈不规则空间弧形。铝板飘带按标高分为上飘带和下飘带。本项目难点是，
由于铝板飘带呈不规则空间异形弧面，生产加工装配式单元板块时，不能采用标准化、工业
化加工技术，需要对空间异形曲面进行优化，使原空间异形曲面趋于标准化单元板块，并适
用于工业化加工。

铝板飘带为不规则的连续渐变外形，采用三角形来适应外表面变化。三边设置闭合的铝
副框，采用机械螺钉连接于次钢龙骨；板之间接缝采用硅酮密封胶密封。面板采用 3mm 厚
5005H18 阳极氧化铝单板，铝板采用连续氧化工艺制作，表面无肉眼可见的明显色差，颜
色及安装方向须满足建筑师的要求。铝板飘带总面积约 4 万多平方米。铝板飘带系统中包括
阳极氧化铝单板、穿孔铝板、低辐射 Low-E 夹层中空玻璃、消防救援窗等。（图 1～图 3）

图 1　铝板飘带位置图

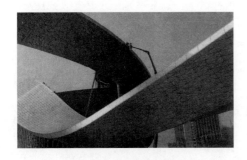

图 2　铝板飘带局部图

图 3　铝板飘带板块吊装图

3　建筑外装饰幕墙设计阶段 BIM 技术的应用

3.1　铝板飘带 BIM 设计阶段的应用

建筑外装饰幕墙设计阶段，依据铝板飘带的 CAD 图纸及其他相关技术资料，建出理论
铝板飘带 BIM 模型。进一步确认铝板飘带空间关系，对原设计进行检验，并进行各专业间
的碰撞检查；优化设计后，将铝板飘带系统分割为标准的单元板块，每一个单元板块必须包

含与主体连接构件的详细参数，此阶段为优化单元板块方案阶段。然后对建筑物的竖向设计空间进行最终的检测分析，并给出最优的单元板块布置，最终得到准确的建筑信息化模型（BIM）。依据 BIM 模型，能提供各专业的工程量明细，从而满足其在加工、安装阶段的技术要求。（图 4）

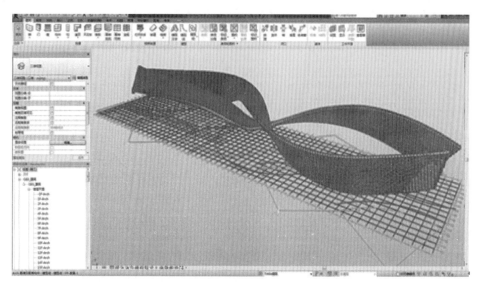

图 4　铝板飘带单元设计阶段 BIM 模型

3.2　铝板飘带 BIM 施工阶段的应用

铝板飘带 BIM 模型完成后，根据三维测量技术结合 BIM 模型的应用，将铝板飘带高空坐标转化为地面坐标，采用全站仪直接由控制点进行三维放样，可达到很高的精度效果，减少其他仪器多次测量引起的累计误差。高程控制网的基本网和加密网精度保持一致，其精度根据规范确定。复测精度与建网精度相同，钢结构卸载后采用激光扫描仪对钢结构进行激光扫描。激光扫描仪采取非接触式激光扫描，基于点云获取三维数据。通过全站仪与三维激光扫描仪进行配合，使三位激光扫描仪获取的点云坐标与模型坐标的进行匹配转换。利用扫描后的点云模型与 BIM 模型进行合并，分析现场实际构件与理论模型的位置误差，对误差超限的区域模型进行修正，满足建筑外观并进行对超限区域圆滑过渡。（图 5 和图 6）

图 5　现场三维扫描

图 6　3D 扫描点云模型

3.3 铝板飘带 BIM 施工阶段的优化应用

利用建筑信息化模型（BIM）系统软件创建铝板飘带深化模型。在制作深化模型过程中，利用软件协同工作，检查与其他专业之间的相对位置关系并做相应的调整。本项目采用装配化单元式体系，根据 Revit 软件分析得出，纵向铝板骨架不弯弧，横向根据造型进行弯弧扭转，因此，本工程铝板飘带单元设计以纵向一体化，即纵向一整排可在地面进行拼装，横向分析得出可以在不超过 3 块铝板板宽的长度下进行地面拼装而不影响整体造型的实现，根据计算分析，最大单元板块为（纵向 28m×横向 7.5m）。考虑到整体框架的稳定性，纵向分为三个小单元进行吊装。（图 7）

以标准模块的形式创建，绘制符合生产工艺要求的深化图纸及明细表，对每一块铝板、构件进行编号，并对其定位坐标、颜色、材质、加工尺寸和到场时间等信息进行统计梳理，可以方便快捷地导出板块清单、材料清单。（图 8～图 10）

图 7　最大单元板块效果图

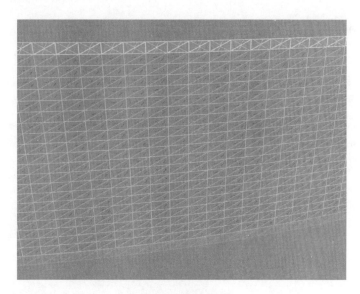

图 8　板块编号图

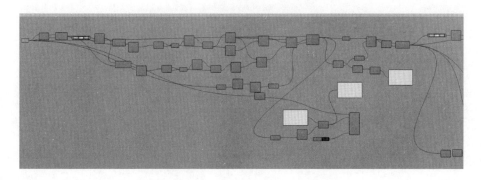

图 9　GH 电池组编程自动导出材料规格

图 10　自动导出的材料清单

4　建筑外装饰幕墙设计阶段装配式技术的应用

采用装配式单元板块化安装的方式进行加工组装，在地面进行单元板块的拼装，减少高空作业量。考虑到单元板块尺寸为 7.5m×28m，现场铝板单元的拼装场地尺寸要求大致为：长 30m×宽 10m＝300㎡。由于现场铝板飘带体量巨大，考虑到本工程的实际需要，为保证施工工期，计划现场布置 8 块单元拼装场地。

4.1　装配式单元板块拼装步骤

4.1.1　铝板飘带单元板块高空转接件的制作。（图 11）

图 11　钢桁架上焊接转接件

4.1.2　铝板飘带单元板块骨架的安装（拼装场地拼装）。（图 12 和图 13）

图 12　铝板飘带单元板块骨架的安装示意图　　　图 13　铝板飘带单元板块骨架的安装现场图

4.1.3 铝板飘带单元板块镀锌钢板的安装。（图 14 和图 15）

图 14　铝板飘带单元板块镀锌钢板的安装示意图　　　　图 15　铝板飘带单元板块镀锌钢板的
安装现场图

4.1.4 铝板飘带单元板块保温棉的铺设。（图 16 和图 17）

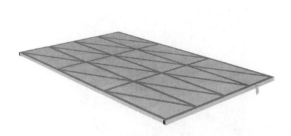

图 16　铝板飘带单元板块保温棉的铺设示意图　　　　图 17　铝板飘带单元板块保温棉的
铺设现场图

4.1.5 铝板飘带单元板块防水铝板的安装。（图 18 和图 19）

图 18　铝板飘带单元板块防水铝板的安装示意图　　　　图 19　铝板飘带单元板块防水铝板的
安装现场图

4.1.6 铝板飘带单元板块铝单板面板的安装。（图 20 和图 21）

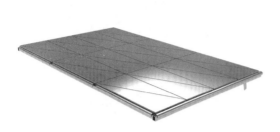

图 20　铝板飘带单元板块铝单板面板的安装示意图　　图 21　铝板飘带单元板块铝单板面板的安装现场图

4.2　铝板飘带单元板块的整体吊装

本工程铝板飘带单元板块在垂直运输时，由于单元板块面积较大且刚度不足，提升时，容易引起变形，因此，在垂直运输吊装时，将采用吊装绳索禁锢绑扎。同时板块下方需加设缆风绳，用以控制板块在提升过程中的姿态，防止发生碰撞。（图 22）

图 22　单元板块整体吊装现场图

图 23　相邻单元板块之间预留补差板块

4.3　相邻单元板块的衔接安装及误差调整

多个单元吊运安装就位后，会产生误差，通过全站仪对特征观测点进行空中坐标的复核与 BIM 模型相对照，确保误差控制在允许范围内。误差调整通过支座部位连接件螺栓的长圆孔进行微调。（图 23）

总体安装工艺流程：

主结构复测→定位放线→单元板块制作→单元板块安装→单元间补杆（板）→安装后续板材→区域内安装误差测量→调整→清洗。

5 结语

本工程在建筑幕墙施工前期，依据甲方单位提供的建筑结构图纸，幕墙图纸，钢结构图纸等创建 BIM 实体模型。在各专业 BIM 模型完成之后，对各专业 BIM 模型数据进行集成，建立完整的 BIM 模型。全面进行设计阶段（施工前期）模型的碰撞检查，修改图纸中的错、漏、碰、缺，并与相关专业协调，及时调整设计图中的冲突等问题。在收到设计变更的第一时间将各专业变更及修改反馈到最初 BIM 模型中，保证 BIM 模型能及时准确地指导现场施工。

根据完成的施工图设计的 BIM 模型，以及构件加工要求，创建加工图设计模型。采用 3D 扫描技术，进行施工现场主体钢结构扫描，完成三维实际模型，与前期 BIM 模型对比，按照实际模型数据对 BIM 模型进行调整。

另外，我们在 BIM 模型中通过三维技术进行构件的深化设计，以保证尺寸能够完全吻合，设计完成后再将得到的数据交给工厂进行加工。根据构件加工图设计的 BIM 模型，提取材料、构件等信息，生成物料明细表，精确统计各项材料的详细用量，协同处理建筑信息模型修改。在施工图设计模型的基础上，将施工技术规范与施工工艺融入施工过程模型。合理地配置资源要素，验证施工方案的可行性，实现对施工过程交互式的可视化信息化管理。

本工程是司的 BIM 技术和装配式技术在工程装修领域中的又一应用，不仅大大加深了我们对 BIM 技术和装配式技术的深层的理解，也丰富了 BIM 技术和装配式技术在工程项目中的应用经验，提升了设计师和工程师等相关人员在 BIM 技术和装配式技术的应用能力。作为建筑行业大家庭里的一员，我们愿意作为 BIM 技术和装配式技术领域的先行者和实践者，为 BIM 技术和装配式技术砥砺前行而奋勇拼搏。

参考文献

［1］ 中国建筑装饰协会.建筑幕墙工程 BIM 实施标准：T/CBDA 7—2016［S］.北京：中国建筑工业出版社，2016.

［2］ 中国建筑装饰协会.单元式建筑幕墙生产技术规程：T/CBDA X—2019［S］.北京：中国建筑工业出版社，2019.

作者简介

周浩（Zhou Hao），男，1980 年 2 月生，高级工程师。研究方向：项目管理；工作单位：苏州柯利达装饰股份有限公司；地址：江苏省苏州市高新区运河路 99 号；邮编：215011；联系电话：13962121590；E-mail：113192487@qq.com.

穹面采光顶利用风压系数导荷载之方法

屈　铮

港湘建设有限公司　湖南长沙　410013

摘　要　穹面采光顶钢结构幕墙在 SAP2000 结构分析设计中，关于风压荷载的施加往往要先通过计算风荷载标准值后，再换算成线荷载施加在采光顶钢结构幕墙杆件上，这样才可以运行分析计算其结构所受的应力与挠度。本文通过风压系数直接导入风荷载方法，可以更加方便地施加较为复杂的采光顶面的自动风荷载。

关键词　穹面采光顶；风荷载；风压系数；体型系数；导荷载

1　引言

　　穹面采光顶钢结构幕墙设计时要考虑恒载、活荷载、风压等荷载对采光顶钢结构的作用与影响。SAP2000 结构分析中风压荷载施加往往要通过计算阵风系数、风压高度变化系数、局部风压体型系数和基本风压后，再换算成线荷载施加在采光顶钢结构幕墙杆件上，或直接导入风荷载标准值为节点荷载再传递给杆件（将会损失部分荷载），这样才可以计算其结构杆件所受的挠度与应力。本文通过风压系数直接导入风荷载方法，可以更加方便地施加较为复杂的采光顶面的自动风荷载。

2　工程设计条件

　　长沙某商业广场穹面采光顶钢结构幕墙，建筑物类别：B 类；抗震设防烈度：6 度（0.05g）；采光顶计算标高为 31.46m；圆形采光顶矢高为 7645mm；弦长为 27440mm；圆形采光顶直径为 27594mm，图 1 为采光顶钢结构幕墙尺寸图。

　　风荷载基本参数如下：

　　（1）局部风压体型系数

　　根据《建筑结构荷载规范》（GB 50009—2012）：按图 2 圆形采光顶体型系数规定采用，局部体型系数 μ_s 可取 +0.6；在计算围护构件及其连接的风荷载时，可按规定体型系数的 1.25 倍取值。

　　按图所示分别对应为正风压体形系数为：$\mu_{s+} = 0.8 \times 1.25 = 1.0$（风压力）；$\mu_{s+} = 0.6 \times 1.25 = 0.75$（风压力）；负风压体形系数：$\mu_{s-} = -0.8 \times 1.25 = -1.0$（风吸力）；$\mu_{s-} = -0.5 \times 1.25 = -0.625$（风吸力）。

　　（2）基本风压值

　　根据《建筑结构荷载规范》（GB 50009—2012），长沙地区的基本风压值取 0.35（kN/m²）。

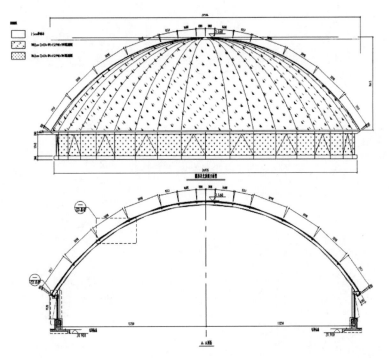

图 1　采光顶钢结构幕墙尺寸图

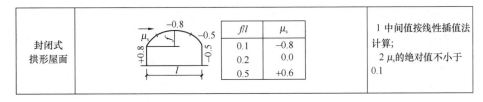

图 2　圆形采光顶体型系数表

3　建立分析模型

采光顶经向分别由钢方通 BOX300×150×8、BOX200×100×8 间隔设置组成主钢结构杆系、纬向由钢方通 BOX80×80×4、BOX60×60×4 组成横梁与支撑杆件；经向钢方通分为大小不一的 8×2＝16 格、采光顶底部按 2153mm 分为大小相同的 20×2＝40 格。

3.1　创建模型

（1）定义穹面采光顶

① 计算穹面采光顶相关参数

图 3 为定义穹面采光顶相关参数。

穹面采光顶半径：$R＝27594/2＝13797$mm；环向分段数为：$n\,div＝40$；Z 向分段数为：$z＝8$。

② 计算穹面球顶半环向角

参照图 3 定义穹面球顶的相关参数所示，穹面采光顶半环向角 T 为：

$\arctan T＝(27440/2)/(13797－7645)＝2.2302$；$T＝65.85°$

（2）绘制模型图

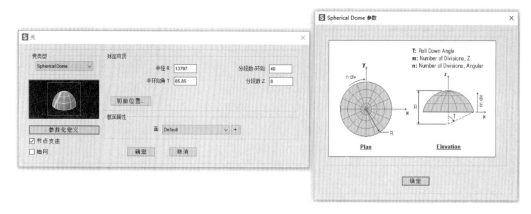

图 3　定义穹面采光顶相关参数

命令路径：如初始化模型所示，在"选择模板"上点击【壳】弹出"壳"对话框，在"壳类型"中，选择"Spherical Dome（穹面球顶）"，"穹面球顶"半径 R 输入"13797"、环向分段数输入"40"、Z 向分段数输入"8"、半环向角 T 输入"65.85°"，"截面属性"按面"Default"（缺省）设置，点击【确定】，程序在自动调整相关参数、优化设计完成采光顶钢结构幕墙三维模型，图 4 采为光顶幕墙三维模型图。

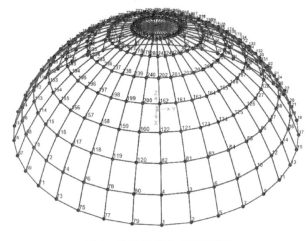

图 4　采光顶幕墙三维模型图

3.2　定义采光顶框架截面

定义采光顶钢结构（Q235B）框架截面：采光顶经向采用钢方通 BOX300×150×8 截面与 BOX200×100×8 截面，纬向采用钢方通采用 BOX80×80×4 截面及支撑 BOX60×60×4 截面，基座立柱由钢方通 BOX250×150×8 组成。

3.3　建立导荷"虚面"

计算钢框架结构受力时，可以选择指定已建模型中的框架及用于导荷载的所建立的"None（虚面）"。

3.4　节点支座约束

在采光顶幕墙模型中，基座立柱在结构梁上可以按固接形式考虑。

3.5　构件连接释放

根据《空间网格结构技术规程》（JGJ 7—2010）得知："分析单层网壳时，应假定节点为刚接，杆件除承受轴向力外，还承受弯矩、扭矩、剪力等。"本例采光顶钢结构幕墙仅释放斜向支撑杆件（二力杆）即可。

4 定义荷载模式与工况数据

（1）定义荷载模式

① 定义风荷载标准值

在"定义荷载模式"对话框中，"名称"栏输入"w_k"为风荷载 w_k 标准值，"类型"栏选"Wind"，"自重乘数选"栏选"0"，点击【添加荷载模式】，完成风荷载定义；在"自动侧向荷载"栏中，选"Chinese 2012（中国规范）"，点击【修改荷载模式】，再点击"修改自动侧向荷载"，弹出"Chinese 2012-动风荷载"对话框：

a. 在"作用对象"栏中，选择"面对象"选项，这样可以为不同的区域的面单元（或"虚面"）指定不同的风荷载体形系数。

b. 在"风荷载体形系数"栏中，"基本风压"0.35kN/m^2、地面粗糙度：选"B"类。

c. 在"几何参数系数"栏中，按程序默认的参数。

d. 在"迎风高度"栏中，选择"程序计算"。

e. 在"基本周期 T_1"栏中，可以按程序"模态分析"计算得到。

f. 在"振型系数"栏中，可以选择"模态分析"计算得到振型系数。

g. 在"其他参数"栏中，本例选择按默认。再点击【确定】，完成了修改自动侧向荷载。图5为 Chinese 2012-自动风荷载。

图 5 Chinese 2012-自动风荷载

② 定义其他恒载、活荷载标准值、施工检修荷载、竖向地震作用（略）。图6为定义荷载模式。

图 6 定义荷载模式

（2）定义荷载工况

图7为定义荷载工况，穹面采光顶钢结构幕墙定义荷载工况如下：

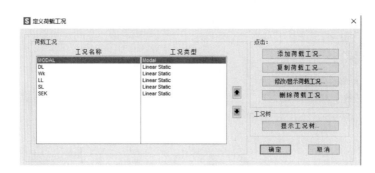

图 7　定义荷载工况

5　施加荷载

当计算采光顶钢结构幕墙框架受力时，用鼠标左键直接点击分别选定的采光顶幕墙面板（虚面），点击界面上工具条中【指定 A】⇨【面荷载】【导荷至框架的均布面荷载（壳）】弹出"指定导荷至框架的均布面荷载"对话框，分别施加恒载 DL、活荷载 LL、施工检修以及吊挂集中荷载 SL；至于采光顶风压荷载 w_k、竖向地震作用 S_E，由于已按"Chinese-2012"中国规范定义了自动侧向荷载，则为程序自动施加计算。

（1）施加重力荷载与施加活荷载（略）

（2）施加风荷载

中国规范给出的是体形系数，而 SAP2000 中需要定义风压系数，为了计算方便将其换算成参考点位置在圆形采光顶顶点的风压系数，那么根据风工程学理论换算关系为：

$$C_{pi} = u_{si}(z/H_0)^{2a}$$

上述公式中，u_{si} 为各测点的体型系数；z 为各测点的相对地面高度；H_0 为整个采光顶屋面的高度；a 为地面粗糙度指数，对应 B 类场地地面粗糙度，可取 0.15；本例取各体型系数区域测点位置最高处（在模型中测量）计算。

根据采光顶面的局部 3 轴方向，可以确定风压系数的正负。体型系数正负与坐标轴方向无关，也非数学上量的正负值，分别表示为风压力与风吸力，在体型系数值区域中，风压系数值的正负与局部 3 轴方向有关，输入正值时风荷载的方向与该面对象的局部 3 轴正方向一致，输入负值则与局部 3 轴方向相反。图 8 为显示面对象上局部轴，面对象上蓝色坐标轴为局部 3 轴，均垂直于采光顶面单元。

那么，本例如按图 2 圆形采光顶体型系数所示的对应的风压系数分别约（如要精确值，需要按工程实际标高计算比值）为：

a. 当体形系数区域 $u_{si} = -1.0$（风吸力）时：此处面对象上局部 3 轴坐标轴向

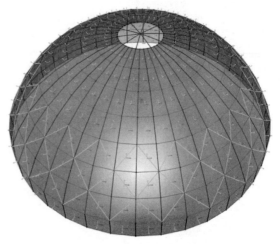

图 8　显示面对象上局部轴

上，风压系数换算为 C_{pi}＝＋1.0，与局部 3 轴方向一致；

b. 当体形系数区域 u_{si}＝＋0.75（风压力）时：此处面对象上局部 3 轴坐标轴与风压方向相向，风压系数换算为 C_{pi}＝－0.6375（计算图 1 中，切线 60°处高度与矢高的比值），与局部 3 轴方向反向；

c. 当体形系数区域 u_{si}＝＋1.0 时：此处面对象上局部 3 轴坐标轴与风压方向相向，风压系数换算为 C_{pi}＝－0.6082（计算图 1 中，切线 60°处高度与矢高的比值），与局部 3 轴方向反向；

d. 当体形系数区域 u_{si}＝－0.625 时：此处面对象上局部 3 轴坐标轴同向，风压系数换算为 C_{pi}＝＋0.53125（计算图 1 中，切线 60°处高度与矢高的比值），与局部 3 轴方向一致。

① 在体形系数 u_{si}＝ －1.0 时施加风荷载

命令路径：用鼠标左键直接点击选定采光顶中部横梁节点为"122、121、123、…159、160"以上的体形系数区域（共 5 圈），再点击界面上【指定 A】⇨【面荷载】⇨【风压系数（壳）】，弹出的"指定风压系数"对话框中，"荷载模式"选定 w_k，"风压类型"选"迎风面（随高度变化）"，"风压系数 C_p"输入"＋1.0"，"Load Distribution"选定"To Frames-Two-Way"，"选项"为"替换现有荷载"，点击【应用】⇨【确定】，完成风荷载施加，如图 9 体形系数 u_{si}＝－1.0时施加风荷载所示。

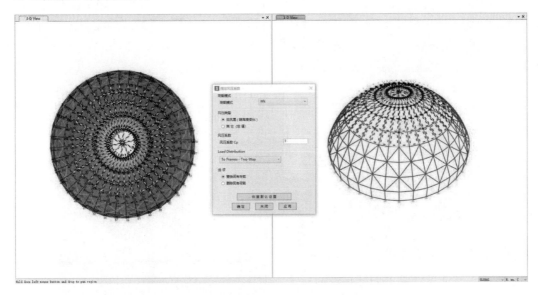

图 9　体形系数 u_{si}＝－1.0 时施加风荷载

② 在体形系数 u_{si}＝＋0.75 时施加风荷载

命令路径：用鼠标左键直接点击选定如图所示的体形系数区域，再点击界面上【指定 A】⇨【面荷载】⇨【风压系数（壳）】，弹出的"指定风压系数"对话框中，"荷载模式"选定 w_k、"风压类型"选"迎风面（随高度变化）"、"风压系数 C_p"输入"－0.6375"，"Load Distribution"选定"To Frames-Two-Way"，"选项"为"替换现有荷载"，点击【应用】⇨【确定】完成风荷载施加，图 10 为体形系数 u_{si}＝＋0.75 时施加风荷载。

③ 在体形系数 u_{si}＝－0.625 时施加风荷载

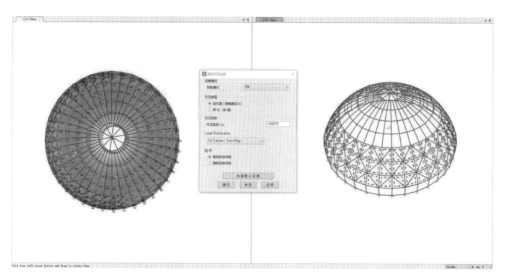

图 10　体形系数 $u_{si}＝＋0.75$ 时施加风荷载

命令路径：用鼠标左键直接点击选定如图所示的体形系数区域，再点击界面上【指定 A】⇨【面荷载】⇨【风压系数(壳)】，弹出的"指定风压系数"对话框中，"荷载模式"选定 w_k，"风压类型"选"迎风面(随高度变化)"，"风压系数 C_p"输入"＋0.5312"，"Load Distribution"选定"To Frames-Two-Way"，"选项"为"替换现有荷载"，点击【应用】⇨【确定】完成风荷载施加，图 11 为体形系数 $u_{si}＝－0.625$ 时施加风荷载。

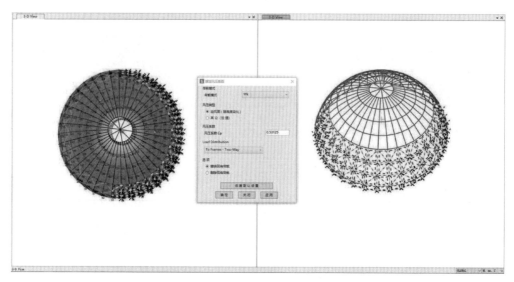

图 11　体形系数 $u_{si}＝－0.625$ 时施加风荷载

④ 在体形系数 $u_{si}＝＋1.0$ 时施加风荷载

命令路径：用鼠标左键直接点击选定如图所示的体形系数区域，再点击界面上【指定 A】⇨【面荷载】⇨【风压系数(壳)】，弹出的"指定风压系数"对话框中，"荷载模式"选定 w_k，"风压类型"选"迎风面(随高度变化)"，"风压系数 C_p"输入"－0.6082"，"Load Distribution"选定"To Frames-Two-Way"，"选项"为"替换现有荷载"，点击【应用】⇨【确定】完成风荷载施加，图 12 为体形系数 $u_{si}=+1.0$ 时施加风荷载。

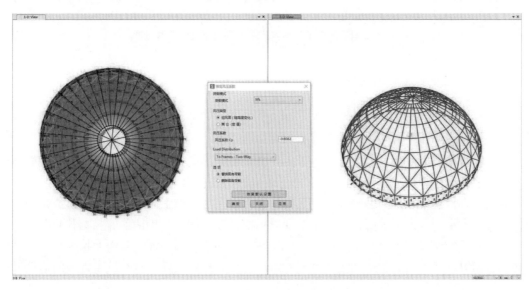

图 12　体形系数 $u_{si}=+1.0$ 时施加风荷载

6　结语

经过 SAP2000 运行结构分析、人机交互设计、计算（略），我们得知上述利用风压系数直接导入风荷载方法：穹面采光顶最大挠度为：$U_R=12.561(mm)$、钢结构杆件所受的最大应力为：Stress $S_{Max}=151.79(N/mm^2)$；均满足规范要求。它与风荷载换算成线荷载施加在采光顶钢结构杆件上比较，其位移未发生变化，但杆件所受应力略为增加。

关于框架幕墙横梁立柱连接

王海东

北京华天幕墙工程有限公司　北京　101113

摘　要　本技术方案采用的连接方式属于一种幕墙横梁连接方式，具体地说是一种框架幕墙横梁销钉连接构件，属于幕墙横梁与立柱连接领域。目前幕墙行业流行的横梁连接方式多样，但是一直对横梁掉头问题解决得不是很理想，多是现场施工队加一个自攻钉或采取玻璃垫块垫到横梁端头等方式来解决。框架幕墙横梁滑销连接构件，包括幕墙竖龙骨和幕墙横龙骨，所述幕墙横龙骨腔内装有横梁插芯，幕墙横龙骨的正面两端部开有横向长圆孔，横梁插芯加工有销钉丝扣，所述横梁插芯通过横梁销钉连接成一体。以下对本技术方案的优选实施例进行说明，应当理解此处所描述的优选实施例仅用于说明和解释本技术方案。要保证本方案不出现安装玻璃后横梁掉头现象，必须有三方面的保证，第一，横梁正常计算强度，挠度通过，尤其是自重挠度 3mm 以内；第二，立柱开孔精确，销钉直径是 6mm，开孔控制在 6.2mm，第三，横梁 2 和插芯 3 之间的配合，正常插芯配合都是 0.25mm 间隙，但是这个插芯比较短（50mm 内）间隙控制在 0.1mm 内。本技术方案已经在工程中应用，并成功申请了实用新型专利，笔者为方案的提出人及撰写人。

关键词　横梁；连接方式；内腔

1　引言

　　幕墙在中国发展已经有 30 多年了，技术从以前的参考国外一些公司的设计方式，到近 10 多年已经有革命性的发展，但是一直以来框架幕墙横梁都会出现玻璃端在自重的情况下下坠，俗称掉头，以下是笔者对现有框架幕墙横梁和立柱的连接方式中的几种情况进行分析，做了优化和革新，并在实际工程得到了很好的应用，基本解决了掉头现象，并申请了专利。

　　本技术方案所指的连接方式属于一种幕墙横梁连接方式，框架幕墙横梁立柱连接方式是我们"幕墙人"（幕墙设计及施工技术人员）一直寻求的一种安装方便、经济的方式，适合框架幕墙加工，安装灵活，现在这种连接方式也是现阶段笔者综合考虑的一种连接形式，安全、实用、简单。具体地说是一种框架幕墙横梁销钉连接构件，属于幕墙横梁与立柱连接领域。

2　背景技术

　　目前幕墙行业主要的横梁连接方式有 U 槽式铝合金角码、插槽式铝合金角码、弹销系统以及弹销和固定集合系统等连接方式。插槽式铝合金角码是传统的安装方式。相比较而言，U 槽式铝合金角码的优点是技术比较成熟，安全性较好，稳定性可靠；缺点是一般为开腔形式，相同条件下，横梁间距不宜设计得过大。传统的 U 槽式铝合金角码，横梁一般闭腔，横梁材料利用率提升，综合铝材含量低一些，造价相对便宜些；弹销系统，拥有U槽和插槽式铝合金角码的优点，但是有自身的缺点。传统的U槽式铝合金角码、插槽式铝合金角码、弹销系统及弹销与固定结合连接方式的具体使用情况如下所述。

2.1 传统U槽式

由于构造设计所限，横梁一般要设计成闭腔形式，现场安装困难，需要按照一定的施工顺序进行安装，也就是说的横梁立柱一起从一边到另一边的安装形式，现场横梁破损后更换十分困难，对立柱的定位也不好全面控制，安装完玻璃后掉头现象也比较明显；优点是横梁力学利用率很高，单位面积铝材含量相对低一些，完成后比开腔横梁美观。（图1和图2）

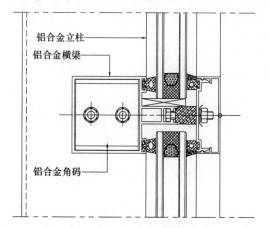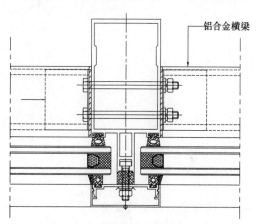

图1　U槽连接纵剖节点图　　　　图2　U槽连接横剖节点图

2.2 铝合金角码连接

传统插槽式铝合金角码连接横梁时，因构造缺陷，横梁开腔处空间狭小，角码尺寸很小，现场横梁安装完成后，还要进行横梁扣盖安装，对外观效果也有影响，很难把扣盖缝隙扣完美，另外闭腔空间较小，截面抗弯性能较差，这种安装方式最大的缺陷就是行业里说的掉头现象，玻璃安装完成后，横梁会出现扭转，主要原因为：连接角码和横梁直接至少有0.5mm的间隙，螺栓与立柱也有一般也就0.5mm间隙，加上受力材料的变形，这个问题比较突出。但是这种连接方式的优点是连接简单，施工方便，历史悠久。（图3和图4）

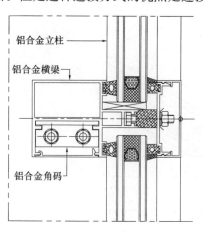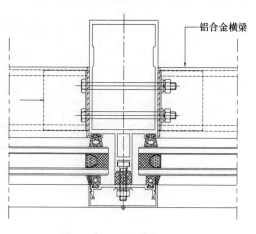

图3　角码连接纵剖节点图　　　　图4　角码连接横剖节点图

2.3　弹销式连接形式

这种形式克服了传统 U 槽式连接需要立柱横梁一起安装的限制，横梁做成闭腔形式，力学性能也提升了。但是这种安装方式由于构造原因，会出现个别销钉没有弹出去就安装完成的情况（尤其是 3 个销钉），会有一定的安装隐患，在安装完效果、横梁力学利用率等方面都是比较有优势的。（图 5 和图 6）

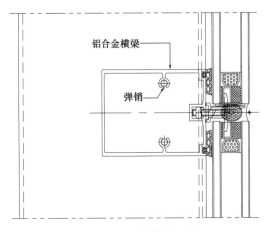

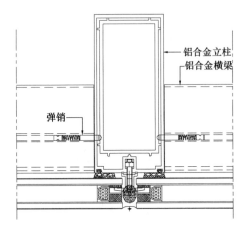

图 5　弹销连接纵剖节点图　　　　　　　图 6　弹销连接横剖节点图

2.4　弹销与固定结合连接方式

该连接方式解决了横梁掉头及安装不方便等问题，该连接方案为某个大公司的标准连接方式；但是该方案的缺陷是材料浪费，每根横梁铣一个缺口，对加工的精度要求相对要高，一个好的方案考虑不光是完成后的效果，经济也是主要考虑的范围，该方案需要横梁铣一个缺口，加工难度提升，在现场断料的可能性几乎没有，单位面积铝合金含量也不是很经济。（图 7）

为了解决上述问题，设计了一种框架幕墙横梁滑销连接构件，使横梁安装方便，在配合

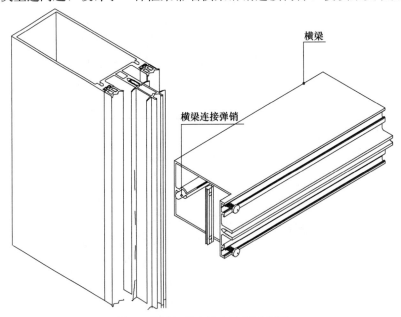

图 7　弹销与固定结合连接示意图

间隙上改进了一下，基本不会产生横梁扭转，在相同条件下，横梁力学利用率也提升了，同截面竖向分格也适当能调整大些，提高了横梁的安全性与实用性，降低了工程造价，节省了材料，有效避免了横梁扭转的问题，安装及维修方便。

3 现方案描述

3.1 方案设计构造描述

框架幕墙横梁销钉连接构件，包括幕墙竖龙骨和幕墙横龙骨，所述幕墙横龙骨腔内装有横梁插芯，所述幕墙横龙骨的正面两端部开有横向长圆孔，所述横梁插芯加工有销钉丝扣，所述横梁插芯通过横梁销钉连接成一体。

进一步地，所述横梁插芯滑动安装在横梁腔内，通过横梁两侧端部提前开好的长圆孔，利用螺丝刀进行插芯滑动，并与立柱进行连接，插芯上所述横梁销钉与立柱连接可靠时，再从横梁前端通过不锈钢螺钉来固定横梁插芯。

进一步地，所述的幕墙横龙骨与幕墙竖龙骨之间保持有 1mm 间隙，保证横梁与立柱安装效果。

本技术方案的优点在于：通过增加横梁插芯，将传统闭腔横梁安装方式受到一定安装顺序限制，转换到不受安装顺序限制的方法，不仅降低了现场安装闭腔横梁的困难，减少了安装工作量，另外工厂加工简单。同时，提高了横梁的安全性及实用性，降低工程造价，节省材料。

下面结合附图和实施例对本技术方案作进一步说明。

附图说明

图 8 为本技术方案实施例滑销连接纵剖节点图；

图 9 为本技术方案实施例滑销连接横剖节点图；

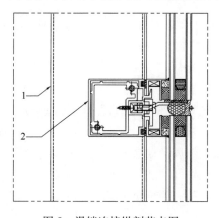

图 8 滑销连接纵剖节点图

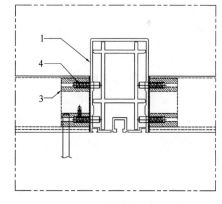

图 9 滑销连接横剖节点图

图 10、图 11 为本技术方案实施照片。

具体实施方式：

以下对本技术方案的优选实施例进行说明，应当理解，此处所描述的优选实施例仅用于说明和解释本技术方案，并不用于限定本技术方案。

如图 8～图 11 所示，一种框架幕墙横梁销钉连接构件，包括幕墙竖龙骨 1 和幕墙横龙骨 2，所述幕墙横龙骨 2 腔内装有横梁插芯 3，所述幕墙横龙骨 2 的正面两端部开有横向长

图 10　滑销操作实例照片（一）　　　　　图 11　滑销操作实例照片（二）

圆孔，所述横梁插芯 3 加工有销钉丝扣，所述横梁插芯 3 通过横梁销钉 4 连接成一体。

3.2　技术特征

3.2.1　框架幕墙横梁销钉连接构件，其特征在于：包括幕墙竖龙骨和幕墙横龙骨，所述幕墙横龙骨腔内装有横梁插芯，所述幕墙横龙骨的正面两端部开有横向长圆孔，所述横梁插芯加工有销钉丝扣，所述横梁插芯通过横梁销钉连接成一体。

3.2.2　根据安装顺序要求 1 所述的隐框幕墙横梁销钉连接构件，其特征在于：所述横梁插芯滑动安装在横梁腔内。

3.2.3　要保证本方案不出现安装玻璃后横梁掉头现象，必须有两方面的保证：第一，立柱开孔精确，销钉直径是 6mm，开孔控制在 6.2mm；第二，横梁 2 和插芯 3 之间的配合，正常插芯配合都是 0.25mm 间隙，但是这个插芯比较短（50mm 内），间隙捆住在 0.1mm 内。

本方案为一种框架幕墙横梁销钉连接，包括幕墙竖龙骨和幕墙横龙骨，幕墙横龙骨上两端开有横向长圆孔，幕墙横龙骨的端部设有横梁插芯，横梁插芯设有销钉丝扣，其特征在于，幕墙横龙骨与竖龙骨之间连接有不锈钢销钉，横梁插芯设有现场临时安装孔，横梁插芯在所述的幕墙横龙骨腔内安装到位后，由插芯限位钉固定插芯，防止插芯横向窜动，幕墙横梁插芯与销钉相配合连接，横梁销钉与所述立柱预留孔位相配合插接；本方案优点在于：使闭腔横梁安装方便，也不会使横梁横向来回窜动，提高了横梁的安全性与实用性，降低了工程造价，节省材料，方便安装。

4　方案实施

4.1　材料要求

4.1.1　构件式玻璃幕墙所使用的铝合金材料，包括铝合金建筑型材、铝及铝合金轧制板材的材料牌号与状态、化学成分、机械性能、表面处理、尺寸允许偏差、精度等级，均应符合现行国家标准规定要求。

4.1.2　铝合金型材应符合《铝合金建筑型材》（GB/T 5237）对型材尺寸及允许偏差的规

定。幕墙铝型材应采用高精度级，其阳极氧化膜厚度不低于 $15\mu m$。

4.1.3 铝合金型材表面清洁，色泽均匀。不应有皱纹、裂纹、起皮、腐蚀斑点、气泡、电灼伤、流痕、发粘以及膜（涂）层脱落等缺陷存在。

4.1.4 构件式玻璃幕墙所使用的各类紧固件，如螺栓、销钉紧固件机械性能，均应符合现行国家标准规定要求，销钉推荐使用直径不低于 6mm 的奥氏体不锈钢销钉。

4.2 方案现场安装要求：

4.2.1 根据测量基准线，确定预埋件位置。

4.2.2 预埋件锚筋应与受力主筋可靠连接，外露面平整，位置准确。

4.2.3 后补埋件必须进行抗拔力试验。

4.2.4 当埋件与支座采用螺栓连接时，螺栓必须满足各项力学性能试验和其他试验要求。

4.3 立柱安装

4.3.1 以建筑结构轴线为基准，定位标高为依据，进行支座连接和立柱安装，支座与立柱不能直接接触，必须做绝缘处理，支座与立柱螺栓采用不锈钢材料，连接螺栓应采用不锈钢螺栓。

4.3.2 以不少于三根立柱为基准，按照设计图纸分格尺寸及要求进行安装，应按顺序进行立柱定位和安装。

4.3.3 横梁与立柱连结应采用结构性连接，当采用螺栓或螺钉连接时，连接点不应少于 2 个，并且应有防脱落措施。横梁一端应进行弹性连接。

4.3.4 立柱与横梁连接完毕后进行调整，然后进行支座固定，并做防腐处理。

现场安装顺序：

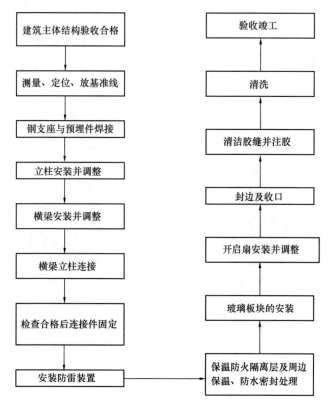

4.4 安装过程注意事项

4.4.1 立柱安装（包括转接件安装），立柱安装要求精度在 0.5mm 以内，保证立柱安装横梁的孔是在工厂开好的。

4.4.2 横梁安装，首先把预先安装好的插芯（滑销）插到横梁里，横梁在两个立柱之间的安装孔位置平推进去，其次用专用的螺栓到把插芯滑到顶死横梁为止，最后用限位自攻钉固定滑销，限制其滑动。

4.4.3 安装横梁托板，安装在横梁四分之一位置，长度不小于 100mm。

其中，横梁插芯滑动安装在横梁腔内，通过横梁两侧端部提前开好的长圆孔，利用螺丝刀进行插芯滑动，并与立柱进行连接，插芯上横梁销钉与立柱连接可靠时，再从横梁前端通过不锈钢螺钉来固定横梁插芯。另外，幕墙横龙骨与幕墙竖龙骨之间保持 1mm 间隙，保证横梁与立柱安装效果。

5 结语

目前该系统已经在多个项目中得到了应用：燕郊产业园、通州运河核心区 K2 项目、烟台海交大厦等。该幕墙实用新型专利已经申请下来，笔者为方案的提出人及撰写人。

参考文献

［1］ 中华人民共和国住房和城乡建设部. 玻璃幕墙工程技术规范：JGJ 102—2003［S］. 北京：中国建筑工业出版社，2004.

［2］ 中华人民共和国住房和城乡建设部. 玻璃幕墙工程质量检验标准：JGJ/T 139—2020［S］. 北京：中国建筑工业出版社，2020.

作者简介

王海东（Wang Haidong），男，1977 年 4 月生，高级工程师。研究方向：门窗幕墙；工作单位：北京华天幕墙工程有限公司；地址：北京市通州区张家湾镇云杉路 2 号院 27 号楼；邮编：101113；联系电话：13910166738；E-mail：68156214@qq.com.

基于 Threm 软件对幕墙节点热工模拟分析

闻　静

北京凌云宏达幕墙工程有限公司　北京　100101

摘　要　当今全球能源紧缺，而我国经济又处于高速发展时期，节约能源是保证发展的有力条件之一，玻璃幕墙作为当代建筑的重要外围护结构，幕墙节点设计以保证热工性能成为幕墙系统设计的重要环节之一。本文通过采用 Threm 软件进行模拟分析，对比不同系统的框 U 值，得出不同措施及设计对于铝框热传递影响，便于在不同节能要求情况下的幕墙系统设计的分析和探讨。

关键字　Threm 软件；热传导；U 值

1　引言

目前我国城乡既有建筑面积约 700 亿 m^2，这些建筑在使用过程中消耗的能量（采暖、空调、照明等）占全国总能耗的 30％左右。幕墙、门窗在内的建筑外围护结构综合考虑占建筑能耗 75％以上。在全球能源紧缺的当今社会，玻璃幕墙在给建筑物带来更具装饰色彩的同时也大量消耗着能源，因此玻璃幕墙的节能和环保问题显得极为重要。针对建筑节能我国在 2015 年和 2016 年分别实施了《公共建筑节能设计标准》（GB 50189—2015）和《民用建筑热工设计规范》（GB 50176—2016）两大规范，它们分别适用于新建、扩建和改建的公共及民用建筑的节能设计。通过改善建筑围护结构保温、隔热性能等措施，在保证相同的室内热环境舒适参数条件下，可大幅度降低建筑能源消耗量，因此幕墙的节能设计成为幕墙系统设计的重要环节之一。

2　幕墙传热途径分析

玻璃幕墙的传热过程大致有三种途径：一是玻璃和金属框的传热：通过玻璃的热流传热，通过金属框的传热；二是幕墙内表面与室内空气和室内环境间的换热：内表面与室内空气间的对流换热，内表面与室内环境间的辐射换热；三是玻璃幕墙外表面与周围空气和外界环境间的换热：外表面与周围空气间的对流换热，外表面与外界环境间的辐射换热，外表面与空间的各种长波（如电磁波、红外线等产生的长度）辐射换热。

由于幕墙的传热系数需要玻璃的传热系数、框的传热系数和框与面板接缝的线传热系数进行加权计算得出，而这上述三种幕墙传热途径中的第一种途径（热传导）对节点设计影响最大。

针对玻璃的热传导，可以选用 Low-E 中空玻璃，使玻璃的传热系数减少，具有良好的隔热保温性能。目前降低玻璃 U 值措施比较多，通常有单银、双银、三银、第四面无银、中空层冲惰性气体、三玻两腔及设置暖边间隔条等措施。

针对铝框的热传导即为通过幕墙系统的节点设计来降低框 U 值，本文即针对目前幕墙铝框的几类节点设计对导热性能的影响对比分析，便于幕墙人在设计过程中根据不同的热工要求选择合适的节点系统的分析和探讨。

3 Threm 计算原理

衡量建筑幕墙保温性能的最重要的指标传热系数 K 值（美国为 U 值），它的物理定义是：在稳定的状态条件下，两侧环境温度差为 1K 时，在单位时间内通过单位面积门窗的热量，U 值是衡量幕墙保温性能的重要参数。

Threm 软件计算框的 U 值即在框的计算截面中，应用一块导热系数 $\lambda = 0.03 \mathrm{W/(m \cdot K)}$ 的板材替代实际的玻璃（或其他镶嵌板）——在热工计算中导热系数 $0.03 \mathrm{W/(m \cdot K)}$ 的板材视为绝热材料，板材的厚度等于所替代面板的厚度，嵌入框的深度按照面板嵌入的实际尺寸，可见部分的板材宽度不应小于 200mm。通过二维模型导入设置幕墙材料及计算环境边界条件计算出铝框的传热系数。通过铝框的传热系数即可判断系统节点设计的保温性能强弱。

4 案例分析

以下案例采用 CAD 软件建模后保存为 .dxf 格式并导入到 Threm7.0 进行计算。

4.1 环境条件

依据《建筑门窗玻璃幕墙热工计算规程》（JGJ/T 151—2008）及《民用建筑热工设计规范》（GB 50176—2016）之规定，冬季标准计算条件：

室内空气温度 $T_{\mathrm{in}} = 20℃$

室外空气温度 $T_{\mathrm{out}} = -20℃$

室内对流换热系数 $h_{\mathrm{c,in}} = 3.6 \mathrm{W/(m^2 \cdot K)}$

室外对流换热系数 $h_{\mathrm{c,out}} = 16 \mathrm{W/(m^2 \cdot K)}$

4.2 材料参数

材料的传热系数表见表 1。

表 1 材料参数表

材料	传热系数[$\mathrm{W/(m^2 \cdot K)}$]	模型中对应颜色
铝合金[aluminumalloy-painted]	160	
铝板[aluminum panel]	237	
碳钢[steel-galvanized sheet]	62	
三元乙丙橡胶[EPDM]	0.25	
隔热条[PA66GF25]	0.3	
泡沫棒[foam weather stripping]	0.03	
不通风空气[frame cavity NFRC 100]	0.2389	

材料	传热系数[W/(m²·K)]	模型中对应颜色
自定义替代面板	0.03	■
不锈钢 [stainless steel]	17	■
聚氯乙烯 PVC[polyvinyl chloride]	0.17	■

4.3 计算公式

根据《建筑门窗玻璃幕墙热工计算规程》（JGJ/T 151—2008）的规定，透明幕墙的传热系数按下式计算：

$$U_{CW} = \frac{\sum A_g \times U_g + \sum A_f \times U_f + \sum l_\phi \times \Psi}{\sum A_g + \sum A_f}$$

式中 U_{CW}——透明幕墙的传热系数 [W/(m²·K)]；

A_g——幕墙玻璃（或其他镶嵌板）面积（m²）；

A_f——框面积（m²）；

l_ϕ——玻璃（或者其他镶嵌板区域）的边缘长度（m）；

U_g——玻璃（或其他镶嵌板）的传热系数 [W/(m²·K)]；

U_f——框的传热系数 [W/(m²·K)]；

Ψ——框和玻璃（或其他镶嵌板）之间的线传热系数 [W/(m·K)]。

4.4 隔热条为Ⅰ型隔热条的明框系统之框 U 值分析

穿条式隔热型材是通过开齿、穿条、滚压工序，将条形隔热材料（隔热条）穿入铝合金型材穿条槽内，并使之被铝合金型材牢固咬合的复合型材。常用的隔热条宽度为 14.8mm、22mm、24.0mm 等。

4.4.1 隔热条为 14.8mm-Ⅰ型隔热条的明框系统之框 U 值分析

本案例采用 14.8mm-Ⅰ型隔热条隔热型材标准竖剖节点进行分析，详见图1～图3。

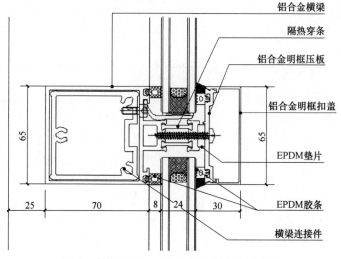

图1 明框 14.8mm 穿条断热竖向标准节点

291

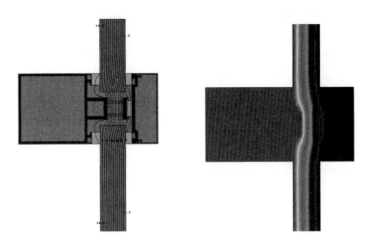

图 2　Threm 热工分析-等温线图-温度分布云图

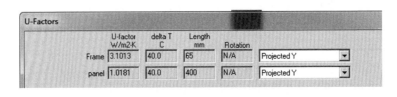

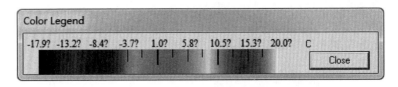

图 3　U 值计算结果及温度颜色图例

通过计算得框传热系数 U_f＝3.1W/(m² · K)。

4.4.2　隔热条为 22mm-Ⅰ型隔热条的明框系统之框 U 值分析

相对于上述案例,本案例隔热条长度由 14.8mm 调整为 22mm,且由于两组隔热条内部空腔较大,内部设置了 6mm 宽的三元乙丙发泡海绵条,且在面板与铝框缝隙中设置了泡沫棒和密封胶,详见图 4～图 6。

通过计算得框传热系数 U_f＝2.14W/(m² · K)。

结论:通过上述两种案例分析 U 值降低了 0.96,因此得出隔热条宽度越宽,型材的隔热效果越好,且在使用隔热条时要注意隔热条间的空气对流,但是隔热条间的空腔过大,会增加空气对流,进而增加热传导,使得框的热传导增大。采取的措施是穿条空腔内(尤其是穿条宽度≥24mm)填加海绵条和在面板与铝框缝隙中设置泡沫棒和密封胶,可有效防止空气对流,较大幅度减少框的热传导。

图 7 为通过 Threm 软件计算出不同长度的穿条采取不同措施后框传热系数的对比:

(1)措施 1:单独采用穿条隔热措施时,24 穿条由于穿条内部空气对流增大相对于 22 穿条没有明显降低框的传热系数,但是在措施 2 下 24 穿条内部增加海绵条之后框传热系数明显降低。

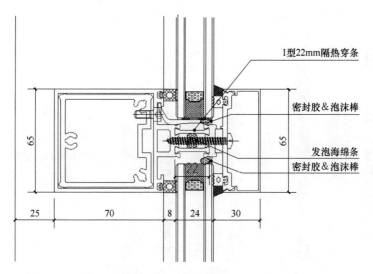

图 4　明框 22mm 穿条断热竖向标准节点

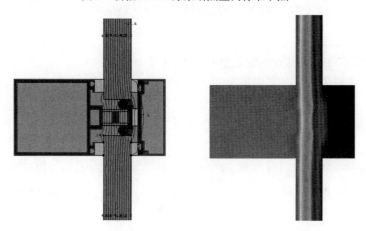

图 5　Threm 热工分析-等温线图-温度分布云图

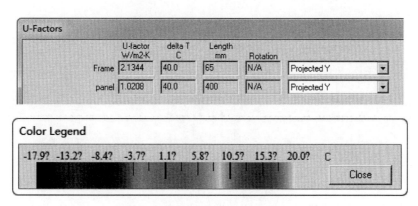

图 6　U 值计算结果及温度颜色图例

（2）采取措施 3：穿条 & 面板与铝框缝隙中设置泡沫棒和密封胶可显著降低铝框传热系数，但是当穿条宽度逐渐增加时，空气对流增大，措施 3 作用逐渐稍微减弱，尤其是穿条

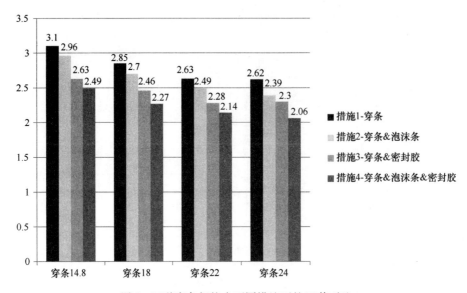

图7　四种穿条规格在不同措施下的U值对比

宽度≥24mm时比较明显。

4.5　多腔组合型隔热条的明框系统之框U值分析

多腔体组合式隔热条可以采用尼龙66材质也可以采用PVC材质，组合式隔热条不需型材厂穿条复合工艺，直接装配，极大改善型材的加工周期。

4.5.1　隔热条为硬质多腔组合型隔热条的明框系统之框U值分析（本案例隔热条长度为26mm）

本案例采用26mm硬质组合隔热条隔热型材标准竖剖节点进行分析，详见图8～图10。

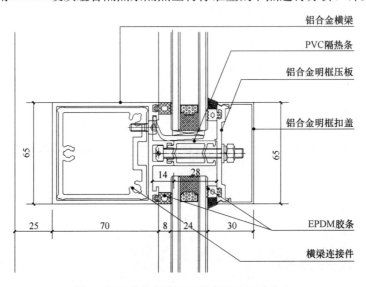

图8　硬质多腔组合型隔热条竖向标准节点

通过计算得框传热系数$U_f=2.3W/(m^2 \cdot K)$。

4.5.2　隔热条为软硬共挤隔热条的明框系统之框U值分析（本案例隔热条长度为26mm）

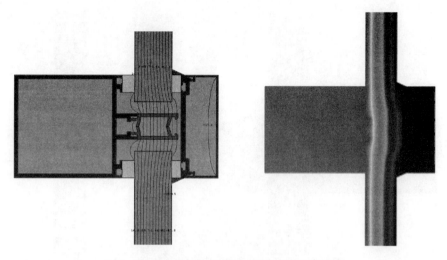

图 9　Threm 热工分析-等温线图-温度分布云图

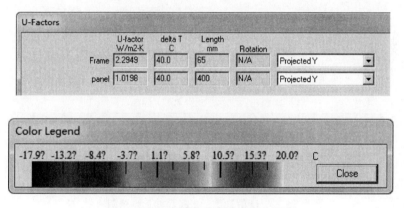

图 10　U 值计算结果及温度颜色图例

本案例采用 26mm 软硬共挤隔热条隔热型材标准竖剖节点进行分析，详见图 11～图 13。

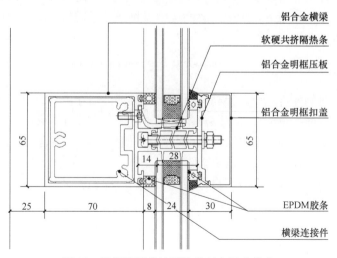

图 11　明框软硬共挤隔热条竖向标准节点

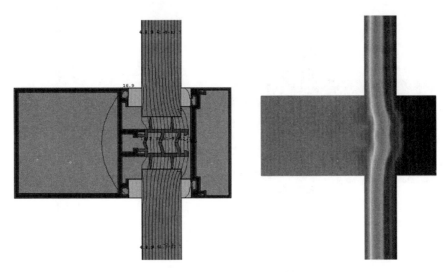

图12 Threm热工分析-等温线图-温度分布云图

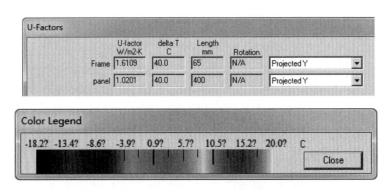

图13 U值计算结果及温度颜色图例

通过计算得框传热系数$U_f = 1.62W/(m^2 \cdot K)$

结论：多腔组合型隔热条系统的这两个案例与Ⅰ型隔热条的明框系统对比，框U值明显降低。其中多腔组合隔热条系统中的案例2中隔热条由于增加了两侧软翼大幅减低热的对流及传导，整体热工的提高更加显著。

5 结语

因此通过上述案例分析对比，提高隔热型材的热工性能在主要设计原则可概括为①增大隔热条的宽度来减少框的热传导；②隔热条形式可增加腔体设计，减少空气对流，进而可减少框的热传导。幕墙设计师可通过Threm软件进行模拟分析，结合实际施工情况与工程成本分析设计符合不同工程节能要求的幕墙系统。

本文中所介绍的内容都是在方案设计与施工中的一些经验总结，望与幕墙同仁共同分析与探讨。

参考文献

[1] 宋晓惠. 建筑节能——项目管理师的最终目标[J]. 中国招标，2008，21：51-52.

［2］ 周正涛．玻璃幕墙节能的措施与途径[J]．门窗，2008，5：8-12.

［3］ 中华人民共和国住房和城乡建设部．建筑门窗玻璃幕墙热工计算规程：JGJ/T 151—2008[J]．北京：中国建筑工业出版社，2009.

［4］ 中国工程建设标准化协会．装配式幕墙工程技术规程：T/CECS 745—2020[J]．北京：中国计划出版社，2020.

作者简介

闻静（Wen Jing），女，1981 年 1 月生，工程师，研究方向：建筑幕墙设计与施工；工作单位：北京凌云宏达幕墙工程有限公司；地址：北京市朝阳区金泉时代广场 3 单元 2311、2312 室；邮编：100101；电话：18201099798；E-mail：383386757@qq.com。

浅谈铝合金门窗五金的设计与应用

夏航鹏

兴三星云科技有限公司 浙江海宁 314415

摘 要 现代建筑门窗按型材种类大致可分为：塑料门窗、复合材料门窗、铝合金门窗，其中铝合金门窗是如今我国主要的建筑门窗产品，在当今建筑中占相当大的比重。实际使用中，无论从抗风压、水密性、气密性等性能还是从环保方面，铝合金门窗都有其优越性。随着铝合金型材中隔热断桥的使用，铝合金窗的保温、隔热性能大大提高，非常适应现在大力提倡的节能要求。

关键词 铝合金门窗；五金件；设计与应用；环保；耐久性

Abstract Modern building doors and windows can be roughly divided into：U-PVC doors and windows，composite doors and windows，aluminum doors and windows according to the types of profiles. Nowadays，aluminum doors and windows are the main building door and window products in China，and they account for a large proportion of today's buildings. During application，aluminum alloy doors and windows have their advantages in terms of resistance to wind pressure，water tightness，air tightness，and environmental protection. This is because compared with U-PVC windows of the same cross section，the moment of inertia of aluminum alloy windows is 3-4 times than U-PVC's.

With the applied of thermally insulated broken-bridges in aluminum alloy profiles，the thermal insulation performance of aluminum alloy windows is greatly improved. It is quite suitable for the energy-saving requirements that are now vigorously advocated.

Keywords Aluminum door and window；hardware；design and application；envirmental；durability

1 铝合金门窗五金的设计要求

1.1 铝合金门窗五金配套件是门窗实现各项功能、达到各项物理性能必不可少的一部分。目前，建筑节能已经成为我国节能工作的重点，建筑门窗作为建筑外围护结构之一，承担着重要的节能任务。铝合金门窗五金配件虽然小，但它对于满足节能标准要求以及使用安全性起到关键性的作用。我们要使配套件五金产品和型材的配合达到最佳状态，使用户能使用到优质的配套五金产品，使门窗的性能、功能发挥到最好，以满足铝合金门窗日益发展的市场需求是我们和大家共同的愿望，也是构建资源节约型、环境友好型、社会主义和谐社会的举措。

1.2 在结构方面，铝合金门窗主要是由挤出铝型材、玻璃、五金配件、密封胶条、密封毛条、角码等部分组成的，五金配件主要对铝合金门窗的启闭起主要作用。传动部件、固定部件、承重部件、控制部件等部件组成了五金配件（图1、图2）。

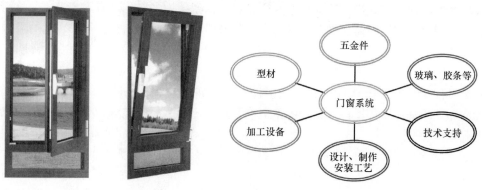

图1　常用铝合金窗　　　　　　图2　常用铝合金门窗配置

门窗是一个系统的工程，通过专门的加工设备，按照严格的设计、制造工艺要求，有机地结合成为一个完整的系统。

1.3　在性能方面，检测铝合金门窗五金配件设计是否合理，主要通过抗风压性能、水密性、气密性、启闭力、反复启闭性能型式检验等几项指标。其中抗风压性能、水密性、气密性三个方面，在设计的时候要充分考虑这些物理指标，它们可以反映门窗的功能性能，影响到室内保温效果和居住安全性。

1.3.1　气密性：从节能和防尘方面考虑，确定门窗的气渗透性能，即门窗的气密性。

1.3.2　水密性：需要根据工程所在地气象部门多年统计的风雨交加的最不利情况，确定门窗的雨水渗漏性能，使门窗不渗透水。

1.3.3　抗风压性能：需要计算出工程所在地的风荷载标准值，然后确定门窗的抗风压性能。

在经济方面，铝合金门窗五金配件的设计在满足了性能的需要和美观的需求之后，需要尽可能地使生产成本最小化。在门窗五金配件的设计中，主要的成本来源在于铝型材、生产工艺、生产设备、人员消耗以及五金配件的使用情况。在当前的形势下，由于生产的五金原材料价格不断上涨，导致各企业门窗五金的生产成本大大增加。所以，当前的主要问题就是通过产品设计革新和二次改进降低产品成本，满足市场需求。

门窗五金的加工精度比其他的附属零件的加工精度要高出很多，门窗五金配件安装位置在窗扇边缘部位，所以门窗五金配件其微小的尺寸变化也会造成门窗结构的较大变化。如铰链连接杆与铆钉之间的尺寸配合精度，合页与转动轴之间的尺寸配合精度，这些关键性的尺寸精度，直接影响门窗五金配件承重性能。门窗五金产品设计的精度、配合尺寸、工艺装配精度要求，都会在受力传动的过程中对门窗整体安装和窗扇启闭起到重大影响。

2. 当前铝合金门窗五金配件设计存在的问题

2.1　目前所采用的铝合金门窗五金配件成本较高，由于压铸锌铝合金、6063-T6型材、不锈钢、不锈铁等原材料的不断上涨，门窗五金的价格普遍升高，导致门窗五金配件的设计生产成本大大增加。随着我国经济社会的快速发展，人民的生活水平不断提高，人们对于生活质量以及居住环境的要求也随之提高。铝合金门窗对于人们居住环境的通风、采光以及结构设计等多方面起到重要的影响作用，由此衍生了人们对于采光、通风等多方面的铝合金门窗五金配件的设计需求。当前所应用的五金结构，窗型使用多样化，有固定窗、上悬窗、下悬窗、平开门窗、推拉门窗、平开下悬门窗、折叠门、地弹簧门、提升推拉门等，通过五金的设计，适配各种窗型，从而获得较高的采光需求、较好的通风需求，以及满足市场的需求。

2.2 目前所采用的铝合金门窗五金配件使用多样化，不同地域的门窗型材，不同的材质、标准和使用功能要用不同结构设计的五金配件。门窗型材的差异，导致了门窗五金在使用中也存在差异。

例如合页（铰链）：适用于建筑平开门、内平开窗。不适用于无框平开玻璃门、纱门窗、折叠门窗。

每种门窗五金产品都有其标准的设计要求，如合页（铰链）：有其规格、适用范围、结构特点、性能特点、安装要求、检测结果等。五金产品通过各企业进行申报，通过建筑门窗配套件委员会组织与生产企业不相关的人员，对进行抽样、封样的五金产品在背对背的情况下委托国家技术监督管理部门认可的、在行业中有影响的检测单位进行检测，并对检测结果出具检测报告。

门窗五金配件的产品品种多样、加工工艺复杂。目前市面上的门窗五金产品很多，随着现代门窗形式的多样化和复杂化，五金配件有很多的款式、类型，以及复杂多样的零件。通常所说的门窗部件包含了建筑门锁、执手、铰链、闭门器、窗钩、防盗链、感应启闭门装置等。这些门窗构件都是服务于门窗，没有五金配件，门窗不会实现其应有的功能，只会变成"死扇"。

因此，可以说五金配件是门窗的核心，然而长期以来人们对五金配件的认知比较缺乏，导致房地产众多门窗工程的质量堪忧。一些设计师对门窗五金配件不重视，在设计上也出现诸多的不合理之处，如高层上的大尺寸外开窗，锁点、锁座数量不足或分布不合理，造成门窗性能不达标。一些生产厂家也不重视五金配件的质量，为了降低生产成本，把五金件做得小、轻、薄等，从而导致产品强度不足、耐用性不足，存在一定的安全隐患。

3　门窗五金配件耐久性的主要问题

铝合金门窗五金配件除了要考虑足够的机械强度外，还要注意所选用的材料与门窗框、扇接触使用时，能否保持较好的耐腐蚀性。铝合金门窗五金件能否达到设计寿命要求，对铝合金门窗在使用过程中的安全性、耐久性十分重要，只有两者结合好才能真正发挥铝合金门窗美观大方、经久耐用的特点。

耐腐蚀性能是建筑门窗五金配件重要性能之一，容易受到温度、湿度和大气氛围的影响。

第一是湿度，当湿度达到某一临界值时表面形成水膜，外观面腐蚀速度加剧，水分凝聚成液态水膜，产生电化学腐蚀，特别是沿海地区，湿度高，盐分重。

第二是温度，高温高湿时，温差交替骤降，大气中的水分子容易凝聚成膜覆盖在五金配件表面，加速表面腐蚀，昼夜温差越大的地区越容易发生，腐蚀也愈严重。

第三是大气污染，随着各国工业企业的不断发展，空气中的有害气体和粉尘，如二氧化硫等气体以及氯化物和其他酸、碱、盐颗粒本身就具有腐蚀性，腐蚀性物质的粘附加速对五金配件的腐蚀作用。

门窗五金配件一旦发生腐蚀，门窗的整体性能就降低，使用寿命减短，尤其对于系统门窗而言，不仅影响产品美观，而且直接导致门窗的气密性、水密性、抗风压及保温节能等性能降低。

4 门窗五金配件耐久性的提升措施

门窗五金配件的耐久性对门窗的使用十分重要，一旦发生损坏，就容易导致门窗系统整体性能的降低，因此提升门窗五金配件耐久性十分重要。

首先当然是提升工艺标准，从国标和其他国家的标准对比来看，我国的生产工艺的标准要求较低，这导致了很多产品的检验不合格。在完善国内标准检测手段的同时，积极向国际标准和规范靠拢，从而提升产品工艺质量。

其次是在生产技术、材料、工艺上提升，采用耐蚀性较好的材料，如 304 不锈钢，一般是钢中含有铬、镍、钛等成分，不容易发生锈蚀，表面可采用金属镀膜形成镀层，不但美观光滑，镀层还具有耐腐蚀、抗氧化和寿命长的特点。门窗五金配件也可采用非金属防护装饰层来避免腐蚀，增加绝缘层或非金属涂层，能有效的防止出现化学腐蚀。另外，电镀珍珠铬是市场中广泛使用的一种表面处理工艺，硬度高、耐磨性好，外观文雅、大方、漂亮。螺丝表面镀铬层是易破坏的部位，在门窗安装完成后，打上玻璃胶将螺丝密封，避免螺丝在空气中发生氧化。

在日常的使用中，需要及时对五金配件进行保养，不要用湿手开启门锁。开启门锁或转动门锁把手时，不要用力过猛。经常检查旋紧螺栓、定位轴、风撑、地弹簧、合页、门锁执手等经常活动的五金配件，适当添加润滑油，发生松动时要立即拧紧，不要在门扇上悬挂过重的物品，避免门扇发生下垂现象，还需避免锐器磕碰、划伤。

铝合金门窗以其外型美观、开启灵活、使用方便、重量适中、采光面积大，而被越来越多的房企建筑采用，而门窗又往往是随着五金配件的技术进步，来提高其功能来完善的。五金配件的耐用程度决定了门窗的使用性能，如何有效防止五金配件发生腐蚀，提高产品耐用性是一门长久的研究课题。

5 铝合金门窗五金配件的安装使用及维护

在对铝合金门窗五金配件进行正式安装之前，各公司需要对即将安装的门窗五金件合页（铰链）进行质量检测，保证五金件符合《建筑门窗五金件合页（铰链）》（JG/T 125—2017）的相关标准，以免在使用的过程中由于种种因素而产生问题，避免客户投诉和售后维护。

5.1 产品示意图（图3）

图 3 产品示意图

5.2 产品与型材的配合尺寸、安装示意图（图4、图5）

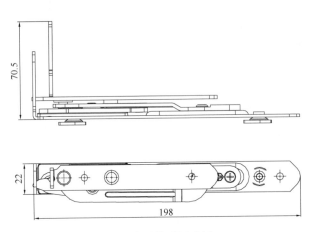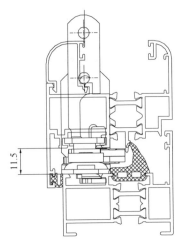

图4 产品外形尺寸图　　　　　　　图5 产品与型材配合部位示意图

5.3 适用范围

本产品适用于欧标20槽铝合金型材的铝合金内、外平开窗。

5.4 性能特点

隐藏式铰链安装后内藏在型材槽口内，外立面无合页外露部位，无须切割密封胶条，保证整扇窗户的密封完整性。合页最大承重70kg，反复启闭30000次后，开启功能正常，性能完好。

5.5 结构特点

产品采用优质不锈钢304材质，一次冲压成型，确保稳定的承载能力和使用强度，各连接杆之间采用高强度耐磨垫圈，底部采用纽扣式固定块，可实现快速定位安装；垫块与夹块之间使用十字槽沉头螺钉相连，可实现窗扇任意位置定位效果。

5.6 安装要求

采用免打孔的纽扣式快速定位安装方式。框边和扇边合页位置调整完毕后，再对框边和扇边型材进行开孔，然后用十字槽自攻自钻螺钉直接将合页固定在型材上即可（图6）。

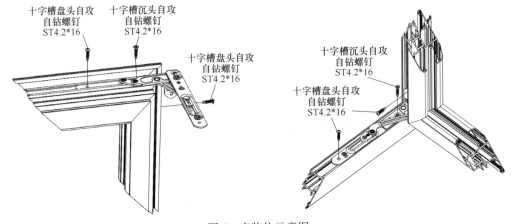

图6 安装位示意图

5.7 委员会组织的实际检测结果

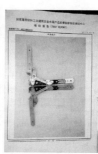

6 铝合金门窗五金配件制造的环保措施

建筑门窗能够具有各种开启形式的关键是各种结构的门窗五金。应建筑的功能结构形式、空间尺寸、建筑物外立面的设计风格等方面的要求,建筑门窗有了内平开、外平开、内开上悬、内开下悬、外开上悬、外开下悬、内平开上悬、上悬内平开、推拉、推拉折叠、提升推拉、上下推拉、中悬、立转等多种开启形式。

建筑门窗开启形式的多样性和复杂性,以及门窗启闭过程中五金配件受力方向的交替变化所带来的不同,导致了门窗五金结构的复杂性。建筑门窗开启、关闭的灵活性,操作的难易程度,操作力的大小,主要取决于门窗五金的结构设计、材料选用、加工制造、组装工艺及组装质量的好坏。因此,门窗五金的绿色化、智能化制造就成为非常重要的一步而受到广泛关注。现今五金生产工艺中,生产企业摒弃了原有的人工打磨,手工操作等传统的老旧生产工艺,去其糟粕,取其精华,主动学习研发新型的生产工艺。采用全自动化生产线流程,提高产品的品质、节省人工资源的同时,也减少了物料资源的浪费。在合理的利用资源的同时,也提高生产能力的同时,也更加节能环保。

五金行业,早期采用人工手法进行产品的加工,加工周期长、误差率大、损耗大。随着现代化进程的发展,五金企业积极响应国家环保智能化要求,全部采用高精密冲压设备一次成型。这样既节省了人力资源,同时也省去了钻孔、抛光等繁琐的人工工序,降低物料损耗,完善产品的质量,同时也控制了废水废气等污染物排放,既节省了时间,也提高了产能,使得原来的生产速率呈几何倍数增长。最重要的一点,这种现代智能化的生产同时也起到了环境保护的作用,正可谓一举多得。

作为一个传统工业性企业,五金行业的废水排放自古以来就是存在的。废水作为自然界三大污染灾害之一,怎样处理废水是作为一个环保型五金企业所必须着重把关的。各家企业积极响应国家《污水综合排放标准》(GB 8978—1996)要求,将废水处理放在第一位,采购一体化污水处理设备,通过一体化污水处理设备将排放的废水彻底变为清水。一体化污水处理设备的工作原理主要是,在经过一级处理比如格栅对污水中各类杂物拦截防止堵塞水泵或处理设备后,进入二处理工艺,主要依靠 AO 生物过程,在 A 级过滤罐中,污水的有机浓度相对较高。此时,在缺氧环境中,污水中的有机氮将转化为 NH_3-N。同时 A 级过滤器不仅具有较高的有机物去除功能,而且还能减少后续设备的工作强度,在 O 级过滤器中,主要使用好氧微生物和自养细菌,然后 O 级罐出水返回 A 级罐,利用反硝化效果去除污水中的污染物,完成污水排放并达到标准。

7　结语

门窗有多种窗型和结构形式，而窗型的各种功能全部依赖于五金配件的配置。门窗五金配件是门窗的"心脏"，是决定门窗寿命长短的"命脉"。当你遇上合适的五金，就像找到了寻觅已久的"拍档"，焕发出全新的生命。一个好的门窗，必须配上一个好"心脏"，才能保障使用过程的安全。门窗五金企业一如既往生产高优质的五金配件，给你带来安稳的家居生活。

参考文献

[1] 国家市场监督管理总局，国家标准化管理委员会. 铝合金门窗：GB/T 8478—2008[S]. 北京：中国标准出版社，2020.

[2] 中华人民共和国住房和城乡建设部. 建筑门窗五金件 合页（铰链）：JG/T 125—2017[S]. 北京：中国标准出版社，2017.

[3] 张娟娟，林召烽. 国际和欧标在建筑门窗五金件耐腐蚀性能方面的差异比较[J]. 门窗，2017.

[4] 中华人民共和国国家质量监督检验检疫总局，中国国家标准化管理委员会. 建筑门窗五金件 通用要求：GB 32223—2015[S]. 北京：中国标准出版社，2016.

作者简介

夏航鹏（Hangpeng Xia），男，1992 年 3 月 17 生，助理工程师，高级技工，研究方向：门窗五金；工作单位：兴三星云科技有限公司；地址：浙江海宁；邮编：314415；联系电话：13566663643；E-mail：xiahp@zj. cnsxsy. com。

三、方法与标准篇

穿条式隔热铝材品控要素检测分析

王宇帆

广东省佛山旭辉五金发展有限公司　广东佛山　528000

摘　要　本文简述了家装门窗企业穿条式隔热型材滚压复合管控参数要点，介绍了隔热型材复合过程中的四项试验检测及性能参数要点，对隔热型材滚压复合四项检测要求、标准参数及失效后果进行了分析。

关健词　隔热型材；标准要求；精度检测；失效后果

Abstract　A brief description of the rolling of strip-type thermal insulation profiles for retailed door and window companies in compliance with controlParameter key points：The four experimental tests and key points of performance parameters in the process of thermal insulation profile compounding are introduced. The four inspection requirementsof thermal insulation profile rolling and compounding，standard parameters and failure consequences are analyzed.

Keywords　heat-insulating profiles；standard requirements；precision testing；failure consequences

1　引言

21 世纪初，随着国家建筑节能标准日益完善与建筑节能政策的执行力度加大，消费市场对门窗环保节能舒适性的要求逐渐提高，相关门窗节能技术的覆盖面越来越广。国内隔热铝合金门窗从 2000 年起步，注胶（美式）与穿条（欧式）两大隔热节能主材类别齐头发展，经过 20 多年的市场选择与性能验证，穿条式隔热节能铝合金门窗逐渐成为市场主流产品。

穿条式隔热铝合金门窗的型材采用穿条式隔热铝型材，型材是由内外冷、暖腔铝型材与隔热条、通过铝材槽口开齿、穿条、辊压、检测等加工工序组合而成的复合结构，简称断桥铝（后文以断桥铝代称），作为隔热节能铝门窗的框架主材，穿条式隔热铝型材的精度、强度、稳定性直接导致隔热铝门窗的加工品质及各项性能的有效性。如果说五金系统是铝合金门窗开启的"心脏"，那断桥铝隔热型材作为隔热节能铝合金门窗的骨架是完全称职的。

建筑工程（工装）市场，隔热节能铝合门窗所选用隔热节能门窗品系较为单一、批量大，故所涉及断桥铝型材规格少、基数大，主材的穿条复合加工大多由大中型铝型材生产企业或大型门窗幕墙企业完成，对比家装品牌门窗企业而言，铝型材生产企业固定资产投入大，技术壁垒高。在隔热铝材作为新品类首次增补进建筑铝型材国标 GB/T 5237—2004 时，建筑铝型材企业是执行生产许可证管理制度的，在相对严苛的国标等级及管理制度的双重规范化制约下，铝型材生产企业对隔热铝型材的材料质量、加工质量都给予了高度重视，积累了成熟的加工工艺经验和标准化作业监控流程。而近 10 年来，在家装零售门窗品牌的蓬勃发展背景下，催生了多品系、多规格、多样化表面处理等多种多元化市场需求产物；随着 2015 年政策对生产许可证管理制度的取消，降低了断桥铝型材加工准入门槛，致使隔热铝型材的穿条复合加工转移至中小微门窗加工企业生产，在持续增长的市场需求之下，隔热铝型材的加工者呈现几何倍数的增长，在此过发展过程中难免在质量性能管理方面出现参差不齐的现象，特别是室温纵向抗剪特征值、外形尺寸精度值、高温持久负荷值等方面存在一定的质量异常。所以今天的"老生常谈"在零售市场依然具有指导实践的价值。在此笔者结合《铝合金建筑型材　第 6 部分：隔热型材》(GB/T 5237.6—2017)中对隔热型材要求达到的相关检测性能进行细节分析，希望与家装零售门窗行业的同仁探讨、论证隔热铝型材复合管控中的品质要素，基于理论指导实践的基础，共同保证隔热铝型材的质量，使家装铝合金门窗品牌企业最终生产出来的产品能够满足国标《铝合金建筑型材 第 6 部分：隔热型材》(GB/T 5237.6—2017)的各项要求，促进整个家装门窗零售行业的持续、健康、快速发展。这里着重从 4 个方面对穿条式隔热铝型材穿条复合生产过程中质量控制及性能检测特性进行解析。

2　隔热铝型材的纵向剪切试验

纵向抗剪强度作为隔热铝型材的批次检验项目，是隔热铝型材最重要的基础性能指标（常规生产车间所用测试设备见图 1）。这主要是基于以下原因。

（1）隔热型材里外所处的冷热环境温度差异造成的内外型材不同的变形趋势，从而形成拱曲应力而使隔热型材内部两端产生纵向剪切力；

（2）隔热铝门窗由于玻璃自重会对下框内、外两腔的型材产生不均匀施载，继而这种不均匀施载因角码的传递而对边框隔热型材的内、外两腔型材必然产生不同幅度下坠拉力的考虑。这种剪切作用力随着开启扇的加大（自重加大）及隔热铝窗断面系列的加大而加倍放大，所以需要给予足够的计算考虑。

（3）风压载荷下的拱曲应力使隔热型材内部产生剪切力（图 2）。

图 1　常规生产车间所用测试设备

图 2　隔热型材内部产生剪切力

按照《铝合金建筑型材　第 6 部分：隔热型材》（GB/T 5237.6—2017）要求纵向剪切强度 T_c（特征值）≥24N/mm，为满足特征值达到要求就必须在两个方面予以保证：

1）保证开齿、滚压复合工艺的稳定性，即在单支隔热型材的不同部位以及不同隔热型材批次之间的抗剪切强度的偏差需控制在 2～5N/mm 内为宜，只有在此合理而且是能实现的范围内，才能保证标准差 S 在可控范围，这是关键。

2）保证开齿锥度、滚压压力，从而保证随机抽检值能达到 30N/mm，这样就可有效控制其特征值的达标。

如果隔热型材的抗剪切强度失效，那么隔热型材的纵向必然产生位移，则将导致隔热铝门窗的窗体变形，从而对其"基本三性"（气密性、水密性、抗风压性）产生本质性破坏，门窗发生坠落等严重危险［图 3 就是用 PA66 GF（玻璃纤维强化尼龙）隔热条复合而成的隔热型材与用 PVC 隔热条复合而成的隔热型材在同等剪切强度试验下的对比后果图］。在图 3 中，我们可以看到，在同样施载等量剪切力的条件下，由 PVC 隔热条复合而成的隔热型材出现了纵向位移，从而失效；而由 PA66 GF 25（玻璃纤维强化聚酰胺尼

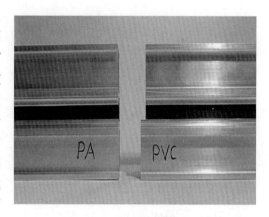

图 3　PA 与 PVC 试验对比

龙）隔热条复合而成的隔热型材依然处于稳定的结构状况下，这种差异是由于 PVC 材质本身的硬度低而无法克服的刚性缺陷所致。另外，在实际检测过程中，隔热材料与铝型材出现 2.0mm 的纵向剪切滑移或施载的纵向剪切力突然失力，两种情况均视为剪切失效。

3　隔热铝型材的横向拉伸试验

横向抗拉强度是隔热型材的型式检验项目，在抗剪失效测试后进行。之所以要检测隔热铝型材的横向抗拉强度是基于隔热铝型材的实际使用状态下的两大受力状况：

（1）隔热型材里外所处的冷热环境温度差异造成的内外型材不同的变形趋势，从而形成拱曲应力而使隔热型材内部的中间部位产生横向拉伸力。

（2）隔热铝门窗由于玻璃自重会对下框内、外两腔的型材产生不均匀施载，继而这种不均施载使底边框隔热型材的内、外两腔型材之间必产生横向拉力。这种横向拉伸作用力随着开启扇的加大（自重加大）及隔热铝窗断面系列的加大（施载不均匀的明显）而加倍放大，所以也需要给予足够的计算考虑。

按照《铝合金建筑型材　第 6 部分：隔热型材》（GB/T 5237.6—2017）要求标准要求横向抗拉强度 T_c（特征值）≥24N/mm，为满足特征值达到要求就必须在两个方面予以保证：

1）保证开齿、滚压复合工艺的稳定性，即在单支隔热型材的不同部位以及不同隔热型材批次之间的抗拉伸强度的偏差需控制在 2～5N/mm 内为宜，只有在此合理而且是能实现的范围内，才能保证标准差 S 在可控范围，这是关键。

2）保证开齿锥度、滚压压力，从而保证随机抽检值能达到 30N/mm，这样就可有效控制其特征值的达标。

如果隔热型材的抗拉伸强度失效，那么隔热型材的横向之间要么隔热条与两腔铝材产生分离，要么隔热条出现断裂，这将意味隔热型材的解体，也就是隔热铝门窗的窗体解体，门

窗发生将直接分离、坠落。图 4 和图 5 是检测时的设备及夹具效果照片。

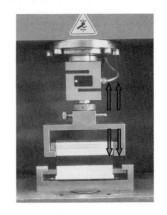

图 4　检测设备（一）　　　　图 5　检测设备（二）

4　隔热铝型材的高温持久负荷试验

高温持久负荷试验是隔热型材的型式检验项目，在抗剪失效测试后进行。高温持久负荷试验是基于隔热铝型材的使用状态下会经受以下环境温度及载荷的复合叠加考验：

（1）隔热型材里外所处的冷热环境温度差异造成的内外型材不同的变形趋势，从而形成拱曲应力而使隔热型材内部的中间部位产生横向拉伸力；而在不同海拔高度地区，阳光直射型材表面 6h 后，在外腔型材表面可达 63.4～83.5℃；

（2）隔热铝门窗由于玻璃自重会对下框内、外两腔的型材产生不均匀施载，继而这种不均施载使底边框隔热型材的内、外两腔型材之间必产生横向拉力。这种横向拉伸作用力随着开启扇的加大（自重加大）及隔热铝窗断面系列的加大（施载不均匀的明显）而加倍放大，所以也需要给予足够的计算考虑。

按照《铝合金建筑型材　第 6 部分：隔热型材》（GB/T 5237.6—2017）要求隔热铝型材中的隔热材料变形量：≤0.6mm。为满足达到要求就必须在两个方面予以保证：

1）隔热条的基材材质、强化剂材质的选择，这是关键；

2）保证基材与强化剂的成分配比关系的稳定性。

如果隔热型材的高温持久负荷条件下隔热条产生拉伸变形，那么隔热型材的横向之间将产生拉伸变形，这将意味隔热铝门窗的窗体变形，轻则所有的装配尺寸失效，重则导致五金件系统的相对尺寸变化、失效，门窗发生坠落等严重危险。图 6 是检测时的设备效果照片，表 1 是用 PA66 GF（玻璃纤维强化尼龙）隔热条复合而成的隔热型材与用 PVC 隔热条复合而成的隔热型材在同等高温持久负荷条件下隔热条产生拉伸变形的对比。通过表 1 的实测数据我们可以看到 PVC 隔热条所复合的隔热型材及用 PA66 隔热条（玻璃纤维强化尼龙）隔热条所复合的隔热型材

固定点

气候箱

荷载

图 6　检测时设备效果

在此项测试中有如下两方面明显区别:

a. PVC 隔热条在 80℃ 条件下的硬度及刚性损失明显,甚至处于严重变形状况,而尼龙隔热条的刚性及强度保持良好;

b. PVC 隔热条随着时间的延续,塑性变形越来越大,而尼龙隔热条仅在初始状况下产生微弱变形,随后时间里其外形尺寸的稳定性一直保持。

通过表 1 的实测数据我们可以看到 PVC 隔热条在高温负载的条件下产生了明显的尺寸变形(其检测指标高于要求 10 倍以上),这种变形量将导致五金件的锁紧搭接量、五金装配精度、门窗装配精度等所有现成技术指标完全丧失。而且随着变形量越来越明显,导致门窗的强度及稳定性的完全丧失,所以 PVC 隔热条,若用于隔热型材的复合加工,其后果是不堪设想的。就目前家装零售隔热铝门窗所用的隔热型材而言,仍能看到 PVC 隔热条的使用,从上述实际检测结果可以定性不能使用 PVC 隔热条,正是由于此项检测,PVC 隔热条早从 2005 年 3 月 1 日〔GB/T 5237.6—2004(已废止)正式执行之日〕就被严禁使用了。

表 1　实测数据

复合隔热型材的高温负载测试			
温度:80℃			
负载:10N/mm			
时间:144 小时			
	PA 14,8/1,8	PVC 14,8/2	PVC 14,8/2
复合型材尺寸		no. 1	no. 2
开始	18.55	18.55	18.55
8 小时	18.59	19.95	19.89
1 天	18.6	22.9	22.7
2 天	18.6	24.95	24.35
3 天	18.6	25.45	25.05
6 天	18.6	26.5	26.2
尼龙隔热条的复合型材停止伸长		PVC 隔热条的复合型材还在延伸	
difference 尺寸变化	0.05	7.95	7.65
GB 5237.6 测试要求	≤0.6mm		

5　隔热铝型材的外形尺寸精度检测

隔热铝型材的外形尺寸精度检测是隔热铝型材的批次检验项目,隔热铝型材的尺寸精度直接决定隔热铝门窗的加工、组装精度,而隔热铝门窗的加工、组装精度是隔热铝窗基本气密、水密、保温、隔声等门窗使用性能的基础,隔热型材的精度又是由隔热条精度及里、外两腔铝材的精度来共同控制及保证的,当然,加工复合精度也很重要。而隔热型材断面系列的加大(尺寸偏差的放大效应)会加倍放大隔热条尺寸偏差对隔热型材精度的影响,所以需要给予足够的关注。

按照《铝合金建筑型材　第 6 部分:隔热型材》(GB/T 5237.6—2017)要求,隔热型材的外形尺寸偏差检测要求需符合《铝合金建筑型材　第 1 部分:基材》(GB/T 5237.1—

2017）中对基材相关尺寸要求的相关指标。这对隔热型材里、外两腔型材的尺寸精度，隔热条自身的尺寸精度，以及隔热型材的加工复合工艺提出了非常高的要求。这种要求具体而言就是把原来的单位度量范围内的允许误差被三部分组合体（里腔铝型材、隔热条、外腔铝型材）及复合工艺的加工误差所共同承担，那么对隔热条的尺寸精度就提出了比铝型材表面尺寸精度还要高的要求。就通常所见到的隔热型材断面而言，隔热条的外形尺寸偏差≥0.05mm 即无法达到整体隔热型材的外形尺寸超高精级的要求了。所以隔热条作为隔热型材的重要结构部件，其尺寸精度成为隔热型材生产商不得不关注的焦点。

6 结语

以上所述只是隔热铝型材实际加工过程中涉及问题的几个方面，在实际操作中还有许多细节，在此不再一一累述。随着国家节能法规的不断完善，近 20 年来，隔热铝门窗在政府强力推进建筑节能的社会大背景下逐步成为严寒、寒冷、夏热冬冷地区公共建筑及住宅项目的主流门窗，在这 20 年里隔热铝门窗以其外观表面处理多样、结构设计灵活、产品价格带宽泛而成为家装零售门窗市场的主流产品，作为家装零售门窗领域深度耕耘 17 年的企业，轩尼斯在隔热铝门窗的设计、加工基础理论及经验的数据化实测验证方面投入了大量的人力、精力、财力，能够将这些年积累的部分隔热铝型材设计、加工工艺方面的经验和体会与国内家装零售门窗行业的领导、同仁分享是先行者企业的责任，目的是加强行业自律、完善质量监管、共同提高家装零售隔热铝门窗的品质与性能，务实地为实现国家的"两碳目标"尽一份力，做一点事。

作者简介

王宇帆（Wang Yufan），男，1973 年 2 月生，铝加工高级工程师，研究方向是隔热铝合金门窗结构设计及加工工艺。工作单位：广东省佛山旭辉五金发展有限公司；地址：佛山市南海区狮山镇 G321 新沙路段；邮编：528000；联系电话：13706160379；E-Mail：wyf20130219@163.com。

建筑幕墙分类体系与术语

石民祥

广东省建筑科学研究院集团股份有限公司　广东广州　510000

摘　要　本文对《建筑幕墙术语》(GB/T 34327—2017)的建筑幕墙分类体系与术语重点内容进行说明与解析。

关键词　建筑幕墙；分类体系；术语

1　引言

建筑幕墙是我国改革开放以来，随着高层建筑的发展而兴起的新型建筑外围护结构。40多年来，我国建筑幕墙从无到有，由透光的铝合金玻璃幕墙发展到非透光的金属、石材和人造板材等幕墙，已经成为全世界最大的建筑幕墙市场。

我国于 20 世纪 90 年代以来，随着建筑幕墙的发展先后制定了《玻璃幕墙工程技术规范》(JGJ 102—1996)(2003 年修订)、《建筑幕墙》(JG 3035—1996)(已废止)、《金属与石材幕墙工程技术规范》(JGJ 133—2001)、《建筑幕墙》(GB 21086—2007)、《人造板材幕墙工程技术规范》(JGJ 336—2016)等标准。虽然这些标准规范中都有各自的术语和定义一章，但该章节定义的术语是给该标准自己使用的，因此各标准中的术语及定义之间难免有不协调之处，并且由于其编制时间较早，未能全面反映建筑幕墙新材料、新技术发展情况。

在经济全球化和中国建筑幕墙市场国际化的新形势下，为使参与幕墙建筑的设计、顾问、咨询、监理、施工、验收等各方相关人员高效率地进行技术交流和协同工作，就需要编制全面反映国内外建筑幕墙新技术水平的《建筑幕墙术语》基础标准。

由于非术语标准中"术语和定义"的章节适用于标准自身，而专门的术语标准中的术语是给其他标准使用的，因此制定标准化的建筑幕墙术语集，建立全面的建筑幕墙概念体系，统一建筑幕墙各专业的术语标准，既能充分反映建筑幕墙的最新技术水平，又能为未来建筑幕墙技术发展提供框架，为建筑幕墙标准体系各相关标准的制定和建筑幕墙行业的技术交流提供不可或缺的基础标准，对促进我国建筑幕墙标准化工作发展具有重要的意义。

《建筑幕墙术语》(GB/T 34327—2017)编制时 ISO 国际标准中尚无建筑幕墙术语标准。当时主要参考的欧洲标准 EN13119：2007《curtain walling-terminology》在修订 (prEN 13119：2014)，现在已经发布了正式版本 EN 13119：2016，但其内容只是框支承玻璃幕墙方面的术语比较简单，未能全面涵盖建筑幕墙的种类。由中国全国建筑幕墙门窗标准化技术委员会(SAC/TC 448)于 2017 年向 ISO 正式提出立项 ISO 标准《建筑幕墙术语》的申请，2019 年初成功立项并负责建立了工作组，提出该项国际标准的提案稿，经多次的国际会议讨论和修改后投票通过，于 2021 年 6 月正式发布了该国际标准 ISO 22497：2021《Doors, windows and curtain walling—Curtain walling—Vocabulary》。但这项 ISO 标准由于欧盟(其成员占投票多数)的意见,最终发布的标准仍然只是包括框支承玻璃幕墙(构件式、单元式、单层和双层幕墙)的内容。

《建筑幕墙术语》(GB/T 34327—2017)发布实施几年来,并没有得到很好的贯彻执行。例如,至今行业内不少人习惯称呼的"框架式"幕墙和"单元式"幕墙,按照 GB/T 34327—2017 的规定,应分别是框支承的"构件式"幕墙和"单元式"幕墙,都是属于"框架式"幕墙。

笔者在《建筑幕墙产品系列标准应用实施指南》第2章对建筑幕墙的分类和性能从标准应用角度进行了介绍,本文则对 GB/T 34327—2017 确定的建筑幕墙总体分类体系和术语进行重点解释说明。

2 建筑幕墙分类体系

按照《建筑幕墙术语》(GB/T 34327—2017),建筑幕墙可表示为以下体系,如图1所示。

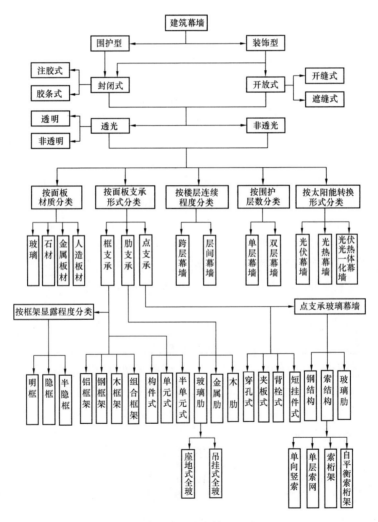

图1 建筑幕墙分类体系示意图

3 建筑幕墙的基本类型

建筑幕墙虽然种类繁多，但根据其作为建筑外墙立面围护的结构、功能和材质等基本特点，任何一种建筑幕墙都至少可划归为如下的三种基本类型之一：

3.1 围护型幕墙和装饰型幕墙（按照幕墙的围护功能划分）

——围护型幕墙：分隔室内、外空间，具有围护墙体完整功能，即全围护功能的幕墙；

——装饰型幕墙：安装于其他墙体或结构上，处于室外空间，按幕墙形式建造的装饰性结构。

3.2 封闭式幕墙和开放式幕墙（按照幕墙面板接缝构造形式划分）

——封闭式幕墙：幕墙板块之间接缝采取密封措施，具有气密和水密性能的幕墙；

（封闭式幕墙又可细分为注胶封闭式和胶条封闭式）

——开放式幕墙：幕墙板块之间接缝不采取密封措施，不具有气密和水密性能的幕墙。

（开放式幕墙又可细分为开缝式和遮缝式）

3.3 透光幕墙和非透光幕墙（按照幕墙面板的可见光透过程度划分）

——透光幕墙：可见光能直接透射入室内的幕墙，属于透光围护结构；

（透光幕墙又可细分为透明幕墙和半透明幕墙即人眼不可直接透视的幕墙）

——非透光幕墙：可见光不能直接透射入室内的幕墙，属于非透光围护结构。

举例说明如下：

（1）最常见的玻璃幕墙，属于围护型的封闭式透光幕墙；围护型幕墙不可能是开放式的；

（2）装饰型的幕墙可以是封闭式的或开放式的，也可以是透光的或非透光的，如实体墙外安装的非透光的石材幕墙和透光的玻璃幕墙均可以是封闭式或开放式的。

4 建筑幕墙的具体类型

三种基本类型中的建筑幕墙，按其面板材质、支承形式、围护构造和太阳能转换功能等特点，可进一步细分出建筑幕墙的各种具体类型。

4.1 不同材质面板的幕墙类型

包括玻璃、金属板、石材和人造板材幕墙四大类。幕墙面板的面积占幕墙总面积的绝大部分，决定了幕墙外围护结构的热工性能和装饰功能，是最常见、最重要的幕墙分类。其中将近几年兴起的玻璃纤维增强水泥板（GRC）幕墙和预制混凝土板幕墙纳入人造板材幕墙类别中［《人造板材幕墙工程技术规范》（JGJ 336—2016）尚未纳入］。

4.2 不同面板支承形式的幕墙类型

4.2.1 框支承幕墙：包括构件式、单元式和半单元式，是直接支承面板的结构形式，都属于"框架式幕墙"。构件式和单元式框架只是分别为单体框架构件和组合框架构件的不同。

4.2.2 肋支承幕墙：包括玻璃肋、金属肋和不常见的木肋支承的幕墙。2020 年新发布的《建筑木框架幕墙组件》（GB/T 38704—2020）已经采用了横梁和立柱为集成材的木框架支承结构，而世界上也早已有采用木质肋板做面板支承构件的幕墙。

4.2.3 点支承幕墙：包括穿孔式、夹板式、背栓式和短挂件式。穿孔式和夹板式是点支承玻璃幕墙常用形式；而背栓式和短挂件式是石材和厚瓷板幕墙常用的面板点支承连接形式。

4.2.4 点支承玻璃幕墙：作为点支承幕墙中应用最多的重要类型，单独列出一个条款，按其支撑结构分类给出了10个术语和定义，并以图文并茂的方式给出12个点支承玻璃幕墙构件术语和定义。

4.3 不同楼层间连续程度划分的幕墙类型

4.3.1 跨层幕墙：即通常所见的跨楼层幅面的建筑幕墙，悬挂在建筑主体结构框架之外。

4.3.2 层间幕墙：安装在楼板之间分层支承的建筑幕墙，嵌入在建筑主体结构框架之内。

4.3.3 窗式幕墙：即层间框支承玻璃幕墙，是层间玻璃幕墙的常用形式。窗式幕墙的可用术语为窗墙 window wall，并以条注的形式给出了窗式幕墙与带型窗的区别。鉴于标准条注的篇幅所限，更进一步的说明需详见《幕墙与外窗的区别》，以解决困扰行业多年的"落地窗"与"玻璃幕墙"区分不清楚的问题。

4.4 按围护层数划分的幕墙类型

4.4.1 单层幕墙：即只有一层围护构造的幕墙，是最常见的建筑幕墙，不需单独给出定义。

4.4.2 双层幕墙：由外层幕墙、空气间层和内层幕墙构成，是近年来兴起的新型幕墙。首次制定的 GB/T 34327 按照4种结构形式分类，以图文并茂的方式共给出了13个双层幕墙的术语和定义。

4.5 按太阳能转换功能划分的幕墙类型

《建筑幕墙术语》（GB/T 34327—2017）在第1章基本术语中给出了光伏幕墙、光热幕墙和光伏光热一体化幕墙的术语及定义，反映了建筑幕墙对太阳能这种可再生能源利用的新技术发展。

5 部分建筑幕墙术语的说明

5.1 关于透明、非透明幕墙和透光、非透光幕墙

透明幕墙的术语和定义是国标《公共建筑节能设计标准》（GB 50189—2005）提出的，该标准第2.0.1条规定："透明幕墙 transparent curtain wall——可见光可直接透射入室内的幕墙"。但该标准新修订的 GB 50189—2015 版第2.0.1条已经改为："透光幕墙 transparent curtain wall——可见光可直接透射入室内的幕墙"，仅仅是将术语中的"透明"改为"透光"，但其中文定义和英文对应词没有变化，并在标准中相应地将原"非透明幕墙"改为"非透光幕墙"。

新修订的《公共建筑节能设计标准》（GB 50189—2005）、《民用建筑热工设计规范》（GB 50176—2016）都已经采用"透光围护结构"（包括玻璃幕墙、窗户）和"非透光围护结构"（包括非透光幕墙等）的术语。

GB/T 34327 作为专门的幕墙术语标准，根据实际情况，将"透光幕墙"细分为"透明幕墙"（人眼可直接透视的透光幕墙）和"半透明幕墙"（人眼不可直接透视的透光幕墙，即透光不透视线的幕墙），并将原"非透明幕墙"定义为"非透光幕墙 opaque curtain wall——可见光不能直接透射入室内的幕墙"。这样，既与 GB 50189 和 GB 50176 协调，又细化和完善了该类术语，更加具有实用性。

5.2 关于保温性能与隔热性能

幕墙的热工性能包括保温性能和隔热性能，但我国其他标准中尚无建筑幕墙的保温性能和隔热性能的术语和定义。

《建筑幕墙保温性能分级及检测方法》（GB/T 2903—2012）没有保温性能的定义，只规定了幕墙传热系数和抗结露因子的术语和定义。

《建筑幕墙工程检测方法标准》（JGJ/T 324—2014）第 7 章热工性能，规定建筑幕墙保温性能检测包括传热系数和抗结露因子，隔热性能检测包括玻璃幕墙太阳得热系数，双层玻璃幕墙还包括空气间层通风量和室内侧玻璃表面温度检测，但也没有建筑幕墙保温性能和隔热性能的术语和定义。

《公共建筑节能设计标准》（GB 50189—2015）第 3.3 条围护结构热工设计的条文说明中指出：非透光围护结构的热工性能主要以传热系数来衡量；对于透光围护结构，传热系数 K 和太阳得热系数 SHGC 是衡量外窗、透光幕墙热工性能的两个主要指标。

《民用建筑热工设计规范》（GB 50176—2016）第 6 章围护结构隔热设计第 6.3 节"门窗、幕墙、采光顶"的条文说明中提到："本条规定了需要考虑夏季隔热的各气候区透光围护结构隔热性能（即：透光围护结构太阳得热系数与夏季建筑遮阳系数的乘积）宜满足的要求。"

但在实际中，许多人至今对建筑幕墙的冬季断热保温、夏季遮阳隔热混淆不清，特别是对透光围护结构保温与隔热的区别不清楚，以为幕墙的热工性能指标就是传热系数。所以，《建筑幕墙术语》（GB/T 34327—2017）综合建筑幕墙相关标准规范，系统地给出了建筑幕墙的热工性能及其所包含的保温性能（包括传热系数、抗结露因子）和隔热性能（包括太阳得热系数、双层玻璃幕墙空气间层通风量和内表面温度）的术语及定义。

5.3 关于建筑幕墙耐久性

迄今为止，我国其他相关标准中尚无建筑幕墙耐久性的术语及定义。《玻璃幕墙工程技术规范》（JGJ 102—2003）第 12 章保养和维修第 12.1 节一般规定中，要求幕墙工程竣工验收提供的《幕墙使用维护说明书》应包括"幕墙结构的设计使用年限"，在该部分的条文说明中有"玻璃幕墙的设计使用年限一般可取为不低于 25 年"的规定。《人造板材幕墙工程技术规范》（JGJ 336—2016）第 5.1.1 条规定"人造板材幕墙应按附属于主体结构的外围护结构设计，设计使用年限不应少于 25 年"。

建筑幕墙的设计使用年限不小于 25 年，这就要求建筑幕墙具有相应的耐久性。根据近年来新制定的幕墙门窗相关标准，《建筑幕墙术语》（GB/T 34327—2017）给出了术语"幕墙耐久性"及其定义：幕墙抵抗自然气候环境长期作用和人的长期使用的不利影响，保持其性能水平的能力，包括热循环耐久性和可开启部分反复启闭耐久性。热循环耐久性的术语及定义，是参考行标 JG/T 397—2012《建筑幕墙热循环试验方法》的内容确定的。幕墙可开启部分即幕墙开启窗反复启闭耐久性的术语及定义，是参考《门窗反复启闭耐久性试验方法》（GB/T 29739—2013）而确定的。

2020 年 5 月我国启动了国家标准《建筑幕墙热循环和结露检测方法》编制工作，就是要通过模拟幕墙在自然气候中可能遇到的温差，考察幕墙在经热胀冷缩之后是否发生变化，是否发生损坏，各项性能（包括气密性能、水密性能等）是否发生变化，能否保持原有的性能等级。这也证明了《建筑幕墙术语》标准前瞻性地为建筑幕墙技术的发展提供的引领作用。

5.4 风致噪声和摩擦噪声

近年来，由于各种异形建筑幕墙标新立异，表面装饰性构件五花八门，从而产生幕墙噪声问题。日本建筑学会标准《幕墙工程》（JASS 14—2012）称幕墙噪声为"结构异响"，并在说明中指出："估计这种响声是由于金属之间的摩擦或金属与其他坚硬材料的接触部分的摩擦、或者是由于薄板颤动声造成的"，但没有具体的术语及定义。我国行业标准《玻璃幕墙工程技术规范》（JGJ 102—2013）第 4.3.7 条规定："幕墙的连接部位，应采取措施防止产生摩擦噪声"，但亦并未给出其定义。

《建筑幕墙术语》（GB/T 34327—2017）标准编制组根据相关风工程研究成果，首次对幕墙行业多年来所谓的"风啸声"，明确给出"风致噪声"即气动噪声的术语及定义："风吹过一定形状的建筑幕墙构件时产生的噪声。风致噪声可分为由形状引起的空气声以及由结构特性引起的振动声"。同时，还给出术语"幕墙摩擦噪声"及定义："幕墙金属构件之间或金属与其他坚硬材料构件之间由于相对位移时的摩擦而产生的噪声"。

6　结语

ISO 22497：2021《Doors，windows and curtain walling-Curtain walling-Vocabulary》共有 36 条术语，EN 13119：2016《curtain walling-terminology》共有 35 条术语，但这两项标准均只局限于框支承玻璃幕墙范围。

《建筑幕墙术语》（GB/T 34327—2017）共编写了 275 条术语及定义，且全部有英文对应词，不但涵盖了框支承玻璃幕墙，而且从面板材料、支承结构、细部构造对幕墙整体的分类术语，到各种幕墙的单体构件、组合构件、五金配件及连接件、密封隔热及绝缘材料等对幕墙实体组成的描述，再到幕墙的性能等术语及定义，内容覆盖了各种材料、结构及构造的各种类型建筑幕墙，反映了我国近 40 年来建筑幕墙的技术现状和发展趋势，达到了国际先进水平（审查会议评价）。GB/T 24327—2017 英文版翻译（项目计划号 W20191125）的审查已经于 2021 年 9 月完成，正在进行该标准的报批。

随着建筑幕墙智能控制技术的发展，包括玻璃的光热控制、可开启部位的外窗控制，遮阳和通风的控制等，智能幕墙与建筑的智能系统集成一体化技术也将得到很好的发展，各类型智能幕墙的相关术语也将会纳入《建筑幕墙术语》标准中，互相促进，协调发展。

《建筑幕墙术语》》（GB/T 34327—2017）虽然是推荐性标准，但它是社会上相关各方当涉及建筑幕墙时所应遵守的基础标准。认真理解和执行这个建筑幕墙的术语标准，对我们全面和准确了解建筑幕墙的概念和分类体系及其术语和定义，对促进建筑幕墙的发展有着重要的意义。

参考文献

[1]　白殿一，等．标准的编写[M]．北京：中国标准出版社，2009.
[2]　住房和城乡建设部标准定额研究所．建筑幕墙产品系列标准应用实施指南[M]．北京：中国建筑工业出版社，2017.
[3]　Curtain Wall Design Guide Manual：AAMA CW-DG-1-96(2005)
[4]　石民祥．透光围护结构保温和隔热的区别[J]．门窗幕墙信息，2021(04).

四、材料性能篇

硅酮结构密封胶对不锈钢粘结性的研究

罗思彬 刘祎 谢 林 王尊 黄 强

成都硅宝科技股份有限公司 四川成都 610041

摘 要 本试验研究了硅酮结构密封胶对不同类型不锈钢的黏结性，施打底涂剂可明显改善硅酮结构密封胶对部分难粘不锈钢的黏结效果。随后选择其中一种类型的不锈钢，测试了硅酮结构密封胶与不锈钢在23℃、90℃、－30℃、浸水、水紫外的拉伸黏结性，为建筑设计、现场施工选择用胶提供了一定的参考依据。

关键词 不锈钢；硅酮结构密封胶；黏结；底涂剂

Abstract The adhesion of silicone structural sealant to different types of stainless steel was studied. The application of primer can significantly improve the adhesion. Then one type of stainless steel was selected to test the tensile adhesion between silicone structural sealant and stainless steel at 23℃，90℃，－30℃，immersion and water ultraviolet，so as to provide a certain reference basis for architectural design and on-site construction application.

Keywords Stainless Steel，Silicone Structural Sealant，Adhesion，Primer

1 引言

不锈钢作为一种特殊的钢材，其具有极佳的结构性能、优异耐腐蚀性、造型美观、易于维护和全生命周期成本低等优点，使其在建筑中具有广阔的适用性。从20世纪初，不锈钢就已经在建筑上采用，现在广泛在建筑中作为钢构件、室外墙板、屋顶材料、玻璃幕墙不锈钢支撑体系和单独的外幕墙装饰等使用。近些年来，随着相应的设计规范修订，不锈钢能够满足建筑美学、抗腐蚀性能、耐久性和结构设计要求，受到建筑结构行业的青睐，在很多标志性建筑中得到广泛应用。例如汉京金融中心裙楼项目中，不锈钢立柱与玻璃通过结构胶进行黏结使用，既能满足建筑效果又能满足规范的要求，也说明结构胶与不锈钢之间要进行相容性试验，保证结构胶与不锈钢的粘结。

选择何种密封胶进行结构性粘结也是结构设计中需要考虑的关键点。硅酮密封胶具有优异的耐气候老化、耐高低温性能，广泛的粘结性，良好的物理机械性能，用于各类幕墙、门窗的结构粘结、防水密封已有几十年的历史，并得到了广泛认可。本文选用双组分硅酮结构密封胶对不锈钢粘结进行系统研究，以期为结构胶对不锈钢的粘结应用提供参考建议。

2 实验部分

2.1 实验室环境

温度(23±2)℃，相对湿度(50±5)%。

2.2 实验材料

硅酮结构密封胶：硅宝992双组分硅酮结构密封胶，成都硅宝科技股份有限公司（以下简称硅酮结构密封胶）；不锈钢：4种，市售；清洁溶剂：酒精，天津市迪博化工有限公司；底涂剂：自制。

2.3 实验设备

双轴行星搅拌机XSJ-2，成都硅宝科技股份有限公司；INSTRON-3365拉伸试验机；SZW-3水紫外线辐照控制仪，郑州惠晟材料科技有限公司及河南建材研究设计院；TST101A-2B电热鼓风干燥箱，成都特恩特仪器有限公司；FA2204B电子天平，上海精密科学仪器有限公司：精度0.1mg；结构胶透明膜片：河南建筑材料设计研究院。

2.4 样品制备及测试

所有样品在(23±2)℃，相对湿度(50±5)%的标准条件下，放置24h。硅酮结构密封胶的混合比例为14∶1(质量比)，在负压0.095MPa以下真空条件下进行混合，时间约为5min。

2.4.1 剥离黏结性测试

按《建筑用硅酮结构密封胶》(GB 16776—2005)中附录B，采用实际工程用基材同密封胶粘结制备试件，测定浸水处理后的剥离黏结性。

将不锈钢板按"两步抹布法"对待黏结部位采用酒精进行清洁，保证基材表面清洁无浮灰，必要时施打底涂剂，15 min后(待表面干燥)施胶，施胶完毕后使用工具进行表面修饰，并保证密封胶与基材完全接触；将所有样品放置于(23±2)℃、相对湿度(50±5)%条件下养护，养护周期为标准条件下14天，浸水7天。测试方法：180°反向拉试件，同时采用结构胶透明膜片读数，记录黏结破坏面积与测试面积比值。

2.4.2 拉伸黏结试样制备和测试

按照GB 16776—2005将混合好的硅酮结构密封胶填充在不锈钢和玻璃中间制成拉伸粘

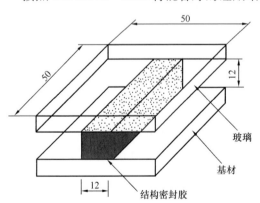

图1 拉伸粘结模块示意图（mm）

结模块（图1）。制备好的试样在标准条件下养护后（双组分养护时间为14天），分别测试试样在23℃、90℃、-30℃、浸水、水紫外300h后的拉伸黏结强度、黏结破坏面积以及23℃时最大拉伸强度时伸长率。

3 试验结果与讨论

3.1 剥离黏结性测试

不锈钢的种类十分多，正如铝合金是以铝为基础元素的合金一样，其实不锈钢也是一种合金，只不过它是以铁为基础元素的合金。不锈钢的合金元素包括铬、镍、碳、钛

等。其中，铬的加入是不锈钢不生锈的关键。这是由铬元素的特性决定的。不锈钢中，铬含量至少为10.5%，它可以在不锈钢的表层形成一层保护性的自修复氧化膜，这就是不锈钢耐腐蚀的原因。因此，为了保障不锈钢的不生锈效果，往往会在表面进行镀镍、镀锌的表面处理方式。

在选择硅酮密封胶进行黏结性测试时，需要注意密封胶反应类型；对不锈钢黏结时不能选择酸性密封胶，因为酸性会对不锈钢表层造成腐蚀性，应该选择中性硅酮密封胶进行应用。我们选用 4 种不同类型不锈钢进行黏结性测试（图 2），样品在标准状态养护 14 天，然后浸水 7 天，在养护各阶段进行黏结性测试，试验结果见表 1。

图 2　硅酮结构密封胶与不锈钢黏结测试

表 1　硅酮结构密封胶与不同类型不锈钢黏结情况

不锈钢类型	试验条件	底涂剂	黏结破坏面积（%）
302	标准状态养护 14 天	无	0
		有	0
	浸水 7 天	无	0
		有	0
304	标准状态养护 14 天	无	0
		有	0
	浸水 7 天	无	55
		有	0
312	标准状态养护 14 天	无	0
		有	0
	浸水 7 天	无	0
		有	0
316	标准状态养护 14 天	无	10
		有	0
	浸水 7 天	无	20
		有	0

由表 1 可以看出，在标准条件下养护 14 天后，硅酮结构密封胶对大部分类型的不锈钢均具有良好的黏结性。硅酮结构密封胶对 304 和 316 不锈钢在浸水 7 天后，均出现明显的粘结破坏，属于黏结不良，但涂刷底涂剂后粘结破坏面积为 0%，说明底涂剂可以促进硅酮结构密封胶与不锈钢之间的粘结力。因此我们在实际工程中选用硅酮结构密封胶与不锈钢进行结构粘结时必须进行剥离黏结性测试，确保最终黏结效果。

3.2　拉伸黏结性能

拉伸黏结性能主要检测结构胶拉伸粘结强度和 23℃时最大拉伸强度时伸长率。硅酮结构密封胶良好的拉伸粘结强度可以将幕墙板片牢牢地黏结在附框上，抵抗风压和板片自重。适宜的弹性伸长率赋予幕墙灵活的平面变形能力，以抵抗风压。根据剥离黏结性测试结果表明，硅酮结构密封胶对各种类型的不锈钢均能实现良好的黏结。我们选择应用最广的 304 不锈钢进行下一步的研究工作，拉伸黏结性能测试结果见表 2。

表 2　硅酮结构密封胶与不锈钢的拉伸黏结性能

序号	条件	项目	GB 16776—2005 要求	测试结果
1	标准条件	拉伸黏结强度（MPa）	≥0.60	1.11
		黏结破坏面积（%）	≤5	0
		23 最大拉伸强度时伸长率（%）	≥100%	165
2	90℃	拉伸黏结强度（MPa）	≥0.45	0.76
		黏结破坏面积（%）	≤5	0
3	−30℃	拉伸黏结强度（MPa）	≥0.45	1.34
		黏结破坏面积（%）	≤5	0
4	浸水	拉伸黏结强度（MPa）	≥0.45	1.18
		黏结破坏面积（%）	≤5	0
5	水紫外	拉伸黏结强度（MPa）	≥0.45	0.95
		黏结破坏面积（%）	≤5	0

由表 2 可以看出，硅酮结构密封胶对 304 不锈钢在 23℃、90℃、−30℃、浸水、水紫外不同环境下对基材均粘结良好，且拉伸粘结强度值均大于《建筑用硅酮结构密封胶》（GB 16776—2005）要求，可以满足在户外各种条件下的应用。

4　结语

综合剥离黏结性测试和拉伸粘结性能测试结果，说明硅酮结构密封胶对不锈钢具有良好的粘结效果，能够满足不锈钢在建筑上的结构使用要求。在给不锈钢配套选择结构胶时，需要选择中性硅酮密封胶，并进行粘结性测试，必要时涂刷底涂剂，保证结构胶与不锈钢的粘结效果。

参考文献

[1] B. A. Burgan, Baddoo N R, Gilsenan K A. Structural design of stainless steel members-coMParison between Eurocode 3, Part 1.4 and test results[J]. Journal of Constru ctional Steel Research, 2000, 54 (1): 51-73.
[2] 王元清，袁焕鑫，石永久，等. 不锈钢结构的应用和研究现状[J]. 钢结构，2010，25(2)：1-12.
[3] 于洪君. 汉京金融中心裙楼不锈钢玻璃幕墙设计[J]. 门窗，2016，000(010)：1-3.
[4] 中华人民共和国国家质量监督检验检疫总局，中国国家标准化管理委员会. 建筑用硅酮结构密封胶：GB 16776—2005[S]. 北京：中国标准出版社，2006.
[5] 中华人民共和国住房和城乡建设部. 玻璃幕墙工程技术规范：JGJ 102—2003 [S]. 北京：中国建筑工业出版社，2004.

作者简介

罗思彬（Luo Sibin），男，1985 年生，硅宝科技应用技术总监，主要从事有机硅室温胶的应用研究。
联系地址：成都市高新区新园大道 16 号；邮编：614004

外墙外保温系统接缝用密封胶性能分析及施工应用

庞达诚　周　平　蒋金博　卢云飞　汪洋　高　洋

广州市白云化工实业有限公司　广东广州　510540

摘　要　外墙外保温系统用环保节能型保温一体化板可由各种具备防火、耐冻融、保温性能的有机或无机材料组成，其板材的多样性给面板接缝的黏结密封带来一定的考验。因此所用的接缝密封胶需要具有优异的耐候性能、广泛的黏结能力、可靠的黏结效果及相适应的位移能力，且搭配符合规范的接缝设计与正确的施工应用，才可确保外墙外保温系统发挥出其保温、节能、防水密封的功能。

关键词　外墙保温装饰一体板；密封胶；性能；施工应用

Abstract　Cladding boards using in Exterior Insulation and Finish System (EIFS) can be assembled by various materials that provides the safety on firing, freezing and thermal insulation performance. Joint sealing become a more considerable issue. Therefore, silicone weather-proofing sealant for EIFS joint sealing should have excellent resistances on weathering, good and stable adhesion to multiple materials and proper movement capability. Only with proper joint design and product application can then ensure the function of EIFS for a long time.

Keywords　EIFS board; silicone weather-proofing sealant; properties; application

1　引言

　　绿色、节能、环保、安全的现代新型建筑理念带动着建筑材料的发展，外墙外保温系统应用中便催生出集保温、装饰、防火、阻燃等性能于一体的外墙保温装饰一体板材料。这种通过将建筑保温材料和外墙装饰材料组合在一起形成的兼具装饰和保温功能的幕墙材料，改变了目前中国建筑保温、涂料领域的形态，将保温材料、板材、涂料等半成品直接在流水线上实现成品化。作为近年新兴的一种新型材料，保温装饰一体板因其具有高装饰性、高耐候性、高便捷性、高经济性、高安全性的优势，符合当前推动绿色节能建筑的大趋势，在新建建筑、既有建筑领域均获得青睐。工厂成品化生产的模式，可减少现场施工工序，降低工人劳动强度；减少现场施工浪费，满足绿色施工要求；施工工艺便捷，大幅度缩短屋面工程施工工期，节约建造成本，是今后建筑外墙外保温系统的发展方向。

　　保温装饰一体板外墙外保温系统材料由保温装饰板、黏结砂浆、锚固件、嵌缝材料和密封胶组成，其中保温装饰板材料主要由面层（面板和饰面层）、防火载体层和防火保温层三层功能结构组成。常用的保温芯材包括岩棉（带）、硬质酚醛泡沫（板）、硬质聚氨酯泡沫塑料、玻璃棉（带）、模塑/挤塑聚苯乙烯泡沫塑料、泡沫混凝土等，提供保温、防火、防水、耐冻融等性能。面板材料为了满足装饰风格多样性的需求，涵盖钢板、铝板、石材、瓷板、膨胀蛭石板、无石棉纤维增强硅酸钙板、纤维水泥板、竹编胶合板、定向木片板、刨花板、无机树脂板等材料，部分板材还会配合氟碳涂料、聚酯、乳胶漆、真石漆等饰面涂料提升饰面层的功能和色彩（图1）。

图 1 保温一体板材料

可以看到保温装饰一体板材质是多种多样的，应用于外墙外保温系统同幕墙类似，面板之间接缝需要用到密封材料进行填缝密封，才可确保系统整体的防水密封性能，而且要具有良好且长久的密封性能才可配合外墙外保温系统发挥完整的功能，因此密封材料的选择与施工应用尤为关键。

2 外墙外保温系统接缝用密封胶性能要求

外墙外保温系统作为建筑幕墙的一类，具有其特殊的保温、节能、防水、防火、环保等功能，其面板接缝所用填缝材料起到关键的防水密封作用。所以填缝材料的耐久性能非常重要，需要选用耐气候老化、耐高低温变化的硅酮类密封胶，应对严苛的气候环境，保障系统长久的功能完整性。《保温装饰外墙外保温系统材料》（JG/T 287—2013）要求密封胶的主要性能指标应符合《硅酮和改性硅酮建筑密封胶》（GB/T 14683—2017）的要求，根据其应用特点来看，用于外墙接缝的硅酮密封胶应同幕墙要求一致，建议选用符合 GB/T 14683—2017 中 Gw 类或 F 类的产品，避免使用添加烷烃增塑剂（如矿物油）的产品。

普通的硅酮耐候密封胶常用于玻璃幕墙、铝板幕墙这类接缝变形较大的应用场景，对玻璃和铝板的黏结效果较佳，较难兼顾到全部类型材料的黏结。保温一体板除了饰面材料和饰面涂层比较多种类外，在安装过程中还可能进行切割修整的操作，切割面会比较粗糙，因此需要一款可黏结多种材料、黏结能力更好的保温一体板专用型的硅酮密封胶产品。在保温一体板接缝密封应用中，建议选用专用型密封胶产品，黏结的适应性更广泛。如采用普通耐候密封胶，一定要慎重，施工前要充分确认好黏结性、相容性。

除黏结性能之外，密封胶的位移能力同样重要。保温装饰一体板有的采用金属板材的面板材料，如铝板、钢板、铝塑复合板等，也有采用其他人造板材，在热胀冷缩时对板缝产生的变形需要密封胶来承受。注意普通门窗密封胶通常适用性不好，因为普通密封胶应用门窗接缝的位移变形较小，多数门窗密封胶的位移级别为不超过 20 级。在 GB/T 14683—2017 标准中，20 级和 25 级位移能力产品在测试弹性恢复率、定伸黏结性、浸水后定伸黏结性等性能时对密封胶的试验伸长率也有不同（表 1），25 级位移能力产品要求的试验伸长率更高，25 级位移能力产品弹性变形能力更好。

表 1 20 级和 25 级硅酮密封胶试验伸长率（GB/T 14683—2017）

测试项目		级别	
		25	20
伸长率	弹性恢复率	100％	60％
	定伸黏结性	100％	60％
	浸水后定伸黏结性	100％	60％

保温一体板专用密封胶通常具有 25 级的位移级别，适用多类型面板；也有 20 级位移级别的产品，适用接缝位移相对较小的人造石材、瓷板等面板接缝。实际选用时，密封胶的位移能力要符合设计计算要求［计算公式可参照《玻璃幕墙工程技术规范》（JGJ 102—2003）条文说明中第 4.3.9 条规定］，避免因密封胶位移能力不足出现开裂、脱胶，导致漏水、漏气问题。

除此以外，保温一体板面板还会有超薄石板、无饰面纤维增强水泥板/硅酸钙板等多孔性面板材料，这种人造的板材不同于天然石材，极易受到其他材料的污染，如普通耐候密封胶中添加的增塑剂，有可能会迁移到多孔性材料中造成渗透污染（图 2）。因此，选用上可留意产品的性能指标，如质量损失率低、不含烷烃增塑剂等；也需要通过污染性测试确认所用密封胶对材料的防污染性能。

市面上用于保温一体板接缝密封的密封胶也有不少，选购时具体的产品性能指标可

图 2 石材面板接缝边缘渗透污染

以参考表 2 中列出的某品牌 SS806 保温一体板专用硅酮密封胶典型参数。

表 2 保温一体板专用硅酮密封胶性能指标

性能指标	某品牌 SS806 保温一体板专用硅酮密封胶	检测标准
位移等级（％）	±25	GB/T 14683—2017
表干时间（h）	0.8	GB/T 13477.5
挤出性（mL/min）	688	GB/T 13477.3
弹性恢复率（％）	92	GB/T 13477.17
23℃最大强度伸长率（％）	356	GB/T 13477.8
定伸黏结性	无破坏	GB/T 13477.10
浸水后定伸黏结性	无破坏	GB/T 13477.11

续表

性能指标	某品牌 SS806 保温一体板 专用硅酮密封胶	检测标准
剥离黏结测试（纤维水泥板、石材、瓷板、 铝材、不锈钢、微晶保温石、石膏板）	内聚破坏	GB 16776—2005 附录 D 方法 B
质量损失率（%）	1.2	GB/T 13477.19
烷烃增塑剂	未检出	GB/T 31851—2015

3　正确应用和施工

外墙外保温幕墙工程也应按照或参照相关的规范要求进行幕墙接缝设计，现场施工安装保温一体板面板间胶缝宽度应满足设计要求。面板材料为人造板材时，可以参照《人造板材幕墙工程技术规范》（JGJ 336—2016）中第 4.3.4 条规定，胶缝的宽度不宜小于 6mm，密封胶与面板的粘结厚度不宜小于 6mm。板缝底部宜采用衬垫材料填充，防止密封胶三面黏结（图 3）面板材料为金属材料时，建议参考《玻璃幕墙工程技术规范》（JGJ 102—2003）条文说明中第 4.3.9 条的计算公式计算胶缝宽度，也可计算设计胶缝宽度下所需的密封胶位移能力。

图 3　保温一体板密封胶应用部位

在正确设计和选胶之后，还有一些密封胶施工前的准备。首先，施工前应进行与其相接触材料的相容性试验和剥离粘接性试验。有防污染要求的，应进行污染性测试。密封胶施工过程中同样有几点值得注意的：

1. 密封胶应在温度 4～40℃，相对湿度 40%～80% 的清洁环境下施工，下雨、下雪时不能施工。环境温度过低会降低密封胶的黏结性，环境温度过高会使密封胶的抗下垂型变差、使用时间和修整时间变短。相对湿度过低会使密封胶的固化速度变慢，过高的相对湿度可能会在基材表面形成冷凝水膜，影响密封胶与基材的黏结性。

2. 为避免三面粘结，胶缝中会填塞闭孔的泡沫棒，注意泡沫棒的直径应略大于胶缝宽度（20%～25%），使其可以固定在胶缝内，以确定胶缝的深度。填塞过程中需避免泡沫棒破损，以免其放气引起密封胶起泡问题。

3. 面板安装固定后，某些位置可能会使用聚氨酯发泡胶做内部填充，应确保发泡胶填充饱满。待发泡胶完全固化，且把多余的发泡胶割平齐后，才可施打硅酮密封胶；

4. 施工前基材被黏部分必须进行清洗，除去灰尘、油污或其他污物。如有在现场进行面板切割修整的时候，粉尘会比较大，充分的清洁非常重要，直接影响到黏结的效果；

5. 密封胶的施工质量检查可以通过现场手拉剥离粘结性测试，检查密封胶固化、粘结的情况。

6. 如有需要使用底涂液，注意相配套底涂液的使用要求。通常要求均匀、到位的把底涂液涂刷在被粘结表面。如用在硅酸钙板、纤维水泥板等面板，需留意被黏表面是否存在疏松、粉尘这些影响到底涂液施工的问题。底涂刷好后，须涂层干燥后方可进行密封胶施工，建议在 30min 内施工密封胶。如果涂刷底涂 8h 后仍未注胶，需要再次进行涂刷底涂液的操作。

配合规范的施工和正确的应用，优质的密封胶才能最大限度发挥其优秀的性能，保障外墙外保温系统长久发挥其作用。

4　结语

保温装饰一体板外墙外保温系统的应用兼具保温、装饰、防火、阻燃等性能之余，其施工便捷性、用材节约性、工期快捷性均符合当前绿色节能环保的发展趋势。确保多样面板材料的保温一体板外墙接缝有良好的密封防水能力，需要选择具备耐候性优异、黏结材料广泛、粘结性能可靠、位移能力匹配度高的外保温装饰一体板接缝密封专用型硅酮密封胶。选择好的材料，同样需要正确的设计和应用施工，才可从整体层面确保外墙外保温系统长久的发挥其保温、节能、密封防水的作用。

参考文献

[1] 萧永德. 保温装饰一体化复合外墙体系构造优化与温度效应研究[D]. 长沙理工大学，2019.

[2] 夏高翔，李迪，栾军. 高性能装饰保温一体化保温板外墙系统施工技术研究[J]. 建设科技，2014（19）：81-84.

作者简介

庞达诚（Pang Dacheng），男，硕士，工程师，主要从事硅酮密封胶产品的应用问题研究和新应用开发；广州市白云化工实业有限公司；地址：广州市白云区太和民营科技园云安路 1 号；邮编：510540；E-mail：pangdacheng@china-baiyun.com。